向水而行
——中国西部江河民间科考之旅

徐晓光　税晓洁　著

中国水利水电出版社
www.waterpub.com.cn
·北京·

徐晓光：笔名苍狼，探险作家。中国科学探险协会珍稀动物考察专业委员会委员、中国航空运动协会会员（滑翔伞飞行员）、中国散文学会会员、当过兵，也做过特种警察，曾担任电视剧《铁道刑警》编剧。

著作：
《剑气箫声》
《苍狼之旅》
《大江源记》
《水问》
《大脚印拍摄札记》

经历与荣誉

组织和参加过"三峡问候珠峰"摩托车环保万里行，驾摩托车穿越滇藏、青藏高原。参与神农架"野人"考察近十年；徒步穿越考察大巴山、穿越神农架；参与汉江漂流考察探险、金沙江上游生态考察、大渡河峡谷地质灾害考察、长江源头生态漂流探险考察等活动。2011—2012年度被评为"中国十大徒步人物"。

左起徐晓光、税晓洁、队长杨勇

多年户外考察，历经艰险坎坷，徐晓光（图左）和税晓洁（图右）已是生死兄弟。

税晓洁：社调及摄影、《十堰晚报》记者、自由撰稿人、自由摄影师。文字干练，摄影角度独特，作品值得深度咀嚼。因黑皮精瘦，耐饿耐渴，十分"经造"，有"乌干达"之美誉。

著作：
《雅鲁藏布江漂流历险记》
《寻找野人》
《我难忘的 n 个隐秘之地》
《发现山岩父系部落》
《大江源记》

经历与荣誉
雅鲁藏布江科考漂流探险及大峡谷徒步穿越；徒步考察长江上游、神农架"野人"考察。首届中国十大徒步人物。

水，是万物之精灵，是我们这个赖以生存的星球上所有生物的生命主宰。南美玛雅文化随着水源的消失而没落；中国南疆丝绸之路上的楼兰古城以及相邻的且末古城都是在水源消失后淹没在滚滚黄沙之中；还有长江源区曲麻莱等曾经辉煌过的高原政治经济文化聚集点，在水源退却后，这些古老城池逐一消失在我们的眼前。所以说，江河的命运影响着一个民族的命运。

赤道暖流的异常导致了全球的厄尔尼诺现象，洪水与干旱，飓风与海啸、地震等生态灾难频繁发生，充满着工业烟尘的雾霾不断在我们面前出现。还有近来才公布的PM2.5污染指数。当我们从数据上了解气候的异常时，觉得变化离我们很远，而当雾霾天气笼罩在我们头上的时候，我们才直观地感到气候与环境真的在变化，变得让人感到陌生与恐惧。

中国的青藏高原，以晶莹的冰雪世界傲然屹立在地球之巅。这个号称世界第三极的地方，除了神秘的宗教氛围、更是生态的高地，它的任何变化都牵动着这个世界的神经。在这个脆弱的地壳上面是恢宏的高山峻岭，发育着大江大河，哺育着中国和东亚沿岸众多的百姓。她号称中华水塔，对于全中国乃至东南亚的生态安全和持续发展具有至关重要的意义。但她的地壳下面却是异常的活跃，频繁的地震，剧烈的板块运动，使得这个水塔极其脆弱，用一个形象的比喻，整个青藏高原就像一个漂浮在杯子里的鸡蛋壳。

处于高原怀抱的横断山脉，有着三江并流的自然奇观：金沙江、澜沧江、怒江三条大江，其实还有众多的江河从横断山脉自上而下的流向广袤的中国大陆和东南亚地区，她像乳汁一样养育着中下游数亿的人民。三江并流地区集中了北半球南亚热带、中亚热带、北亚热带、暖温带、温带、寒温带、寒带的多种气候和生物群落，是地球最直观的体温表和中国珍稀濒危动植物的避难所。这里是有着生物多样性、生态敏感区域、地质灾害的多样性、地域的多样性、文化的多样性。这些都具有世界的唯一性。这些河流已经成为中国人民生存的命脉，它的一呼一吸同样也关系到东南亚人们的命运。

三江并流地区是地球上最后的净土。但是，这个最后的净土却有着无比脆弱的特性。中国将要在这里动工的南水北调西线工程，按原计划就是要穿越脆弱的三江并流的地区。它能够承受得起人们对水的渴望吗？

　　2006年7月13日《四川日报》以"踏勘'南水北调' 西线八青年赴三江源考察"为标题，报道了八条汉子上长江源头的消息。文章说：南水北调西线调水工程，规模比东线、中线大得多，需穿过唐古拉山、巴彦喀拉山，打通很长的隧道。如此巨大工程，需要大量而系统的地质、地貌、水源等一手考察资料，而目前存在着最新考察资料偏少问题。为"南水北调"西线调水工程作扎实的野外考察，中国治理荒漠化基金会专家组副组长、地质环境专家杨勇带队的八青年，日前由成都出发，赴长江三源楚玛尔河、沱沱河、当曲及周围广大地区进行实地考察……（记者戴善奎）

　　1985年，传来美国著名激流探险家、年近花甲的肯·沃伦将于1985年8月率领一个10人探险队来华漂流长江的消息。当这个不起眼的探险消息被媒体放大后，变成一个事关民族尊严的事件，这促使西南交通大学的一个青年职工，在1979年便萌发漂流长江念头的尧茂书决定要先于美国人漂流长江。他说："漂流长江的先锋应该是中国人！征服中国第一大河的第一人，应该是炎黄子孙！"尧茂书毅然决定提前实施漂流长江计划。

　　要和美国人抢漂自己的母亲河，这个事件的开端就充满着一种悲壮情怀。1985年3月，尧茂书满怀对长江和民族的热爱，带着一艘简易的橡皮艇向长江源头进发。在对长江源头冰川进行了几天考察后，6月上旬，尧茂书乘"龙的传人"号橡皮艇，计划用100天左右的时间，漂到长江尽头。6月底，尧茂书独自驾艇向通天河漂去。7月16日到达川、藏、青三省区交界处的直门达。7月23日离开直门达向

更加险恶的金沙江漂去。7 月 24 日下午，他在漂行了 1270 公里后，于金沙江段通迦峡触礁身亡。

尧茂书悲壮的行动揭开了长江漂流的第一页。饶茂书在通迦峡遇难的消息传开后，在当时那个英雄主义开始恣意萌生的时代，掀起了一股漂流长江的热潮，也唤起了当代中国民间环境意识的觉醒，引发了后来多个声势浩大的民间探险运动。首先是四川的几个青年自发组成了长江科学考察探险队。这是一群来自各个阶层的青年，在攀枝花煤矿的杨勇就是其中的始作俑者之一，这个矿业专业的青年，凭着一腔热血踏上了这充满凶险的漂流之路。壮举在长江和黄河上同时上演，当这场以付出了 19 条年轻生命的活动结束时，这场民间活动已经演变成政府参与、民间声援的英雄主义绽放的舞台。

从那以后，杨勇也走上了一条迄今为止仍在跋涉的江河考察之路。当被称为 20 世纪最后的探险活动——雅鲁藏布江漂流结束后，这个背着一身债务的发起者和领导者有了对江河的重新认识。

这个认识决定了他对江河由诉说，变成思考，再提升到让民间的科学力量进入到政府的决策层面，当然，这是后来的故事。

2006 年，杨勇开始了他至今仍在继续的坚韧的民间科学独立考察——南水北调西线独立科学考察。他带着自己的团队，从出发到现在为止已经 8 年有余。

2011 年 11 月 12 日在北京无忌论坛的直播中，主持人是这样介绍杨勇先生的：在别人介绍杨勇的时候，喜欢用长江漂流第一人、探险家等称号，我在发招集帖的时候也是强调这些的，实际上，我更愿

意用另一种称呼来介绍他，就是爱国志士。

先秦时期，"士"是一个独立的阶层，有着一种独立的价值观。子曰："士志于道"就说士是社会基本价值的维护者。曾子曰："士不可不弘毅，任重而道远"。士承担着传承文化传播道义和知识的重要使命，责任重大。而孟子云："无恒产而有恒心者，唯士为能。"没钱没产业也还能坚持信念的，只有"士"才能做到。而且在先秦，"士"的身上有一种非常突出的"宁为玉碎，不为瓦全"的道德情怀，对其信仰，士可以用生命为代价来维护。

为了给国家重大建设项目——南水北调西线工程提供参考建议，由环境生态专家杨勇率领的"长江三源科学考察队"，集中了中国最优秀的高原生态和地理专业人士以及媒体人员，在众多的民间组织和企业家的赞助下，自 2006 年夏季至今，在青藏高原和西北大地，水上漂流 300 多公里，陆地行程 10 万多公里，对长江之源（南源当曲、正源格拉丹东沱沱河、北源可可西里楚玛尔河）调水源区及通天河、金沙江、雅砻江、大渡河及黄河源区调水工程枢纽规划区以及新疆西部水资源做了一次独立的科学考察。期间考察队员相继出版了《大江源记》（青岛出版社）、《水问》（人民出版社）等著作和大量的科考报告，体现了民间科学力量对生态的高度关注和参与，开创了民间力量影响政府决策的先河。

考察队凭借着有限的经费和简陋的装备，探沼泽、攀冰川、涉河滩，在极度恶劣的天气环境下，

没有任何外援帮助的情况下，克服了种种艰难险阻，终于以非常规的方式走进高原的水源地、冰川和湿地，以直观的方式告诉我们水源地发生的一切，以及冰川退化与湿地荒芜后的结果，会产生一系列问题的可能。其结果与计算机模拟出的数据不同，这种方式比敲打键盘来得艰难许多，考察过程本身已经创造了众多民间科考的新纪录。

大漠荒原，苍穹万里。亿万年来，荒原以自己超凡脱俗而又原始地裸露在天地之间。无数旅人被她的高贵所折服，被荒原所震撼，他们在荒野中呼号奔走，衍生出无数的文字和乐章，感动着自己和人类，产生出生生不息的荒原文化。

江河需要大家保护和关注，世界卫生组织曾经做过一项调查表明，全世界 80% 的疾病和 50% 的儿童死亡都与饮水水质不良有关。如果说资源型缺水是"天作孽"，那么水质性缺水便是"人作孽"，自己弄脏自己喝，自作自受。

一条江河，流经不同的行政区域，就有不同的"主人"，下游把江河当做饮用水源，上游则可能当做"下水道"。污染容易治理难，江河保护是一个宏大的课题，需要每个人都行动起来，担起属于自己的责任，形成合力，确保每条江河各流域水系畅通，生态平衡，家园美丽。

江河是民族的血脉，要有一种敬畏感，江河守护者在虔诚地走着，看着，思索着。生命本无区别，只是不同的人留下了不同的痕迹。

　　是为序。

张世君

中国治理荒漠化基金会副理事长、研究员

国家边境海岛生态保护建设办公室主任

2014 年 11 月

序二

说起探险，人们最先想到的是首次登上珠穆朗玛峰的希拉里和丹增，因为他们刷新了人类的登高极限。但是他们完成的只是单一的高度指标，并非为了寻找科学真理。本书的两位作者记录的则是几个普通的中国公民为了验证一个已经花费了数亿元、而且还可能将会花费数千亿元的西线调水工程的科学可行性。

独立民间科学考察也是为了呼吁全社会重视维护世界第三极原始生态系统的完整性、保护中华水塔不再增添因人类的失误而造成的巨大伤痕、尽量避免中华民族再次出现巨额经济损失和世纪性悲剧工程的发生。探险科考队员们以高度的社会责任感四处化缘并自掏腰包、写好了遗书安排好了后事，以七尺男儿对国家和社会的庄严责任和一腔热血，携带着简陋的装备于冬夏两季闯进了广袤的三江源，对无人区进行了深入细致的实地科学考察，取得了珍贵的第一手资料。

众所周知，攀登珠峰可以选择气温高、风速小的夏季进行，然而他们的实地勘察是为了验证在地质情况极其复杂的世界屋脊高寒地区能否建筑水利工程，为了这一目的就必须要在冻裂石头的季节进入各拉丹东和可可西里，去了解在 -50℃时中华水塔的心脏和顶端到底是什么状态。你无法想象吧，在世界屋脊的严冬里，男人撒出去的尿落在地上竟然冻成梆梆作响小冰棒！没有人敢给他们做向导和挑夫。他们只有集探险、科研、记者、摄影、向导、司机、挑夫、急救、厨师、医生等多项技能于一身，才能完成预定的全部考察项目计划。这几名铁血奇侠多次与死神擦肩而过，就连阎王爷都给这些替天行道的勇士摇旗壮行！他们克服了无数艰难险阻，谱写了人类首次成功冬季考察各拉丹东和可可西里地质、水文、冰川及其三江源区生态系统的崭新篇章！

本书作者徐晓光和税晓洁是我国杰出的资深民间探险家、作家和生态环保志愿者，若干年如一日地关注青藏高原生态系统现状及变化趋势，辅助著名地质、生态及地质灾害学专业探险家杨勇先生共同完成了让专业人士刮目相看的科学考察工作，填补了冬季三江源区的环境面貌和本底数据的空白，创造了民间独立科学考察影响政府决策的崭新纪录，考察成果让业内人士一片哗然！

一个民族、一个国家绝对不可缺少冒险和献身精神，这是人类不断创新的原动力！在庆贺他们舍命探寻科学真理取得重大成功的同时，又欣慰于他们给户外极限运动发烧友及越野车爱好者提供的野外生存和自救的经验。书中他们与艰难困苦浴血奋战的分分秒秒会带给你突破自我和战胜困难的必胜信心！

王方辰
中国科学探险协会理事生态学者
中国奇异珍稀动物专业委员会主任
2015 年 1 月

走过的不是路

——代前言

——他们大多出生在那个英雄主义恣意的年代，有着强烈的英雄主义情结。

——他们曾经面临生死瞬间的考验。

——他们也曾面临身无分文的窘境。

当我们都在屋子里低头忙碌，很少抬头顾及自己的房顶的时候，这一群人却在地球的屋顶上（青藏高原）寻找发现"漏水"的地方。他们没有力挽狂澜阻止生态变化趋势的能力，也没有拯救地球环境的资本，但他们却有发出自己声音的使命……

从2006年开始，在国际关键生态系统合作基金(CEPF)、中国治理荒漠化基金会支持下，这支冠以"中国治理荒漠化基金会、横断山研究会独立项目考察队"名称的西部水资源考察队，由科学家、新闻工作者、作家、志愿者组成，他们在地质环境专家、探险家杨勇的率领下，通过民间环保组织的民间捐助和队员个人资金以及媒体有限的资助，以独立科考项目的方式前往三江源，用驾车、漂流、徒步的方式，开始了长达10多年，行程约20多万公里的西部大江大河水资源状况考察。

考察队足迹遍及三江源、雅砻江、怒江、雅鲁藏布江、可可西里，跨越了青海、西藏、新疆、甘肃、宁夏、内蒙古、陕西、山西等地。

10多年来，这只考察队多次深入西部大河源头的腹地，用最真实的文字和镜头客观记录描述了生态的现状和演变。考察队目睹着山川河流的变化，也见证了人们生态意识的觉醒；同时也力求以民间科考力量参与到政府决策过程中去，希望为中华民族的可持续发展做出切实的贡献。

在中国，民间科学力量尚处在萌芽和发展状态，专业力量和资金来源等方面都存着诸多的困境，但毋庸置疑的是，其存在本身就是一个国家科学素养的标杆。当更多的人把视野投向广袤的宇宙星空、山川河流，关注生态与自身的关系时，正是一个民族科技力量崛起之时。

在10多年的行走路上，面对险恶的自然环境和资金短缺时，考察队需要具备超越常人的意志和应对各种困难的能力。事实证明，这只考察队以超人的意志、简陋的装备经受了各种极端环境的考验，期间经历了数不清的翻车、坠河、迷失暴风雪等险象环生的事件，共同经历了中国民间科学考察探险史上的传奇历程，诸多难度和险度超越了人员和设备的极限，受到了社会各界的高度关注。

10多年的行走和记录，文字图片在时间轴上有着很大的跨度，所以书中多是以考察线路来梳理，按照考察的地点和地区归纳章节，例如某条线路上的各个考察点，可能是分不同年份过去的，但在书中按照线路逻辑来记述，而不是按照某一年都去了哪些地方来编写。可能在阅读时，略有记忆碎片之感，但我们相信读者们有着非凡的鉴赏力。由此，在这里要特别感谢中国水利水电出版社的编辑们，面对庞杂而凌乱的文字图片，还要核对相当多的数据，是一个极为繁杂辛苦的事情，他们的敬业和专业知识令人敬佩。

还要感谢那些多年来持续给予我们提供的物质支持和关注的朋友，实在太多，是他们让我们还有继续行走的动力和能力，此致，感恩敬礼！

十年转头空，江山依旧在，考察队员们却从壮年变成老年，青年步入了中年。10多年来，我们国家发生了很大变化，尤其是生态文明建设上升为国家战略之后，我们很庆幸地看到许多河流变清澈了，多年前猖狂的河边工厂不再排毒或者已然消失，但我们能看到，雾霾还在肆虐着天空，它提醒我们，永远要对生态环境心存敬畏！

这本书不是一个大河的游记，也不是一本探险指南，这只是我们走过的一些行程，却未敢称之为路，因为我们走过的——根本就不是路……

徐晓光

2017年6月21日凌晨

目录

序一

序二

走过的不是路——代前言

1 三江源

第 1 章 天堂与炼狱：漂流长江南源当曲 // 003

1.1 出发！为了母亲河 // 008

1.2 藏族歌手——卓玛 // 009

1.3 太阳之城——石渠 // 011

1.4 通天河通迦峡永恒的英灵 // 015

1.5 阿翁土登 // 017

1.6 天堂般的风光　炼狱般的旅程 // 021

1.7 与美国漂流队相遇在通天河 // 042

1.8 兄弟白马泽民 // 044

1.9 气象站的仁钦达吉 // 049

1.10 外六则：野驴、狼、重唇鱼、鹰、云、昆仑山的黄
　　 昏 // 052

第 2 章 可可西里，梦幻之地 // 059

2.1 可可西里腹地——楚玛尔河 // 060

2.2 守着长江源却没水喝的曲麻莱 // 068

2.3 卓乃湖边 // 071

2.4 车陷荒原 // 083

2.5 红石山顶 // 089

第 3 章　大美无言：长江正源之格拉丹东雪山　姜古迪如冰川 // 099

3.1　雀莫错、雀莫山及神秘的吉日乡 // 100

3.2　冰川环抱的河流 // 110

3.3　姜古迪如冰川的缩减与长江到底有多长 // 118

3.4　遇险格拉丹东 // 125

3.5　沱沱河与当曲河的长江正源之争 // 133

3.6　岗加曲巴冰川与尕尔曲 // 144

3.7　万里长江第一大弯大湖玛章错钦和葫芦湖 // 148

第 4 章　冰河时刻 // 159

4.1　再踏征程 // 160

4.2　沉重的大渡河 // 164

4.3　没有美女的丹巴 // 168

4.4　风情万种雅砻江 // 171

4.5　诗意扎溪卡 // 173

4.6　年谷天浴 // 176

4.7　雅江忧思录 // 179

4.8　通天河最后的村庄 // 180

4.9　从通天河到沱沱河 // 184

4.10　高原台地·可可西里的呼唤 // 188

4.11　昆仑山遇险记 // 197

2　沉默的冰川

引言　冰川絮语 // 211

第 5 章　沉默的冰川 // 217

第 6 章　再进格拉丹东·姜古迪如冰川的平衡线 // 225

第 7 章　喀纳斯冰川 // 229

第 8 章　我们所不知道的冰川气候 // 239

第 9 章　中国科学家眼中的冰川 // 243

3　新疆问水

第 10 章　从柴达木向阿尔金 // 251

10.1　沿那棱格勒河西进，目标——阿尔金山 // 252

10.2　睡在昆仑山美玉流淌的河滩 // 254

10.3　从河谷沟壑进入阿尔金山自然保护区 // 258

10.4　阿尔金山不寂寞 // 262

10.5　乌鲁克苏河畔，陆风汽车钢板断裂 // 265

10.6　冲击车尔臣河 // 267

第 11 章　博斯腾湖不能承受之重 // 271

第 12 章　从塔克拉玛干到天山 // 279

12.1　胡杨与红柳的礼赞 // 280

12.2　沙漠公路——荒漠中的绿丝带 // 285

12.3　策勒河峡谷——地球下陷的地方 // 288

12.4　玉龙喀什——挖地球祖坟的地方 // 290

12.5　最后的台特玛人 // 295

12.6　塔里木河上争夺的"明珠"——胜利水库 // 298

第 13 章　且末——车尔臣河消失的地方 // 303

13.1　且末 // 304

13.2　翻越天山 // 308

第 14 章　柴达木的绿洲 // 315

14.1　柴达木的原始记忆 // 316

14.2　柴达木河畔沟里村,一家正在服丧的藏民 // 319

14.3　向冬给措纳行进,壁虎一般的行程 // 321

14.4　七彩圣湖冬给措纳 // 322

14.5　迷失柴达木河 // 325

14.6　香日德,柴达木的翡翠 // 327

14.7　荒漠遭犬追,夜渡大河床 // 330

4　长河厚土

第 15 章　黄河源头——我们薄待的母亲 // 337

第 16 章　黄河之上——阿尼玛卿 // 349

16.1　阿尼玛卿——黄河流域的神山 // 350

16.2　圣火的仆役，挖虫草的甘肃人 // 354

16.3　源区沙漠化的忧思——回忆 2009 年雅娘沙漠探险 // 359

第 17 章　黄河之下——走西口 // 365

17.1　偏关不偏 // 369

17.2　站在黄土高原上，你就明白黄河为什么是黄的 // 372

17.3　米脂，一个曾经出产"美丽婆姨"的地方 // 377

17.4　延河行 // 379

17.5　延长县，中国陆上打出第一口油井的地方 // 380

17.6　梦中的汾河 // 381

17.7　安泽县和谐典范——荀子 // 384

17.8　夜走太行山大峡谷——红旗渠精神犹存，水利工程已成旅游景区 // 386

17.9　太阳照在桑干河床上 // 388

17.10　大寨，在流逝的岁月中，过着平静的日子 // 391

第 18 章　最后的香格里拉 // 395

第 19 章　走进雨季冲出沼泽 // 403

19.1　当曲湿地考察纪实 // 404

19.2　轮飞撞山　高原惊魂 // 407

19.3　沱沱河生态保护站 // 414

第 20 章　墨脱——走过四季 // 423

第 21 章　青藏高原呼唤着什么 // 431

21.1　一个礼佛的民族 // 434

21.2　一个环保的民族 // 435

21.3　一个艺术的民族 // 436

21.4　荒漠文化的诱惑 // 437

第 22 章　与你同行——给支持和帮助过民间科考的朋友 // 441

22.1　中国治理荒漠化基金会——一个民间科考的后盾 // 442

22.2　旅游卫视 // 444

22.3　广州极地户外公司 // 446

22.4 《华夏地理》杂志社 // 447

22.5 北山超市——一个让我们有底气继续走下去的企业 // 448

22.6 查利——同一个相机 不一样的视角 // 449

22.7 陆风故事 // 452

22.8 融德人的一把火 // 454

22.9 车贴与致谢 // 456

22.10 结语 // 458

22.11 高原湖泊摄影作品欣赏 // 460

附录1 历年参加考察队人物谱 // 464

附录2 邓天成考察日记（摘选） // 474

附录3 高原冰雪行车、陷车自救宝典 // 482

后记 // 488

1

三江源

第 1 章

天堂与炼狱：漂流长江南源当曲

1.1　出发！为了母亲河 // 008

1.2　藏族歌手——卓玛 // 009

1.3　太阳之城——石渠 // 011

1.4　通天河通迦峡永恒的英灵 // 015

1.5　阿翁土登 // 017

1.6　天堂般的风光　炼狱般的旅程 // 021

1.7　与美国漂流队相遇在通天河 // 042

1.8　兄弟白马泽民 // 044

1.9　气象站的仁钦达吉 // 049

1.10　外六则：野驴、狼、重唇鱼、鹰、云、昆仑山的黄昏 // 052

　　2006 年 8 月 7 日，飞机从格尔木机场腾空而起，一头钻进阴霾的天空。穿过厚厚的云层，阳光很快倾泻出来。透过云层，我俯首望去，机翼下大片隆起的黄色褶皱，是昆仑山特有的地貌，那些河流干涸的印迹像大地残存的泪痕，折射着无力的夕阳。

　　水，生命的基本元素，水，五行之一，万物之源，这一区别于地球以及已知的绝大多数星球的物质，我们对它似乎已经司空见惯，但它现在已经成为或即将成为支撑这个星球赖以生存的战略资源。约在 20 年前，一个战略家曾经写过一本颇具前瞻性的书——《21 世纪——为水而战》，直言水是中国与周边国家引发战争的导火索，虽一时振聋发聩，但很快淹没在经济发展的声浪里，没有多少人还记得。

　　在这个没有永恒的宇宙里，星球的生命也许是一瞬间，但这一瞬，已经是永恒的定格，在完成人类最后的定格之前，我们还能为那些枯萎的山冈，萎缩的河流做些什么？如果我们能做到些什么，对于人类的精神世界那也许就是永恒了。

　　脚下是我相守多日的土地，在那褶皱的地方，还有我牵挂的伙伴，他们仍在那里艰难的跋涉。虽然在车陷绝地的时候，我曾经诅咒过它，嫌弃过它的寂静和荒凉。但是，我现在感到自己已经留下了对它不可抹去的深深牵挂。

2006 年 7 月 13 日四川日报以"踏勘'南水北调'西线 南水北调考察队赴三江源考察"为标题，报道了我们八条汉子上长江源头的消息。文章说：

南水北调西线调水工程，规模比东线、中线大得多，需穿过唐古拉山、巴彦喀拉山，打通很长的隧道。如此巨大工程，需要大量而系统的地质、地貌、水源等一手考察资料，而目前存在着最新考察资料偏少问题。

为"南水北调"西线调水工程作扎实的野外考察，中科院成都地理所客座研究员杨勇带队的八青年，日前由成都出发，赴长江三源楚玛尔河、沱沱河、当曲及周围广大地区进行实地考察……（记者戴善奎）

2006 年 7 月 31 日，中国西部网又以"八青年踏勘'西线调水'长江源头有新发现"为题，报道了我们从当曲开漂至烟障挂 13 天的漂流考察结果。记者这样阐述：

7 月 26 日，历经 13 天的漂流考察，开展"西线调水"踏勘的蜀中八青年杨勇、李国平、耿栋、杨西虎、杨帆、刘砚、徐晓光、税晓洁，全程穿行当曲河并考察周围地区后，折返青海扎多县，带回丰富的实地感受和资料。当曲、沱沱河、楚玛尔河为长江三源。其中，沱沱河一直被地理学界视为长江正源。鉴于当曲的水量和河床宽度（沱沱河的水量只有当曲河的四分之一左右），在各河交汇时尤显壮阔，曾被一些国内外学者认为应取代沱沱河成为长江正源。此次，八青年将其作为水资源考察的首站……

虽然当时我们已经是平均 40 多岁的"老青年",但"青年"这两个久违的字眼,似乎给我们注入了某些活力,此后在媒体上再出现的时候我们多被以"八青年"冠名。

　　先说一下长江源头。长江源区由正源沱沱河、南源当曲、北源楚玛尔河组成。沱沱河与当曲汇合在一起以后,叫通天河。通天河在玉树进入四川省高山峡谷之后,称为金沙江。金沙江穿过云贵高原北侧,流到四川省宜宾市。当它和北面流来的岷江在宜宾汇合之后,才称为长江。

　　中国普遍沿用的长江源头的标准概念,出自 1978 年 1 月 13 日新华社通稿:

　　经长江流域规划办公室组织的查勘结果表明:长江源头……在唐古拉山脉主峰各拉丹东雪山西南侧的沱沱河……长江源头地区主要有五条较大的水流……其中沱沱河最长,计三百七十五公里,当曲第二,其余较短。按照'河源唯远'的原则,沱沱河应为长江正源。

　　但 2005 年 6 月 15 日 13 时 15 分,由香港中国探险学会黄效文带领的 19 位国际科学探险队员,在西藏高原青海省南缘发现长江新源头:加色格拉峰当曲上游多朝能,比当前中国官方认定的格拉丹冬雪山沱沱河多了 6.5 公里。

　　曾在美国《国家地理》杂志兼探险、摄影、写作于一身的黄效文,早在 1985 年就参照美国航天飞机照片并实地勘查,重新定位加色格拉峰当曲上游多朝能为长江源头,其长度比格拉丹冬雪山沱沱河多 4.1 公里,流量也多了 5 倍。多年来,虽然中国未更改官方认定的长江源头,但据称黄效文的发现在大

白臀鹿

狼

陆学界已广被接受。

当曲是长江源区水量和流域面积最大的源流，是科学界曾提出应作为长江正源的河流，但由于未有科考队伍进入源区进行详细考察，这一观点一直处于争议中。

当曲正源发源于唐古拉山脉东段北翼霞舍日阿巴山，海拔5295米，分水岭以南是澜沧江源和怒江源，是三江源的标志性区域。它是以泉眼和泥岩沼泽发源的源区，泉眼主要分布于霞舍日阿巴山南坡坡翼的冷冻风化石坡。密集的泉眼形成水网，水流在山底宽缓盆地汇集形成沼泽地。据初步资料查询，这里可能是中国最大、最厚的泥炭沼泽地，泥炭资源丰富；自然景观保存完整，非常独特，鲜为人知。当曲河沿岸水草丰美，有许多季节性游牧，每年5—7月间是放牧的旺季。源区野生动物丰富，主要有白唇鹿、野驴、野马、斑头雁、重唇鱼等。当曲源区西部为各拉丹冬东坡冰川和唐古拉山脉中发源的布曲和尕尔曲两大支流。

关于长江源头比较权威的数据至少有5种，但是，我们这次去当曲及其他的源头，并不是为了求证河源的长短，这是另外一个学科的事。考察队的目标很简单，就是考察它们的生态环境，是在退化还是在进化，长江源区到底有多少水可以调。考察队做的是独立的研究项目，为政府提供一份客观的南水北调西线生态资料，以民间的科学力量影响政府的决策，这也是生态地质环境专家杨勇蓄势多年的目标。

旱獭

野驴

1.1　出发！为了母亲河

让时间倒流到 2006 年 7 月 4 日。

7 月 4 日新闻发布会

成都，某餐吧，餐吧的正上面悬挂着："南水北调西线工程生态环境独立考察研究项目新闻通气会"。那天的活动人气不是太理想，准备也略显不足，这与杨勇行事做人低调有关，但毫不掩饰这个令人不得不肃然起敬的计划的伟大光芒。古人有着"位卑未敢忘忧国"的伟大情操，在今天的中国仍然有着这么一些人，我们称他们为"精英"。组织和发起者杨勇应该不愧这个称号。

7 月 5 日出发时的插曲

由于新闻通气会的效应，一个北京理工大学的博士生一大早提着行李，赶到出发地，坚决要求杨勇把他带上，他说他的毕业论文主题就是关于南水北调，但由于我们两台车已经没有任何地方可以再加上一个人和行李，另外考虑到对他也不够了解，加之不具备考察的基本技能——开车划船，带上他还需承担法律上的诸多责任，杨勇还是婉拒了他，博士一直磨了四个小时，直到队伍出发才失望地离去。其实我们也替他遗憾，因为这种机会对他太重要了。

没有壮丽的送行，我们用自己的短信发了数百条同样的内容：

我们已于今日出发，奔赴长江正、南、北三源进行地毯式考察，关注长江生态命运，关注中国水资源。为了母亲河，我们一直在努力！请支持我们！杨勇。

回复的短信，多是炙热的语言，暖人肺腑，手机几乎要燃烧。《中国环境报》新闻中心记者丁品，多年来参加可可西里保护藏羚羊活动，也曾经随同我们"三峡问候珠峰"摩托车环保万里行车队，穿越过滇藏、青藏线的哥们，挥笔书信，寄来诗词，特抄录如下：

见信如面！此行长江源头，弟不能参加甚憾！路途凶险，还望多保重！拙作一首为赠，聊壮行色：

大漠三江首，冰山壮士门。

情操融作雪，日夜总销魂。

慷慨中多少有些悲壮。

一个执著失望的博士

1.2 藏族歌手——卓玛

2006年7月6日上午从大渡河出发,经康定,目标直指道孚。途径康定,康定水利局局长肖先生在"康定情歌"大酒店设午宴招待队员。席间品尝了高原珍馐——松茸,余香绕口,久久不散。

目的地——道孚,在甘孜自治州中享有油画之乡、歌舞之乡的美誉。进入道孚境内,见路两侧金黄色的狼毒花竞相开放,点缀着绿色的草原,令人赏心悦目。21时左右,在细雨蒙蒙中汽车驶进了道孚县城。一号车杨勇队长发现路边有一家藏式风格的客栈,没多想就一头拐进去。

格公草原

藏式风格的客栈厅堂　　　老李和卓玛对歌　　　卓玛家的客厅

　　客栈的女主人叫洛绒卓玛，长得端正秀丽。这栋两层楼，朱红雕梁，藏式壁画点缀其间。我发现了一张卓玛着藏族服装唱歌的照片，询问得知，这是她一张个人音乐 CD 的封面，再细问，她早年是康定歌舞团的演员，现在道孚县文化局工作。她的姐姐是四川音乐学院声乐教授，她的侄女央金现在中央电视台"梦想中国"激烈 PK，已进入前八名。后天，也就是 8 日，是央金决赛的日子。不愧是歌舞之乡，令人起敬。我拿出随身带来的 MTV《故乡的老槐树》《呼唤在布达拉》，在 VCD 机上播放，特别想听听藏族歌手的见解。听后，卓玛认为歌词、旋律很美，只是歌手不大了解藏族民歌的特点，随后她跟着旋律唱了起来，果然好不一般，音域宽润，余音绕梁，令人感到藏族歌手那种雪域高原给予的天赋。

　　她赠给我两盘个人 CD，我将《呼唤在布达拉》赠给了她，并答应将这首歌交给央金演唱。

　　第二天早上，卓玛为我们煮好早餐，席间播放着卓玛的专辑，随后我们推出考察队的老李和卓玛 PK（对歌），老李自称帕瓦罗蒂第二，从成都开车出发一路唱来，确有些功底，无师自通，每首歌都唱得像模像样，涉猎美声、民族、通俗。他们选定《敖包相会》，一开腔老李的嗓子就像被人掐住了，在车上的淋漓酣畅跑到了九霄云外。卓玛声情并茂，配以优美的形体语言，老李败下了阵。老李自嘲道：没真正上过台，紧张，平时的水平连百分之六十都没发挥出来。

　　出发时，卓玛端来了酥油茶，给每人斟了一碗，用食指沾起酥油，轻轻弹向天空，用藏语唱起了祝福歌。我们一饮而尽，在她的歌声中踏上了前往石渠的路。

　　我们一致认为，洛绒卓玛的家一定要再来一次。

　　从道孚出来没多久，就遇到了暴雨。高原的天气说变就变，刚才还阳光灿烂，天空湛蓝，一会儿就乌云压顶，暴雨倾盆。

　　汽车的雨刮器用最快的速度急速摆动，坐在车里就像和汽车一起在淋浴。路况时好时坏，剧烈的颠簸，抖得我们像笼子里的虾一样乱窜乱蹦，脑袋不时地撞在顶棚上，整得我们常常眼冒金星。石渠县城海拔4200米，号称"太阳之城"。它的许多牧场都在海拔5000米以上。随着海拔的不断上升，高原反应慢慢袭了过来。老李的歌声慢慢消失，头开始出现阵痛，不时泛起困意。开车的小耿不断地打着哈欠，揉着眼睛，强打着精神。小耿在一家国际环保机构供职，是个摄影家，经常随外国考察队深入滇藏一带活动，有着令人放心的驾驶技术。

石渠县城

到石渠已是 22 时，高原小城已淹没在深深的夜幕中。我们看到一家亮灯的旅馆，连名字都没看就开了进去。住下后，点了个火锅，没多大的胃口，几个"老高原"也有反应，在我这里要了"百服宁"吃后都去入睡了。我也吃了颗"百服宁"，头痛很快减弱，却一夜辗转难眠。

　　次日早上 6 点不到，高原强烈的阳光就从窗外倾泻进来。上街去，路人无几，只是那些膘肥体壮的流浪狗横七竖八地睡在马路上。我在文集《苍狼之旅》里这样描述过：*石渠的狗无疑是世界上最幸福的狗，它们居栖在太阳之城，享受着世界上最早的阳光，无忧且受人尊敬……*

　　石渠有两家网吧，这是我拖着沉重的脚步走遍了县城得出的结论。我顺着低矮的楼梯爬到了一家网吧，闷热的气息差点使人窒息。几个小喇嘛操纵着虚拟赛车玩得全神贯注。我给友人和报社发了几张照片，这时手机传来杨勇的短信，说是石渠水利局的同志在等我们，请我接洽。我立即下机离开网

远眺石渠

吧，顺着大街寻找水利局。如果拿内地的习惯套在这里，那就错了。石渠及很多藏区县城的许多单位都没挂招牌，这石渠的单位大门还多是藏文，于是我去问路。第一个把我指引到了税务局；第二个把我指引到了畜牧局；最后终于找到了"水利局"，原来这里称为"水电局"。因语言不通造成的插曲还真是让人啼笑皆非。但是在4000多米缺氧的高原，疲于奔命般的"散步"着实不是件容易的事。

石渠尓依乡温泉神石

石渠尓依乡祖泉温泉

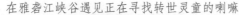

在雅砻江峡谷遇见正在寻找转世灵童的喇嘛

通天河通迦峡谷

考察队经过通迦峡塌方路段

在悬崖上拍摄汹涌的江水

1.4　通天河通迦峡永恒的英灵

2006年7月8日，南水北调西线生态环境考察队离开石渠沿金沙江而上，翻过4800米的雅砻江、金沙江的分水岭，穿过一个幽深的峡谷抵达金沙江畔的洛须镇。洛须镇与江对岸的西藏江达县隔江相望，这里是金沙江形成后的第一个宽缓谷地（金沙江上游第二个宽缓谷地在云南的石鼓镇）。宽缓谷地水草茂盛，大片的农作物昭示着谷地的富饶。其间还有不少非常美丽的湿地，栖息着许多不知名的水鸟。下午，考察队抵达巴塘河与金沙江通天河分界点，碧绿的巴塘河从西藏一侧注入，泾渭分明地切割出金沙江与通天河分界线。溯通天河而上，峡谷变得更为狭窄，江水湍急，两岸的群山透着冷峻的尊严。

20时30分考察队抵达通迦峡，在"长漂"勇士尧茂书遇难的地方，考察队队长杨勇让车队停了下来。20年前的今日，一个热血的炎黄子孙用自己的生命演绎了悲壮的一幕。他用生命点燃了中华民族的英雄之火，打开了一个时代的英雄情结。长江以博大而又冷酷的方式先后夺去10个英雄的生命。在黝深宁静的通迦峡上空，一个英灵在默默地注视着我们。

尧茂书的后继长漂勇士杨勇一声带着悲情的问候催人泪下，回荡在幽深的空谷，江水似乎也随之呜咽号啕。我们以水代酒，洒入奔腾的江水。杨勇拿出自己多年来对长江的考察报告，队员们签上自己的名字，以烟代香，以纸作钱，朗声齐诵："尧大哥，英魂永在，后继有人，你安息吧！"

在通迦峡上游，当地的藏民为尧茂书堆起了一个简朴的玛尼堆。玛尼堆守望着通迦峡上空孤寂的英灵。江水奔腾，诉说着一个英灵永恒的故事。11日上午，考察队携带祭品专程从玉树返至通天河直门达大桥，桥下有一块1986年中国长江科学考察队为尧茂书立下的纪念碑。在不远处高大气派的三江源

英骨长存

与施工工人一起纪念英雄

纪念碑的映衬下它显得毫不起眼，甚至有些破败。

　　考察队在为纪念碑除草、献花祭奠的时候，在一旁大桥施工的中铁 19 局的工人来了不少，他们听了队员介绍尧茂书和中国长江漂流探险队的历史后，朴实的工人们很感动，要求和纪念碑合影。

　　一个年轻的工人问了我这样一个问题："他去漂流，一定很有钱吧？"答："没有钱。"问："没有钱，那去漂啥子嘛？！" 我无言以对。

　　一个民族的血统里如果没有英雄主义的基因，无论他如何人口众多，也是懦弱的。

　　英雄，永远是一个民族、一个国家的脊梁！

阿翁土登一家人

　　凌晨 1 点半，我们摸黑到了奔达乡，这是通天河边一个看不见灯火的村子，奔达乡是通天河与金沙江衔接区域最近的乡。在此以前我们一伙人在看不到任何参照物的情况下，在大山里转悠了很久。终于盼来了"救世主"——一个穿军装的黑脸汉子，不知他是从哪里冒了出来，帮着把车引进了一个院子，他自称是乡武装部的干部，30 岁，叫阿翁土登，院子就是他自己的家。

　　阿翁土登全家出动做饭，阿翁土登会炒鸡蛋饭，他说自己在石家庄当过兵，在那里学会做汉族的饭，这顿饭好生丰盛，鸡蛋炒饭、酥油糌粑、油炸麻花，还有一种自产的不知名的水果。

　　阿翁土登家里的人很多，屋里的任何角落里似乎都是黑乎乎的脑袋，无论大人小孩都露着亮晶晶的白

当曲源头杂多县城

考察队途经落石区

牙笑吟吟地看着这些狼吞虎咽的人，在这里，一年也难见一个外人，我们的一举一动都是新鲜的视觉感受。

最难忘的是一家人赤子般的笑容和通天河上空皎洁的月亮，那笑容、那月亮都珍贵得令人心醉。情感这个东西也许也会有"高原反应"。

阿翁土登很健谈。他说，这里的土产是虫草，收购价是 1 公斤 1 万 8 千元，拉萨可以卖到 1 公斤 3 万元，到了北京就是 1 公斤 10 万元，每年有好几万人拥到这里来，虫草也越来越难采了，去年他的老婆采虫草就收入了 1 万多元，家里还种了不少青稞，自己还有 1400 多元的工资，还有很威风的军装，他们毫不隐讳自己的家底，没有我们这些城市人所谓的"隐私"概念。

杨勇谈起 1986 年长江漂流，那次曾经在这里扎过营，活佛在江边为漂流队作法事保佑平安，阿翁土登说自己那时候还小，但记得；他还说，那个在通迦峡遇难的汉人（尧茂书）出事的时候，他的阿妈也到现场去了，江边那个玛尼堆就是为那个汉人砌的。

杨勇又谈起调水，假设在通天河的上游开凿一个大型隧道，将雅砻江和通天河的水引流，他个人推算，如果调走通天河 70% 水量，那有可能影响到溪洛渡电站 60 万千瓦的发电和电力收入 20 亿元，还有众

当曲河和沱沱河交汇处——夏季水面广阔；冬季江面封冻

多的梯级电站 2000 万千瓦的电力损失……

一旁的阿翁土登笑着说，我们不用通天河的水，自己花 2000 元钱买了一个水力发动机，往山上水沟里一放，家里用电就不花钱了。阿翁土登的话很质朴，很简单，很简单就没有复杂的想法，没有那些复杂的想法也就没有复杂的思索和复杂的痛苦。

中国的少数民族拥有中国最贫瘠的土地，也拥有中国最丰富的资源，但他们却一直以最简陋的生活方式维系着自己民族的繁衍，维护着生态资源原始的神圣，我们必须得向他们致敬！

临睡前，阿翁土登告诉我们，在我们明天的路程上有一段落石区，要小心。

那天晚上我们睡在他们孩子的床上，我不知道他们一家睡在哪里。那份真诚你无需多言，只需默默享受。

第二天出发前，杨勇要给阿翁土登结算饭钱和住宿费，遭到了阿翁土登一家集体的反对，我们在一起合影，依依不舍地分手。

我看了一下 GPS 坐标：N32°39′308″，E97°30′354″。

长江南源当曲漂流背景链接

当曲、沱沱河、楚玛尔河为长江三源。其中，沱沱河一直被地理学界视为长江正源。鉴于当曲的水量和河床宽度（沱沱河的水量只有当曲河的1/4左右），在各河交汇时尤显壮阔，曾被一些国内外学者认为应取代沱沱河成为长江正源。它是迄今为止，中国科考人员唯一没有对它进行一次全程漂流考察的水域。它的难度在于它发源于唐古拉山的北侧，进入当曲后形成大片的沼泽水域，网状水系极为复杂，流经数百平方公里，基本上为无人区。要想考察这个水域必须具备两个因素：一个必须是地质环境专家，另一个必须是熟悉漂流可以驾驭江河的高手，20年前的长漂队员，雅鲁藏布江漂流队队长，地质环境专家杨勇唯可当此重任。我们这次去当曲及其他的源头，并不是为了求证河源的长短，考察队的目标就是它们的生态环境，是在退化还是在进化，长江源区到底有多少水可以调。考察队做的是独立的研究项目，为政府提供一份客观的南水北调西线资料；以民间的科学力量影响政府的决策，也是杨勇奋斗多年的目标。

干涸的沼泽地

7 月 12 日

　　12 点 30 分左右考察队离开杂多县，向着当曲源头的沼泽地区进发，19 点 3 分顺利到达当曲一片干涸的沼泽地，这个从地图上了解的位置原先的情况应该是难以涉足的沼泽地，为此杨勇还准备在这里雇用藏民的牦牛进去，但现在沼泽干涸，变成了草甸，虽然车行上面颠簸不已，但却省掉了几天骑牦牛的路程。8 点在沼泽地扎营。这一带为无人区。有不少旱獭和野驴在宿营地出没，附近有很多美丽的湖泊，应该是长江南源当曲的源头。GPS 定位地处于 N32°50′455″，E94°16′62″。

　　夜晚，星星从地平线升起，晶莹剔透如宝石般的星星布满了整个苍穹，周围犹如置身太空般的寂静。在偌大的旷野中，居然可以听到自己心脏的跳动声。可谁知到了下半夜突然狂风大作，大雨倾盆，80 元钱的帐篷在风雨中窘态毕现，到处漏水，所有的衣被顿时泡在了水中，我们挣扎躲进汽车，拥挤着挨到了天亮。当天晚上八爷从北京赶来，一贯身强力壮的他老人家，也犯了强烈的高原反应。由于缺氧呼吸急促，诱发了肢体震颤。这位曾经穿越过雅鲁藏布江大峡谷的壮汉，好在因为长期坚持锻炼，身体底子较好，才没有出现出师未捷马革裹尸的后果。

　　八爷是夜半两点钟发的病，大口喘气，手脚抽搐。我和税晓洁赶紧给他服下两粒速效救心丸，灌下几大口水，结果这老人家不领情，倒埋怨我们几个给他嘴里灌泥巴。没有理会他老人家的抱怨，看到他

孤独的藏原羚　　　　　　　　　　　　　　　　　　　　　　　　　绅士般的野驴

呼吸平稳了我们才放心躺下。

那天大家的反应都很强烈。连杨勇这些老青藏都要了颗百服宁，吃了百服宁感觉好了许多。

7月13日

天明后，雨水退去。八爷昨晚症状又犯，再服侍他服下本人自配的"套餐"——"安茶碱"一片，百服宁一片，用板蓝根冲服。稍后又服侍他吃下一碗饭，最后他躺到草地上打起幸福的呼噜。一场雨就倒下一个壮汉，大家对后面的行程多少有些担心。

早上7：00，杨勇起来做饭，因炉子问题，折腾到9：00多开饭，菜谱：昨天的夹生饭加两个洋葱。

随后装车出发，9：40寻找到开漂点（当地称为多伦涌河），数据：海拔4761，N32°50′664″，E94°15′827″。

按照预定的漂流方案，考察队分为两个组。一个组为漂流组，一个组为接应组。漂流组由杨勇、徐晓光、税晓洁、摄像小刘、桨手小杨五人组成。原定八爷是漂流组的桨手，由于头天的高原反应改为接应组成员。我们郑重挥手，相约8天后烟障挂峡谷见。接应组应该在8天后的至多县索加乡江面附近接应我们，由于接应的地点比较复杂，不通公路，如果接应不上，漂流组将继续漂流10~15天，抵达曲麻莱县大桥。

开漂的第一天就很不顺利，由于沼泽地水浅，水系复杂，我们平均10分钟就要搁浅一次，搁浅后我们就要下水抬船。一天前进不到10公里，搁浅抬船估计有几十次。头上气温40℃以上，脚下的水却冰凉刺骨。一小时后遇到一场暴风雨，把我们淋成了落汤鸡。暴风雨过去，随之而来又是太阳的无情暴晒，真是冰火两重天，高原的天气就是这样恣意无常。由于缺氧，此时人体的负重都远远超过内地的常态。

下午4：30，我们拍摄到一群岸边悠闲的野驴。青藏高原像是一本博大的书，浓缩着地球和人类的

当曲上游无人区的野马

秘密，那些自在的飞禽走兽在我们的面前演示着人类已经退化的生存秘密和技能，它们比人类更懂得如何阅读大自然这本书，让需要借助各种工具才能抵达到这里的人类感到汗颜。

杨勇告诉我说，两岸的地层告诉我们，这里是先有湖泊后有河流，后来地层抬高，变成了残河，淤泥是湖泊的特征，那些鹅卵石就是河流的特征。

两岸的风光有如天堂般美丽，成群的野驴、藏羚羊在我们身边如惊鸿、如闪电不停地飞驰而过，令人神怡。下午5：40抵达今天第一个宿营地（估计在扎多县旦古村附近），漂流距离17公里。岸上风力七到八级，数据：N32°54′140″，E94°9′517″。

我们在扎营时发现一个重大失误，帐篷的支杆居然掉在了车上没有带，环顾四周没有一棵树木，大家一时头大，好在菩萨保佑，在一处不远的山冈上有一个牧民的帐篷，刘砚和杨帆去求救，牧民带来两根木棒前来帮忙，木棒的开价是每根30元，当时还有些嫌贵，狠狠心买下了，到后来的旅程中，才知道这个价钱是多么值得。也怪，到后来再没有见到任何藏民了。

虽然有了木棍可以支撑起帐篷，但横杆只能用船桨代替，也只是勉强凑合，搭建帐篷用去两个小时，杨勇做饭两个小时，至

帐篷里的兄弟

暴风雨的前奏

凌晨，汽油炉呼呼作响，饭仍然是生的。盐菜汤又过咸，晚上大家都口干舌燥。

80元钱的帐篷空间狭窄，中间一根木棒占去核心部位，人只有做"S"状才能躺下，此时大家似乎都有舞蹈演员的天分。

帐外寒冷，征衣未解，掀开帐门，外面霜天一片，似有零度。

由于带的气炉出了问题，那天的晚餐是一顿夹生饭。饭后腹中声响如鼓，此起彼伏，大家哑然失笑。

7月14日

昨天帮助过我们的牧民帐篷已经升起袅袅炊烟，牦牛已经开始渡过当曲河走向对岸的牧场，一只藏獒在远处虎视眈眈地盯着我们。

我们起来继续鼓捣气炉子，这个瑞典造的洋玩意在这个海拔高、氧气不足的环境下，光烧开一小壶水就花去两个小时，燃料也不足（带有20斤的塑料油桶两个），还要用来发电，如果燃料耗尽还未到接应地点，后果将很严重。

每人分白开水二两，11：20开漂，途中遇到一个藏民，经哑语比划，核实我们下水的地方的确为主源水域。

河流的流速开始明显加快，船上的人开始有点享受漂流的惬意，但这里河汊密布，辫状水系复杂，

暴风雨之前天空显得很纯净　　　　　　　　　　乌云汇集，收队

经常似乎找不到出路，"老江河"们也有些困惑。

随眼看去，两岸的沼泽似乎在退化，杨勇说，这已经成为了"脱水沼泽"，终极发展将会"荒漠化"。

13：50 右岸发现野驴一头。

14：00 左右，我的右下牙床突然疼痛不已，用云南白药外敷，吃"散利痛"有所缓解。

在强烈的紫外线和高原风以及河水的浸泡摧残下，我们的双手和双脚不到 24 小时就裂开了口子……

14：30 发现白狼两只，黄鸭若干。

19：14 靠岸，宿营地选在下午发现野驴和白狼的地方，因为那里有泉水和小河汇入当曲河，河岸有白玉奇石铺地；夕阳下，满眼瑞气。查看数据，当天漂流航程为 18.6 公里。

海拔：4714 米，N32°53′275″，E93°59′751″。

帐篷外，黑云扑面欲来，风声呼呼，我们煮普洱加上红糖喝下，爽胃又暖身，感觉神仙也不过如此，我们称之为"高原金汤普洱"。

21：30 帐篷外气炉子已经呼呼燃烧了一个小时，仍然没有烧开的动静，那厢，杨勇在絮絮叨叨地抱怨着气炉子，雨声却越来越大，我们 80 元的帐篷意味着又要迎接高原的洗礼了。

这源区的天气似乎有自己的规律，每天下午 5 点左右，有时会提前，会大风起兮云飞扬，风力多在七至八级左右，有时要大些，中午气温总在 40℃左右，晚上会结霜冻，风雨一到，气温骤然下降，人会在片刻之间享受冰火两重天的锤炼。

21：47 雨渐渐远去，苍穹四周仍是一抹白，杨"大厨"喊吃饭，这是几天来的第一顿熟饭，队员虔诚的围坐锅边，"大厨"掌勺按需分配，"大厨"偏爱洋葱，所炒饭菜必放，我们只得随缘，所以导致船上放屁已经没有个性化的区别，一律洋葱屁。

7 月 15 日

凌晨 3 点，牙痛加剧，"散利痛"已经无效，几次掏出"莱泽曼"工具刀，掰开钳子，企图自己拔

乌云压境，暴风雨前的宁静　　　　　　　　　　笑看风云

下痛牙，最终放弃，无奈，用野蛮手段，将碘酒塞入牙缝，稍好。

6：30 税晓洁喊起床拍朝霞，但太阳只露了一下脸，就躲到了云层后，待云散去的时候，已是阳光灿烂，灼热烤人了，一切预示着今天又是酷热难熬的一天。早上 6 点，由于气炉和缺氧的原因，一斤装的小壶水用了一个小时才烧开，为了节约燃料和时间，每人只灌了二两白开水。也许会有人说，漂在长江上难道会渴死吗？其实看客不知，这当曲水中，有一种人兽共传的包虫，此包虫来源于野兽的粪便，人一旦传染，就会患上传说中的高原绝症，后果不堪设想。

8：00 早餐，红糖稀饭，极香甜，使人想起某个欧洲大餐中的甜品。

9：30 开漂，出发前，再用碘酒塞牙。

中午，小杨喊饿，想吃午餐肉，由于装船的时候，没有拿出来，现在压到了底舱，这应该是我的失误，暗自提醒明天务必记得！

11：00 抵达当曲第一桥，海拔 4700，N32°53′221″，E93°50′754″。

第一桥在高原的蓝天白云下显得很寂寥，两岸的公路都已经荒废了，桥是一座军队架设的战时简易铁桥，桥身的铆钉锈迹斑斑，看上去像一座二战电影中那种被遗弃的桥梁。此时苍茫大地一片寂寥，高原的元素其实很简单，蓝天、白云、草地。高原的云多数是凝固的，它们拔地而起，变化很小，随着太阳的移动闪动着淡淡韵律。

望着远处唐古拉的雪山，杨勇显得有点忧郁，他说：澜沧江、怒江、长江占世界大河水量的19%，但在唐古拉山附近发现了许多稀有矿藏，在这个利益驱动的时代，一些老板和一些地方政府频频接触，意欲染指人类这最后一块净土，如果被发现开采，势必影响到地表水源，冶炼同时又会带来温室效应和环境污染……但愿我们这些民间科考的所见所闻可以引起相关部门的重视，也不枉此次含辛茹苦的跋山涉水。

因为搁浅的次数减少了，划桨的次数增加了，我们人日均划桨次数约在万次左右，为了节约时间，中午我们不停船，划到正午时分，饥肠辘辘，嗅着鼻子，幻觉中仿佛传来烧鸡的阵阵香味……套用一句电影《甲方乙方》的台词，现在"就想搂着龙虾睡觉"了。

　　烈日下我们脚上的水鞋发出了浓烈的橡胶味。前方的河段都是网状水系，有时候划进去以后都不知道出口在什么地方。结果发现一个有趣的现象，往往有群野鸭子会出现在我们前方水面，我们发现只要跟着鸭子走，就会找到出口。因为鸭子跟水鸟一样会找到最主要的水流。

　　18：20 发现右岸有一只狐狸在喝水，却被一群野鸭群起而攻之，赶下河去，狐狸在水里狼狈地游着，可怜的狐狸在野鸭面前失去了一个猎食动物的尊严。目测两岸的草场，有少量的斑秃状，呈沙漠化，有退化迹象。由于找不到合适的水源，18：30 靠岸。宿营地数据：N32°01′965″，E93°3′529″。

　　今天划桨仍然在万次左右，饥饿牙痛，导致状态不好，与税合吃一听午餐肉罐头，入睡，夜半牙痛惊梦，摸索出些许止痛药，难以入睡，

当曲河大桥

漂流在当曲河的网状水系，很难找到出口　　沙欧鸭为在网状水系中迷路的我们导航

冷温泉是多成因复合型火山地热景观

帐外风声呼呼，帐篷摇摇欲坠，只得扶着剧烈摇晃的帐篷杆，看着天边鱼肚发白。

7月16日

早上起来，发现自己的嘴唇已经被血水粘连到一起，撕开后，血水不断渗出。在世界河源的顶端出恭，阳光灿烂，一览无疑，周边不乏鼠兔、旱獭之类围观者。人的健忘症似有出现，经常出现距离感消失、判断失误、有小脑神经失控之感，在船上撞头磕腿时时发生，防水裤也被撕了一个大口子，只得贴上止痛膏作为权宜之计。

7：46开漂，今天漂流水量增大，最高时速达7.5公里。

10：07漂至当曲第二座桥（N33°2′85″，E93°33′540″）。

跟第一座一样，桥两端水泥路面已经坍塌，两岸寻不到公路的痕迹，岸边的动物多为圆滚滚、黄茸茸的旱獭，还有不少的草原鼠兔。偶见一只孤鹰掠空飞过，一片肃杀，生物链在这里明显的失衡。

漂流到10点，顺着桥向下漂一公里，在左岸发现平地突起的一座几十米高的山峰，颇像古埃及的狮身人面像。

我们弃船登岸，行至100多米，地表呈现灰色，有小股的地热温泉不断地涌出地面。顺山势而上，发现更多的正在潺潺涌出

岩石仿佛雄狮目视旷野，背上躺着一位美少女仰望苍穹

五彩斑斓的冷温泉似油画般绚丽

过度放牧使得草场退化沙化，草原呈现斑驳状

的喷泉，泉眼多如铜钱大小，水温偏凉。据杨勇介绍，这是一种含铁量较高的冷温泉，是一种多种成因复合型的火山地热现象。

这里喷出的温泉，在地面形成七彩的斑斓，色彩绚丽无比，五颜六色的水面像是后现代派的油画，煞是美丽，我们不停地按动快门，贪婪地抢拍着这些藏在"深闺"里的美丽。

右岸发现一只黄鼠狼，在自己的地盘上，它优雅地踱着狐步，在满山遍野的老鼠面前，这只黄鼠狼显得很孤独。

我拍摄到从左岸汇入当曲第一条支流撒当曲河，它来自于唐古拉山脉东段北坡的冰川融水和山下沼泽湿地，是草场退化和沙化的分界线。

当曲桥一侧的草场满地都是老鼠洞　　　　　　　现代与原始，工业文明与游牧文化

蓝天下的牧歌

状态堪忧的舵手

12：00 杨勇让漂流艇在一个大拐弯处靠了岸，在当曲第一滩登陆（数据：N33°3′594″，E93°36′311″）。他和摄影师爬上了一座百十米高的山顶（GPS测定有5200多米），他想俯拍当曲河床的水系状况。我爬到了半山腰，已经是气喘吁吁，俯瞰当曲河，弯曲的河道，铺天盖地的白云，呼呼作响的高原风，仿佛在耳边诉说着江河古老的历史。

12：35 左岸发现四只藏羚羊，右侧的草场，出现数十只牦牛，这里是一户牧民的放牧点，草场呈斑秃分裂状，退化明显。

15：30 左右岸又发现了几户牧民的放牧点，有几只散养的牦牛，总体来讲，我认为生活在源区的少数牧民自身的放牧对草场的破坏是非常有限的。草场的退化与大气候环境的改变，与鼠类天敌的减少倒是有着密切关系。它使我想起来了一件事情，前年我去石渠，得知这样一件事，由于鼠患成灾，当地政府给牧民发放了大量的灭鼠药，但被大多数藏民丢弃了，因为有悖于他们不杀生的佛教理念，如此的结果导致鼠害难以遏制。

右岸发现一只黄鼠狼，这个在内地乡下被称为"黄大仙"的动物，在这里似乎比大熊猫还珍贵。杨勇说，恢复生态的最好方法是生物工程，在青藏高原大量引进黄鼠狼、狐狸和鹰，才能维护好生物链的平衡，这才是最长效的生物链战略，对维护青藏高原的生态平衡有着重要的意义。晚上的宿营地选在一个干涸的河床上，河床上是一片多彩的石头，在夕阳的照耀下，形态各异，斑斓夺目，仿佛睡在了神话传说中阿里巴巴的山洞里。

我们开始三天来的第二次发电，由于电压太高，烧坏了我们几人的数码相机充电器，充不了电，数码相机变为一堆废铁，损失惨重。

当天的晚餐是白水煮萝卜蘸辣椒水，加腊肉熏肠。虽牙疼难忍，但要在这氧气不足、气候恶劣的高

原生存下来，就得吃，就是连血水带口水咽了下去，也要吃个饱，何况这四川人弄的味道太诱人。吃饱后的后遗症是：牙齿以剧痛"报复"，致我一夜未眠。宿营地数据：N33°9′20″，E93°27′863″。

7月17日

早上6：00被大风拍打帐篷惊醒，夜里醒两次，一次是牙疼，服散利痛；一次是嘴唇破裂血流如注，顺着脸颊流到了脖子里。干燥的空气撕裂着每个人的皮肤，压差使每一个小小的伤口都难以愈合。

早上自觉右脸部肿起，右手骨折部位开始隐隐作痛，脚指头裂口增加，帐篷里税大师仍在打着令我羡慕和嫉妒的呼噜。这几天税的反应强烈，这个和杨勇一起漂过雅鲁藏布江的年轻小哥没有划船，一直坐在艇的尾部掌着舵桨，司着舵手之职，过着"平水舵手"（指在水势平稳的河段掌舵）的瘾，杨勇倒成了桨手。税近期的状态不大好，每天下午6：00多就开始头疼，下午登陆后忽然发现他失踪了，我们几个开始没注意，在这茫茫四野，一眼差不多看到地平线，他会到哪里去？随着夜幕的降临，还是没有发现他的身影，我们四处奔走寻求，着实慌了一下，最后在漂流艇的角落里发现乌发遮面、蜷缩着睡着了的大师。今天晚上让他吃了感冒药早早就睡了。

另一顶帐篷里，刘砚和杨帆帮助杨勇整理资料到凌晨，两人非常辛苦。

重唇鱼

早 8：00 例行焚烧掩埋垃圾，在高原上焚烧垃圾真不是件容易的事情，氧气不够、燃烧不足，费劲又费时，只有多做深埋，联想到这些垃圾在世界的屋脊不知要沉睡到某个年月，是否也会带来我们未知的潜在生态危机……

8：30 税起来说头疼，要了一颗"散利痛"又钻回睡袋里，这个"老雅漂"的状态令人担忧。

杨勇照例起得很早，开始他熬稀饭的"功课"，已经一个多小时了，高压锅没有丝毫动静，时间在这里显得不那么奢侈，我们的耐心已经变得麻木，什么时候吃到嘴里都可以。

10：03 开漂，10 分钟时见左岸有单边切割岩层耸立，约百米。

11：40 杨勇带摄像刘砚登陆爬上 5000 米的山坡拍摄河流全貌，我和税驾艇到下游接应。

15：00 会合，摄像刘砚被烈日灼烤，嘴唇干裂流血，上船大喊渴，水壶里只剩一口水，只能给他润润嘴唇而已。从下午开始，见到两岸有成群野驴出现。人烟越发稀少，大型动物开始变得越来越多。

15：40 气温飙升，空气仿佛在燃烧，两名年轻队员都有昏昏欲睡的感觉，我也感到视线有些模糊，这是中暑的前兆，赶快掏出法国"双人水"每人数滴喝下，精神为之一爽。不久，我们发现右岸硫化的岩石下有一群野驴在围着一股清澈的喷泉聚集。在野外，动物才是生存的大师，哪里有水，哪种水可以喝，它们世世代代的遗传密码给它们提供了生存智慧，跟着它们吃喝不愁。当即大喜，一阵狂划扑将过去，趴在上面喝了个痛快，还灌了盆满钵满。这股泉水富含碳酸钙，口感甘甜，结果每个人都成了汽水制造机，大肠蠕动频繁，浊气滚滚，弥漫在当曲河上空。

17：30 进入谷地，浓重浑厚的云衬托着灰色的山脊，山脊上常有动物的身影出现，加上一抹晚霞，连旱獭都显得威武雄壮。

20：30 靠岸，这一天我们漂了 33 公里。不久，南边和西边同时出现了壮丽诡异的红霞，北边的乌云拔地而起，出现了壮丽的天象。不久，狂风大作。我们上岸后赶紧搭建帐篷，但是在狂风下，帐篷被多次吹翻。

22：00 在呼呼作响的大风下，杨勇居然把饭做好了，这个本事，恐怕在中国野外探险者中实在不多见。当天晚餐是：白水肥肉煮瓠子加辣椒蘸水，真个香飘四野。

是夜，大风呼呼作响，帐篷被大风不断地撕扯，数次被刮翻，帐内风雨飘摇。我和税晓洁穿着雨衣，抱着帐篷的柱子祈祷老天开眼，怜悯一下这几个可怜的兄弟吧！我那六月桡骨骨折的右手，也在隐隐作痛，幸运的是，风终于在凌晨平息了。

这一路上，由于气炉的故障，烧开一斤水的时间需要一个多小时。既浪费时间又浪费燃料，所以每天烧开一壶热水后，每人只能分配到二两白开水。在超过 40℃ 的高温下，每天仅有二两白开水，河里的水不能生喝，因为当曲沼泽地有大量的野生动物的粪便，含大量的有机化合物和包虫卵，饮用生水极易感染疾病。在氧气不足 60% 的情况下，每天还要划桨 3 万次左右，互相打量，个个脸上浮肿、面目全非，杨帆的耳垂被晒烂，滴滴答答流着水，杨勇脸上黑白相间，晒成了大花豹，税大师已经不成"人形"……我们戏称，我们现在早已超过了世界所有特种兵的耐受指标。

7 月 18 日

夜来牙疼，嘴唇浮肿，几乎彻夜未眠。

桨为梁，杆为柱，风雨交加，帐篷飘摇，用伤痛的手抱着杆子，一夜无眠

7：36 开漂，水流平缓，阳光灿烂转赤日炎炎．艇首的杨帆背对着我，他那只烂耳朵仍然滴着水，令人心悸，回首看众人，基本上都具备"塔里班"的外部特征。

10：00 发现右岸有大群的白臀鹿。

12：20 两岸出现了大量的绵羊和牦牛的混养群，草场多为斑秃状，退化严重。右岸遇到一个放牧的牧民，向他打听才知道我们已经漂流到了安多县多玛乡。

12：30 左岸发现了一只孤独肥硕的草原狼。这个处在当曲生物链顶端的家伙，从体形看来，它皮毛水滑光泽，看得出生活优裕，食物充足。

气温仍呈高温，雨靴被晒得泛着胶味，雨靴内，双脚裂口如鱼嘴，此时发现一个偏方：抹"防晒霜"可堵住裂口。

18：50 靠岸，无意中网住一条重唇鱼，拍照留存，20 分钟后，大风起兮云飞扬，飞沙走石，日月无光，难道是这条鱼惊动了龙王？遂放生，少顷，风平浪静。高原的事，有点玄。这一天漂流 46 公里。

7 月 19 日

凌晨牙疼加剧，起来加服"散利痛"，往牙缝里塞碘酒，明知没有用，也算自我安慰。

早 7：00 杨勇起来做饭，在高原做饭绝不是像那些户外运动者的浪漫，杨勇睡得晚起得早，是个极苦的差使，个中滋味不到现场无法想象，尤其是操作那个只会呼呼叫，不上温度不上火的洋炉子。

早上 8：19 开漂，开漂的地点正处于一条大支流汇合处，水流加快，GPS 测定为航速为 9 公里 / 小时。

巴茸狼纳山峡谷的泉华台

通天河船型台地

泉华台

左岸有雄壮的船型台地，右侧有个象形石"望船石"，大自然的鬼斧神工让人的视觉不断受到冲击。

10点多我们进入了当曲第一个实际意义上的峡谷，当曲下游的巴茸狼纳山，在左岸我们发现了一处壮观的泉华台（位置数据：N32°37′955″，E92°47′391″），由硅酸盐、碳酸钙结晶体组成的白色凝固的瀑布长达百米，呈台阶状，在阳光的照耀下水晶般璀璨夺目。

我们弃船登岸顺山势攀爬上去。举目四望非常壮观，令人叫绝。杨勇介绍说在地质学上这种现象叫泉华台，也叫白水台，是一种地质奇观，富含高浓度的矿化物水从山上流经陡峭的峡谷谷坡时沉积形成，原先这里的规模很宏大，发育完整，造型也非常奇特壮观。由于地震崩塌，地下水系改变，大片的泉华台已经消失了，非常可惜。地球上地热景观和泉华台地貌最集中和规模最大的地区当属于美国黄石公园，中国的西部也有不少这种地质景观。如果是交通方便，这里堪称是中国旅游的绝景奇观之一。

遥看峡谷两岸，左岸的"船型台地"衬映着远处雪山的冰帽，右岸是摇摇欲坠的巨石，似乎稍有风吹草动就会轰然倒下。

18：00登陆扎营，遥遥可见5700米的巴茸雪山。今天漂流58公里。明天预计抵达通天河口。

直观感受到了青藏高原地质结构的壮观与脆弱。

等待暴风雨的洗礼

通天河上游烟障挂峡谷口的星月型沙化带景观

7月20日

9：25开漂。今天的水量减缓，浅滩为多，举目四望，数公里内港汊纵横，水网密布，周边山势平缓，岩石的颜色灰中带红，可以媲美美国科罗拉多峡谷。水浅，开漂10分钟后就开始下水拖船。原定是今天与接应组会合，但根据目前的速度是不可能了。

途中见到一股清泉水，赶走野驴，灌了7天来最满的一壶水。

13：40与木鲁乌苏河汇合，杨勇与刘砚继续上岸考察，按惯例我和税大师、杨帆划船到下游接应，原是个很简单的事情，但我们错误地估计了下游的长度。

艇一拐弯，就发现我们进入了一个很大的迷魂阵般的网状水系，离岸越来越远，随后就和岸上的人失去了联系。我们在水网里左突右转，始终走不出这个水系，以远处的雪山作为参照物，我们几乎没有离开原地。随着时间的推移，我们三个真有些着急了，我们所处的地方，没有牧民点，没有食品，如果天黑了仍然没有找到他们，晚上的严寒足以致命，后果十分严重。我们寻找了三个靠岸点，用了所有能用的办法，燃放鞭炮和焰火，用醒目的旗帜招摇，直到20：00左右天黑之前，发现远处有两个黑点在蠕动，当杨勇和刘砚出现在我们的视野里，心里的石头才落地。

夜宿河滩，风清月朗，头疼继续，难以入眠。

7月21日

凌晨3点小雨敲打帐篷，老天爷又在折磨我们80元钱的帐篷。牙疼伴着血水，起来服"散利痛"一片。

6：00 似乎听到远方有汽车马达的声音传来，不知是不是幻觉，昨天税说已经离青藏公路很近了。今天开漂以来，搁浅不断，体力消耗极大。

13：55 进入当曲河与通天河的交汇处（N30°5′604″，E92°54′546″），天气酷热，杨勇决定提前扎营，由于汽油炉已彻底损坏，大家只得满河滩捡野驴粪做饭。

远处的乌云在通天河的上空翻滚，可能是天气要变的缘故，低飞的蚊子疯狂地飞舞，通天河水哗哗作响，闷雷阵阵，我忽然想起了《西游记》里写到的通天河，那作者吴老先生虽然没有到过通天河，那想象力也端的是惊人，这通天河在宽阔处，确有"茫茫无际天上来"的浩荡气势。

18：20 开始下雨，雨虽然没有下大，但那风真是了得，直吹得风雨中飘摇的帐篷如鼓起的风帆，我和税抱着那根岌岌可危的顶梁柱，眼里扫视着周边的器材，做着各种应急准备，念叨着能想起来的一切祷告和咒语，忙里偷闲，还喝上口白酒壮胆暖身。

19：25，一锅用野驴粪煮好的牛奶稀饭是今天的晚餐，这是一锅熬了5个多小时的稀饭。应该算是杨大厨厨艺生涯中最漫长的一次熬粥了。

7月22日

早9：36 开漂，出发就遇到了大风，还是逆风，推行多于划行，划得手臂伤口隐隐作痛。

一小时后抵达通天河第一峡谷，峡口内发现几处星月型沙化带，据杨勇讲，这些星月型沙化带比他上次长江漂流见到的，位置又后移了许多，源头生态不容乐观。这些星月型沙化带上还有为数不少的羊群，我实在纳闷，漫漫黄沙，那草从哪儿来？看样子牧民的智慧绝对在我们之上，从牧羊人的打扮上看，不像藏民。

峡口的深处，发现有藏羚羊和野驴不小的群落。

19：00 靠岸，一路上观察，期待发现接应组，没有发现任何人迹，头晕眼花，倒把远处的几个藏野驴看成了接应组，几个人还傻乎乎挥手招呼了半天。实际上，在远处看，伫立原野中的野驴的身影非常接近人的模样。原计划与接应组会合的计划告吹。

今天晚上，风大奇冷，帐篷多次坍塌。帐篷外，杨勇仍然在捡野驴粪，默默无语地为大家做饭。

7月23日

昨天一夜风未停。由于没有炉子，喝热茶已经成为奢望，我们都开始喝前天灌的泉水，一路小心喝，仍有半壶。

8：30 开漂。一路划来，进入网状水系甚是头晕，在一个叫"迷魂汤"的地方（自己取的名字）转了一个下午，景色单调重复，我以两侧的山为参照，发现没有走多远。

水浅，推船次数增多，冷水浸骨，寒气逼人，衣裤皆湿，双脚裂口如针扎，如果此时有双干鞋穿，那肯定就是我幸福的金马车来了。我们靠两块巧克力，两颗大白兔奶糖支撑到 19 点靠岸，碧绿的磨西河与浑黄的通天河在这里交汇。

登陆后我们四处观望，希望能发现接应组，按既定计划，接应组 3 天前就应该到达这里，如果在这里接应不上，我们还将继续漂流 10 天左右到曲麻莱会合。远处有几个白色的小点，用望远镜轮番观察，发现是牧民的房子，但没有发现一个人影。我们放鞭炮、燃焰火，摇旗呐喊，一时寂静的高原变得有些怪异的喧嚣，但待一切声音落定，高原仍是寂寥一片。

20：00 左右，我不甘心，用望远镜向通天河下游烟障挂峡谷的洼地再次扫描，发现有物体在反光，细看好像是汽车的模样，随后我把望远镜交给税核实，税大喊："是他们！"随后率刘砚不顾缺氧和疲惫，深一脚浅一脚地向洼地奔去。

一小时后，税用对讲机传来确认无疑的消息。在那里等候了几天的接应组兄弟兴奋地开车向我们登陆地开来，谁知遇到一片无法逾越的沼泽，真是相见不能相逢，只好败兴地返回到原地。

又一个小时后，税独自返回，小刘被留宿在接应组的帐篷里。税回来戏说，他们那边有羊肉汤，估计这几天群众关系搞得不错，不像我等有一顿没一顿的。

帐篷外，杨勇仍在捡牛粪准备晚饭，杨勇这条汉子，既是环境地质专家，更是中国当之无愧的探险家，在江河面前，他有一种忘我的融入。但岁月不饶人，他的身体在长年累月的野外考察中已经耗去了最宝贵的元气，当时他的腰已经成为一个软肋，没有宽大的腰带支撑，难以完成长途的行走。看到这种状态，我们只能感到一种无能为力的叹息。

杨勇的软肋——腰部的痛苦折磨着这个铁汉

1.7 与美国漂流队相遇在通天河

20 年前的 7 月 24 日，因英雄尧茂书孤身漂流遇难而引发的长江漂流探险热，曾是中国的年度十大新闻之一，此事被认为是唤醒了中国人探险意识的重要事件。1986 年，中美多支漂流队在长江上竞舟，有 10 名中国人和一名美国人不幸遇难。20 年后的今天，中美两支漂流探险队竟在 7 月 24 日，于长江上游通天河畔的海拔 4000 多米青海曲麻莱县巧遇，历史常常出现某种冥冥之中的巧合。

美方漂流队负责人文大川来自美国的漂流世家，是个中国通，我和他相遇是在玉树的宾馆里，当时，我和老李折返到玉树买气炉子，他听宾馆的老板说我们也是漂流的，主动找到我，问："杨勇在哪里？"我告诉他："我们的队伍在曲麻莱休整，我们刚刚漂流了长江南源当曲，你会在那里见到杨勇。"随后我问："你们为什么漂通天河？"答："纪念中国的长江漂流 20 周年和 20 年前父辈们的那场漂流！"

哦，一个中国人都忘却的事件，外国人却还记得清楚，对民族的英雄有着本能的惺惺相惜的情结。

他说他对杨勇也是很熟悉，在北京听朋友介绍过。他说此行之后将拍摄一部专题影片以反映中国的长漂，队伍的 17 名年轻人中 9 人来自美国和德国，另外 8 名是中国的漂流爱好者。我随即给杨勇发了短信，通报了这个情况。

中国漂流队的队长杨勇，曾是 1986 年"长漂"的主力队员，此次途经曲麻莱是为了继续考察长江北源楚玛尔河和正源沱沱河。我们的这次漂流考察，纪念"长漂"只是目的之一。20 多年了，那场漂

美国漂流队在向杨勇请教

美国漂流队先进的设备

中美漂流队合影

流似乎已经被遗忘。我们现在这次漂流主要是为了考察长江源区，为南水北调西线工程提供可行性研究参考资料。

我从称多返回到曲麻莱，杨勇已经和文大川相谈甚欢。杨勇详细介绍了美国队将要漂流的江段的水情，提供了险滩位置图，并邀请美方队员共进晚餐。因这支中国民间漂流队经费紧张，这顿包子面条为主的国际晚餐共花费 120 元。第二天下午，在通天河边，气氛热烈，两支漂流队按照藏族传统礼仪互献哈达，交流经验，共话友情。美国队装备先进、完善，体现了工业技术国家的水平，给我们留下了深刻的印象。美国队文大川邀请我们和他们共同漂一段，也好给随行的电视工作者拍几个镜头，由于我们前方的路还长，卸装备也需要时间，再者，我们成功地漂流了当曲河源头，如果在这里晚节不保翻了船，后果……权衡再三，我们婉拒了他们的邀请，随后，美国队开始下水漂流，我们中国队则奔赴长江北源。

中美漂流队互献哈达

美国漂流队队长文大川和中国考察队队长杨勇

1.8　兄弟白马泽民

7 月 24 日

我再次被牙疼折磨通宵，止痛药、碘酒用尽，只好以盐水含漱缓解。

8：00 起床，磨曲河阳光灿烂，两个帐篷里仍然是鼾声一片。

10：20 开漂，11：05 登陆，我们绕开那片沼泽地，在磨曲河与通天河交汇的地方，在壮丽的烟障挂峡谷前，我们和接应组会合了。这也是漂流以来时间和距离最短的一次漂流。

接应组"痛陈"了这几天的遭遇，17 号那天，接应组在向导的带领下拐入山中向江边进发，准备接应漂流组。两台车在互救中却同时陷入沼泽地不能动弹，他们自救了两天仍不能脱困。第二天晚上

和接应组在通天河烟障挂峡谷汇合

烟障挂峡口营地的黄昏

杨八爷点燃了求救的烟火，仿佛是神明的召唤，20里外的白马泽民居然看见了烟火。第二天早上，他骑着一辆摩托车来到了现场，虽然语言不通，但他还是很快明白了是怎么回事儿。他转身回家，叫来了女婿，驮着家里的门板，经过一番折腾，终于在第三天将两台车给救了出来。接应组的李国平执意要给白马一百元的门板损坏费用，白马很不高兴，把钱扔了回来，脸一板，伸出了五根指头说："要给就给五万。"呵！这个白马，简直是活菩萨。

上午，白马骑着摩托车来了。他是一个瘦削的汉子，不大会说汉话，言语也不多。他看上了杨勇的望远镜，非常喜欢。杨勇就送给了他，白马很高兴，他把望远镜举起来眺望远方，像将军一样得意。

白马骑着摩托车走了，过了一会他女婿又骑着摩托车来了，车座后面是两个孩子，摩托车后边驮着一袋干牛粪，还有一条新鲜的羊腿，酷爱羊肉的杨勇大喜过望，就着草原野蒜炒了个羊肉，香飘满天。

下午，杨勇带着刘砚和设备一行划船到对岸烟障挂峡谷拍摄沙丘，夕阳下，烟障挂的沙丘如金色的波浪，又像一片凝固的大海。

住宿的帐篷营地

白马的家人都喜欢照相

我们的救命恩人白马的家

7 月 25 日

我们准备拆营拔帐离开当曲河奔向索加乡。行前我们特意绕道去白马家辞行。白马的家建在一个山岗的半山腰上，一排泥土堆砌的平房，屋前和其他藏民一样，一堆干牛粪垛，门前拴着几条大狗。

屋里的佛龛神器一应俱全，铜质的炊具擦得光可鉴人，劣质但色彩鲜艳的藏饰纸画从房顶铺到墙脚。

像大多藏族女人一样，白马的老婆默默不作声响地在炉子旁忙活着，一个大锅里正翻滚着一堆黑乎乎的东西，八爷咂吧着嘴很懂行地告诉我，这是羊肝和羊血肠，肯定是准备用来招待我们的。

白马的亲戚似乎很多，孩子也很多，姑表郎舅的，关系很复杂，一时也弄不清。孩子们平时难得见到外人，对什么都好奇，不时过来摸摸你的相机，捏捏你的帽子。杨勇代表考察队给白马赠送了明信片、奶糖和大米。

血肠和羊肝很对"老青藏们"的胃口，大家吃得满嘴油光。虽然那烹饪方法极为简单，只是白水里放了一把盐而已，八爷一再强调这是世界上最"原生态"的食品。我小心翼翼吃了一块羊肝，发现并不难吃，

但还是有一股我始终抵触的膻味。白马家的酸奶很浓很纯，真正的"原生态"但的确很酸，虽然加了半碗白糖，但还是酸得我直淌哈喇子。

饭后大家一起到院子里合影，照相对城里的孩子算不得什么，但对白马家的孩子无疑像过年一般的开心。随后的离别，白马眼中多有不舍，我们——拥抱，行贴颊礼，男人钢刺般的胡须碰在一起，似乎撞击出雄性刚烈的火花。

从白马家到索加乡没有公路，虽然出发前白马给我们比划了半天，我们也只是听了个云里雾里，当我们的车在山梁上左突右转不得出路的时候，白马令人感动地出现了，他骑着一辆摩托疾驶而来，我们跟着他很快走出了"迷宫"。白马的摩托车一直在前方引路，直到看见了远方明显的车辙，他才停下来，我们下车再次紧紧拥抱，眼眶湿润无语，只有深深的祝福：白马泽民，扎西德勒……

17：30 抵达索加乡，借宿在索加乡气象站。

1.9　气象站的仁钦达吉

在可可西里群山环绕的地方有一片开阔地，开阔地上有一片土黄色的房子，房子周围散养着一些瘦削的牦牛，这里是治多县索加乡政府所在地。

索加乡气象站在这片土黄色的房子里很扎眼，因为它有一片钢筋做成的围墙，搭配着白色的百叶箱和旋转的风向标，显得鹤立鸡群。

仁钦达吉站长（我们都这样称呼他，乡里人也这么称呼他）一再说自己不是站长，只是这里的一个老职工，实际上站里也就他一个职工。

接应组在接应我们之前曾在这里吃过饭，与仁钦达吉有了交情，所以我们结束了当曲河的漂流后，就直奔气象站。

仁钦达吉像我们常见的藏族汉子一样，身躯高大魁梧，脸盘黝黑。仁钦达吉的家就在气象站里。家里有老婆和一个童养媳般大的儿媳妇。晚饭我们在仁钦家吃的，他们家里居然有猪肉，一脸盆肥肉吃得我们满嘴流油。

与索加乡气象站仁钦达吉一家合影时，我手上还在打着针

仁钦达吉很骄傲地告诉我们，索南达杰原来就是这里的乡党委书记，他曾和索南达杰共事多年。可可西里因藏羚羊而闻名，因反盗猎的英雄索南达杰的牺牲而出名。仁钦知道考察队里有摇笔杆子的，一再说要多写写他，写写他这个气象站。

　　我们坐在索加乡气象站院子里舒适的椅子上，开始整理自己缺氧状态下有些乱纷纷的思绪。在12天的漂流中，我们顶着白天40℃以上的高温，呼吸着不足内地60%的氧气，夜间还要忍受0℃左右的低温，人的生理极限在冷热两极中接受着考验。在烈日的暴晒和高原风的肆虐下，我们的嘴唇很快就烂了，谁也不能例外，每天早上起来的第一件事情就是把粘连在一起的嘴唇掰开，掰的时候，血水会一起流出。开漂的第二天，我的牙齿就开始发炎，考察队全队的止痛药，几天都被我吃光了。自己在出发前20天的一次滑翔伞飞行中，出现意外，造成右手桡骨骨折，未愈的右手也常常出来隐隐作祟，高原上的疼痛与内地相比剧烈程度以几何级倍数增加。也就是因为骨折伤痛的折磨，使得我在昆仑山就要和队伍提前分手。

　　来到索加乡后，找到了一个年轻的医生，八爷戏称他是"兽医"（其实在那些地方人医和兽药是没有什么界线的）。因为他什么都看，牛、羊、马、人……他给我吊了一针青霉素，然后就走了，针快打完了，我问周围的人，谁来拔针？医生呢？旁边的几个藏族老太太奇怪我居然还有这种提问，那意思是，医生打针，肯定是患者自己拔针。拔针还要医生吗，在藏区有许多是自己约定俗成的东西。就这样，输了两次液，腮帮子慢慢恢复正常了。

　　漂流期间，我们每天沐浴下午必要光临的高原风，高原风那个大呀，叫你无处躲藏，人都要刮翻，它"高兴"了，刮两个小时，不高兴了要刮五六个小时，还见识了当曲特有的天象奇观——滚地雷加上玄妙的闪电、诡异的云层，这些在高原的旷野上演绎着令人叹为观止、远胜过3D的视觉景象。

　　13天的时间里，我们一共漂流300多公里，拍摄了大量关于地质、河流变迁的情况，还有不少鲜为人知的地质奇观，如冷温泉、泉华台等，壮观的通天河峡谷泉华台，给我们留下了强烈视觉记忆，终生难忘。考察队结束了当曲河的漂流，在治多县的索加乡江面顺利汇合，于25日晚7点抵达治多县。在治多县休整一天，次日出发，将经曲麻莱县进入可可西里腹地，对楚马尔河源头开展第二阶段的考察活动。

当曲河漂流途中美丽的营地

1.10　外六则：野驴、狼、重唇鱼、鹰、云、昆仑山的黄昏

野驴

　　在长江源区和黄河源区，我们见到最多的是野驴，它总是昂着头，迈着优雅的步子，绅士般的凝望。当它凝望着你的时候，圆润的眼睛透着一种真诚，它总驻足在岩石上，像一座雕塑，像一幅油画。它们一路疾跑，一路烟尘，消失在天际，带走人无限的遐想。

狼

　　我们遭遇的若干匹草原狼，由于草原食物链的丰富，有着数不清的旱獭做早餐，多是营养过剩，膘肥体壮，皮毛光泽油顺，面对镜头，没有丝毫的惊惶，迈着不屑的步子，孤身走向山冈。它回眸凝望，孤傲地转身，缓缓地消失在暮色的远山，留下我们惆怅的目光。

重唇鱼

　　重唇鱼是当曲河里特有的一种鱼种，顾名思义，它的嘴唇是双层的且很厚。那晚我们将剩饭倒进宿营地后的江面，引来一大群重唇鱼，有性急的鱼居然跳到了岸上。我们擒住一条，给它拍照留念。其鱼憨态可掬，唇为双层。摸摸自己被紫外线烤焦的嘴唇，居然如此相似。税大师口中念念有词，遂将其放生。那鱼似有灵性，抓它时风骤起，放生后风平浪静，高原的事儿就是有点玄。

巨大翼展的白雕

狐狸

鹰

鹰是青藏高原骄傲的象征，是云彩和蓝天之间的舞蹈者，它驾驭着气流在大地和天空之间作着精灵般的盘旋，它有着我们人类无法模仿的高傲，是青藏大地生态平衡中重要的一环，在人类面对鼠类的猖獗无能为力的时候，我们期待着鹰的回归。

高原的云

雪山，反射着阳光冷峻的光芒，当曲恒古的河水映着多彩的云。高原的阳光和云，是一对做法的大师，那种变幻，人类的想象无论如何也无法企及，她翻滚时，是一朵怒放的精灵，她沉静时，是佛的心境。

恒古的云和恒古的山相依相恋，你分不清哪个是云，哪个是山，因为有了她们，恒古的天空才不会寂寞。

高原的云，是泼墨写意的，她一出来就是铺天盖地，诡异雄奇，绝不是歌里唱的什么"高天流云"，那是想象力贫乏的人写的，他不知道，地球上还有更加浪漫的云。

高原的云，拔地而起，冉冉升起到一定的高度就会静止的悬停，呈现出恒古的奇静，你凝望她良久，会感到自己的意识被消磁，在慢慢离开自己的躯体，融进白云的深处。

青藏高原的云，可以说是云的博物馆，全世界的云集中到一起，也没有她的丰富，集中人类所有的

奔腾的藏野驴

藏羚羊

画家，也临摹不出她美丽的韵律。

环顾白云下面的高原，人类的一切活动都是那样的渺小，似乎没有留下丝毫的踪迹，在广袤的大地面前，我们人类的底气消失殆尽。

物有四季轮回，人有生老病死，也许有一天，人类都不存在了，那云、那山还会继续演绎着她自己永恒绚丽的华章。

昆仑山的黄昏

车陷昆仑山三日，此段时间，拂去浮躁，静心坐禅，于黄昏中悟道。

一位名声显赫的武侠小说大师，常把一些高深的武术大师或流派放到昆仑山的背景，演绎出许多儿女情长刀光剑影的故事。他老人家如果真的到了昆仑山，就会知道这昆仑山寸草不生，连小说中生存能力超强的丐帮都无法存活。

眼前昆仑山，赤红的山冈，褐色的岩石，折射着阳光辐射的滚滚热浪，火山般的沉寂荒凉。

可是到了黄昏，却是另一番景象。热浪褪去，夕阳温柔地投射到大地上，昆仑山变得金辉满地，赤色的山冈变得彩带般的柔和，突兀的岩石以明暗的光线反差，展示了自己刚性的线条。鸥鸟嘶鸣着掠过头顶。原来，昆仑山的美妙在黄昏。

昆仑山的黄昏很漫长，给人以足够的时间咀嚼落日最后的辉煌。黄昏里似乎糅合着美学和哲学的思索。

在时间上，黄昏是白天和夜晚的过度，黄昏也是人类停止厮杀搏斗的间隙，是舔血裹伤，休养生息的开始。

在意境上讲，倦鸟归林在黄昏，渔舟唱晚在黄昏，黄昏是给人灵感和诗意的时候。是牛背驮着夕阳的水墨画卷。

黄昏的开始和结束是一个画卷展开到收起的过程。

　　在城里已看不到原汁原味的黄昏了，黄昏被华灯代替，黄昏成了一种听觉，一种感知，自行车的铃铛、汽车的喇叭、上楼开门的声音，构成了城市世俗却又温馨的黄昏。城里人太忙，忙得没有时间抬头看看黄昏的落日。或是抬头了，又被那高楼大厦遮挡了视线，只好作罢。时间久了，那黄昏是啥模样也忘了。

河滩景色

黄昏意味着回归，意味着团聚，虽然有一种淡淡的忧伤。

我沐浴在昆仑山的黄昏里，有一种优越的惬意，陡然升起一种对城里人的怜悯。

漂流船

第 2 章

可可西里，梦幻之地

2.1　可可西里腹地——楚玛尔河 // 060

2.2　守着长江源却没水喝的曲麻莱 // 068

2.3　卓乃湖边 // 071

2.4　车陷荒原 // 083

2.5　红石山顶 // 089

2.1 可可西里腹地——楚玛尔河

可可西里腹地，楚玛尔河，我们原本以为会是一段比较轻松的旅程，结果举步维艰、受尽磨难，甚至弄得队长杨勇也"很受伤"。

在我们最初的计划里，考察长江南源当曲河、黄河源之后，紧接着就是顺道进入可可西里，先到保护区核心区的长江北源楚玛尔河的源头。

在长江三源中，楚玛尔河长度最短，是水系较为单调的一条，也是较不起眼的一条。南源当曲河、正源沱沱河，隔几年就会因谁是正源的问题而引发争论。而北源楚玛尔河，似乎总在舆论的焦点之外。虽然它所在的可可西里，是整个青藏高原上媒体曝光率很高的地方。在由水利部长江水利委员会编写、2003年出版的《长江志》一书中，当曲河和沱沱河源都有准确的经纬度数据，唯独楚玛尔河记录不详："楚玛尔河有北、西两源。北源发源于可可西里山东部海拔5301米的高地，曲折向西南流转至海拔4780米处与西源汇合。西源发源于可可西里山之黑积山南麓，分水岭海拔5432米，出山后，向南转东南流至一咸水湖，流出后与北源汇合。"虽然，之前我们这支队伍里还没有人到过楚玛尔河源，但资料显示，大致以青藏公路为界，东部，沿楚玛尔河基本都有公路；西部，属于青海可可西里国家自然保护区里面的江段，沿江而上或翻山直奔源头，据说都有相对比较成熟的巡山路线。杨勇几年前去过里面的库赛湖，相对于我们前阶段搞坏两台车的行程，他说："里面的路，好得很。"

楚玛尔河

当我们从黄河源头的约古宗列狂奔到格尔木市，在建兴巷 65 号可可西里管理局大院见到局长才嘎之后，计划却不得不改变。原因很简单，昆仑山口一块"可可西里自然保护区欢迎您"的大牌子旁，还有另一块牌子"未经批准不得擅自进入保护区"。

事实上，可可西里的确是我们所见过的管理最为严格的一个保护区，后来我们在公路边亲见国家测绘局的一支队伍，就因为程序上的原因，在刚刚离开公路向西不久，就被赶了出来——先扣车，再接受处理。

才嘎局长对我们的行动很支持，表示将派精干人员配合我们。但现在不行，我们还没有办妥进入保护区的批文。杨勇开始还想着动用私人感情，渴望才嘎局长能网开一面。但这位军人出身的藏族汉子表示爱莫能助，一切都得按照规定来。根据有关规定："任何单位和个人凡进入保护区参观、旅游、拍摄影视、从事科学研究，都必须遵守国家有关自然保护区法律、法规的规定。严格履行入区审批手续，接受管理局的管理和监督，在指定范围内活动，并交纳资源保护管理费。外国人确因科学研究需要，必须进入核心区从事科学研究观测、调查活动的，须经国务院林业行政主管部门批准。除此以外，禁止任何人进入自然保护区的核心区……"在格尔木，我们的计划不得不变更为：中国科学探险协会常务理事王方辰先生即刻返回北京办理批文，其他人员先考察青藏公路以东的楚玛尔河下段。

可可西里自然保护区入口　　　　　　　　　　　　"徒步长江"留念

　　"那是一条神奇的天路哎……"歌颂刚刚通车一个多月的青藏铁路的美妙乐声一路相伴，我们再次踏上高原来到索南达杰保护站和五道梁之间的"楚玛尔河第一桥"。

　　在河边等到黄昏，终于等来了火车。乍看起来，它与内地常见的列车没有什么不同，但稍稍留心，就会发现这里的客车竟挂着三个车头，原因不言而喻。

　　看着3头"怪物"轰轰隆隆驰过楚玛尔河上长度惊人的巨大铁路桥，消失在遥远的天际。我们简直没办法拍摄这个很具形式感的铁路桥，它太长了，不知道怎么拍。资料显示，这座铁路桥设计有5米多高、总宽度达6005米的野生动物通道。在这条世界上最高的铁路上，这样的动物通道共有33处，总长达59.84公里。7月1日开通的青藏铁路格拉段，据报道环保投入多达15亿元，约占工程总投资的8%，这在中国铁路建设史上也属首次。此情此景，我不禁想起50多年前伟大的慕生忠将军，在他的指挥下将士们赶着骆驼拉着大车，开辟了最初的青藏公路，这使我心中顿生敬意。1954年5月青藏公路开工，当年12月竣工，历时7个月，终于修通了这条1200公里的公路。

　　10年前，我们"徒步长江"途经此地，曾在老公路桥上拍照留念。记忆深处，那是一座很长且威风凛凛的"楚玛尔河第一桥"。现在，公路改道，那座立下过汗马功劳的大桥在取而代之的新桥和巨大的铁路桥映衬下，显得毫不起眼，孤零零地躺在一边，如一个沉默寡言的老人。现在这楚玛尔河和青藏公路交汇的地方，和沱沱河一样，也有三座"第一桥"。

　　我们来到旧桥，桥上栏杆断裂，桥边的路基崩塌，而桥下的楚玛尔河水，却还是10年前初见时那令人说不清什么感觉的红汤汤的颜色。《长江志》载："楚玛尔"为藏语，意为"红水河"，又译为曲麻莱河、曲麻河、曲麻曲。旧称"那木七图乌兰木仑河"，系蒙古语，意为"像树叶一样的红河"。

　　在桥上遥望可可西里方向，一样有远远静默的雪山，一样的蓝天白云，时光好像停止了流动，10年前的一切仿佛就在昨天。水量似乎也差不多，对照当年的照片，现在似乎大了一些。不知道是季节的

楚玛尔河景色　　　　　　　　　　楚玛尔河大桥和铁路在广袤的荒野平面上演绎着线条延伸之美

原因，还是水量真的大了一些。仔细琢磨到底是大了还是小了？还真说不清楚。1958年7月，长江江源水文勘测队曾在这青藏公路和楚玛尔河交汇处勘测设站，测流断面选的就是该桥的位置。可惜，现在不知道哪里去了。

在这里，我们打消了顺河漂流而下的念头，水流太分散了，漂流艇很难浮起来。

这是8月的一天，我们离开青藏铁路，经不冻泉向东，沿楚玛尔河北侧而下。天阴沉沉的，巨大的铁路桥在云雾里时隐时现，很长时间才没了踪影，看着不时出现的几只藏原羚、藏羚羊跳来跳去，我们仿佛置身于童话世界。

幸运的是，越走天气越好，很快就是蓝天白云，天高地阔起来，视线似乎可以一直看到遥远的地平线尽头。北侧的昆仑山也随之渐渐显现，像一条白色的哈达。从昆仑山方向陆续蜿蜒而来的几条支流，像一条条细线缠绕在我们前方。走到跟前，都是些不大的河，车子一冲就过，一路走得很顺。

这一段几乎没有人烟，大概是因为草太稀疏，没有放牧价值的原因吧！走着走着，路边一些巨大的带有气泡的石头引起了杨勇的注意："这地方怎么会有这样的东西？大概是火山形成的，可是，这一带怎么会有火山的痕迹？"据说，美国人的卫星前些年曾在可可西里发现了活火山，我国科学家曾专门就此细查，结果证明是误判，大约是把地热或温泉当成了火山。但这一带，正是青藏高原地区隆起速度最大的区域，也是中国西部现代构造最活跃地带和中强地震的主要发育场所之一。1920年以来，可可西里共发生过6.0级以上的强地震9次，5.0至5.9级的中度地震15次。2001年11月14日的1次8.1级地震更是令人震惊，那次地震，不仅是我国半个世纪以来最大的地震，也是全世界进入21世纪以来最大的地震，破裂带全长约430公里，地震地壳形变影响范围大致为88°~97°E，32°~38°N。昆仑山口附近，有这次地震的纪念碑，杨勇认为：对于计划中的南水北调西线工程，这些，都格外值得注意和研究。

　　这一段走得一直很轻松，虽然谈不上有什么像样的路，但基本上是青藏高原上高原面保存得最完整地区的显著地貌，我们只要顺着以前的车印走就是。

　　几十公里外，竟然又是一座新修的公路桥。这时候，天完全放晴了，站在桥上向两边看，水比上面清了一点，却衬托得河滩更红了，甚至让人感觉有些不真实。这里仍是散乱的网状水系，我们再次打消了放船漂流的念头。桥下不远的地方，河网就宽到超过一公里，经过仔细观察，也没找到能浮起船的那一股大水流。

　　我们开车继续下行，过了桥，路边出现了一个个绑着彩条的小杆子。看得出，这条路是准备修整了。在整个长江源区，交通状况这几年在飞速改善，我们这次见到了好几支修路的队伍，我以为，不管对于当地人还是外来者，这都是件好事情。非要人为制造一些"无人区"，不见得就"环保"，不见得就是好办法。事实上，目前我国已经建立自然保护区 2349 个，总面积 150 万平方公里，约占陆地国土面积的 15%，超过世界平均水平。都搞成"无人区"，现实么？最近有一个新闻：在著名的藏羚羊产羔地可可西里深处的卓乃湖一带，发现玛尼石堆，至少说明这里曾有人迹。

旅途中景色

越往东进，草场越好，只是路边出现的一个个小湖泊，很多有明显退缩的痕迹或者已经干涸，我们不禁忧心忡忡。这大概正是一路上众多牧民的共同感受：这几年天气变热了。特别是 2007 年，甚至有点"热得受不了"。在近期的一份杂志上，我看到当年也曾梦想去长江源头的曾年老师谈论欧洲最高峰勃朗峰下的著名"冰海冰川"，感叹其退后了几十公里。在这一点上，"环球同此凉热"……这实在是一个很大很复杂的话题。很多事情，并非就是非此即彼、非左即右。比如，青藏高原环长江源生态经济促进会会长、长江源地区土生土长的哈希·扎西多杰先生，是最早的一批可可西里巡山者之一，他就对从新西兰引进的"草场围栏"很有看法："一个很简单的例子，青藏铁路花巨资搞了动物通道，藏羚羊是穿过了铁路，可是到了东边，又被这些铁丝网挡住……这又该怎么办？那就'生态移民'，把这些人全部迁走？我告诉你，最珍惜草场、最珍惜环境的，正是我们这些本地牧民。再给你讲一个例子，在我们这片草原，你要看见哪家牧区的草场好，不用问，肯定是牛羊多的勤快人家。而牛羊不多的懒散人家，草场可能正是最烂的。"

人，其实也是生物链的一部分。弄走人，和赶走狼、赶跑熊的后果是一样的。几千年的历史证明，人和野生动物并非截然对立的水火关系。环境问题不仅仅是靠移民和建几个保护区就能解决的，但愿很多环保措施不只是头痛医头，脚痛医脚的治理方式。

气泡石

高原上的石头

日渐干涸的小湖泊

过桥之后，公路就基本沿着河岸东进，牧户渐渐出现，草场也越来越丰美。野生动物还是不少，藏羚羊、藏原羚、黑颈鹤、野驴，特别是旱獭，多得不亚于当曲河源。牧民的牛羊和马儿渐渐成群，它们和野生动物们混杂在一起，和谐相处。这一路，骑着摩托车的牧民也慢慢多了起来。但在这里，我们的直观感受是：野生动物和人并不矛盾。甚至在这里，人竟然成为了弱者，就在我们到达这里的不久前，勒池村的一位村民刚刚被熊咬死。

一路走来，不知不觉天就要黑了。当晚，我们在一处土坎边宿营。一夜无话。早上醒来的风景令人陶醉：北面是昆仑山的座座雪峰，大都圆浑浑的；南面是丰美的草场，一直延伸到日旧山。楚玛尔河的一级支流约 57 条，在这一带，南岸没有多少支流，北边的支流倒是不少，这些来自昆仑山的雪山融水，也是滚滚长江的重要水源。

再继续前行几十公里，路边出现一个叫做多秀的村子，我们隐约看到一面墙上印着"小卖部、饭馆、加油、热炕"的广告。这条路，虽然走的人不多，却是玉树藏族自治州各县连接青藏公路的一个重要通道。过了多秀，路终于有些像样了。继续前行几个小时，我们到达曲麻莱县的曲麻河乡，这是楚玛尔河流经的唯一一个乡镇。再向南 25 公里，长江北源汇入通天河。

楚玛尔河目前被认为有两个长度：526.8 公里或者 530 公里，这是从北源分水岭算起。如果从水源算的话，为 512 公里。据长办（长江流域规划办公室简称，下同）的资料，如果从西源黑积山南麓水源算起的话，楚玛尔河长 515 公里。

楚玛尔河

2.2　守着长江源却没水喝的曲麻莱

　　发源于可可西里腹地的楚玛尔河一旦流出荒漠，便展现出独特的魅力，它自身的高度决定了它荒野的个性，夕阳下，泛着金色缓缓流出谷底，无拘无束奔向远方。

　　过了楚玛尔河，我们继续向东，来到一座废城。这个地方叫色吾沟，是 1952 年 10 月青海省玉树藏族自治州曲麻莱县成立时的县府所在地。1980 年 10 月，色吾沟因环境恶化而被废弃，新县城迁至 70 公里外的通天河更下游的约改滩。

　　青藏高原特有的瓦蓝天空下，河谷里一片焦黄中，废城点点赤青的残墙断壁格外刺眼。2006 年完成当曲漂流后，我们曾到过曲麻莱这个废城，这次，我们从高处下到河谷走进这座曾经是县城所在地的

曲麻莱原县政府所在地

曲麻莱县城废墟全景

曲麻莱废墟里仍有一户农民

在曲麻莱的废墟上

废墟，河谷里还有一点水，河床上庞大的废墟已被黄沙包围，水和黄沙并列让人总觉得不真实，但，这却是真真切切、实实在在的景象。

进入废墟，我顿时有了一种考古学家灵魂附体的感觉，直到看见一堵高大残墙上"为人民服务"的浮雕大字仍然坚强地挺立在肃杀的风雨中，告诉我们这并非是一座古城，它的消失并不遥远。

一阵风起，黄沙迷眼——城废的原因就是这讨厌的沙化，在风沙面前，人终于无可奈何地退却了。当年，选择这里做新县城，是因为这个河谷水草丰美，但终于，人还是搬走了。

虽然早就见过这座废城，但再到达的时候，仍觉荒凉！那是一种凄凉的美，在摄影家眼里的美景对于生态来说就是灾难。

地处长江源头第一县的曲麻莱县，曾经号称中华水塔之县，过去水资源十分丰富，但是近年来却出

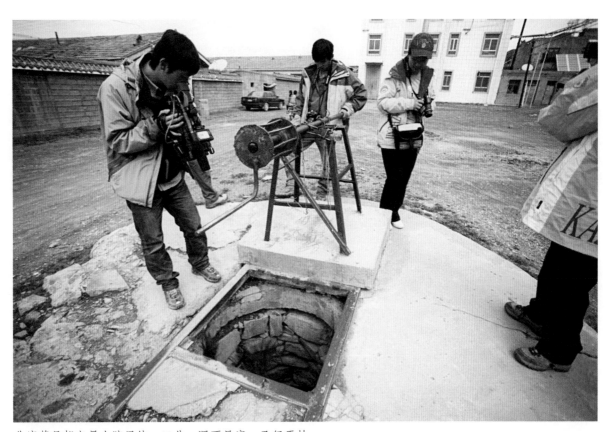

曲麻莱县邮电局大院里的一口井，深不见底，已经干枯

2007 年 2 月曲麻莱县政府内的水井　　　　　　　　　　很多牲口的饮水都很节俭

现了河流干涸、地下水位下降、冰川退缩等现象。由于水源的窘迫，曲麻莱曾经两易县城。

　　早上起来，映入眼帘的是县城街道上，一辆辆拉满水的拖拉机和板车缓缓在街头进行。住在县城的居民们纷纷拿出水桶，等候在家门口准备买水。据一家饭馆的老板介绍，一铁皮桶的水要卖到 4 元钱，每天光买水也是一笔不小的开销。

　　我们住的县政府院子里，门口就有一口井，一个妇女正在井边打水，我和杨勇到跟前一看，真有些深不见底，那个妇女是县政府的干部，很健谈，她说，县城原有 136 眼水井，到 2000 年只有 8 口有水，县城 80% 的居民都靠买水生活。过去在县城随便找个地方挖上三四米，水就能溢出来。短短的 20 年时间，水位下降到了匪夷所思的地步。现在，就算是有钱也打不出井来，有的人花了 2 万块钱打井，打到二十几米都没见到水。

　　在曲麻莱得到的水文资料显示，除地下水水位下降特别厉害以外，全县 30 多条河流中，属于长江流域的 18 条河流已经干枯了。全县 5.25 万平方公里的土地，有 20% 已经沙化。

　　中国科学院昆明植物研究所研究员武素功，作为 1991 年可可西里科学考察队的队长，13 年前就曾到过长江源头的格拉丹东地区。武素功说，1970 年至 1990 年的 20 年间，冰川退缩了 500 米，平均每年退缩 25 米。现在是 13 年退缩了 750 米，平均每年大概退缩 57 米，可以看出，冰川退缩的速度加快了。杨勇分析认为，出现这些现象的原因，是由于水量补给不足和全球气候变暖两方面的因素。武素功访问得知平均气温由原来的年平均温度 −4℃上升到这两年的 −2.8℃。气候因素导致了长江源头的干涸日趋严重。

完成天路以东的楚玛尔河下段考察后，我们又沿通天河向西逆流而上，返回青藏公路。手机也有了信号，而传来的却是坏消息：进入可可西里的批文尚未办好。我们不得不再次改变计划，先进入格拉丹东再说。继续跑完姜根迪如冰川、长江第一湾、葫芦湖、玛章错钦等地之后，我们再次回到青藏公路，住在可可西里五道梁保护站等待批文的消息。

才嘎局长也很着急："对你们照顾得不能再照顾了——只要上边一个电话，我就放行。"保护站的位置，手机信号完全靠运气，站在屋顶也时有时无。杨勇几乎天天和站长索昂格去信号稳定的五道梁镇上打手机。9月15日下午，终于有了好消息，批文办妥，我们可以进可可西里了。

才嘎局长派了两个精兵强将：森林公安分局副局长罗延海和索南达杰保护站长赵新录协助我们。9月16日，我们从五道梁保护站早早赶到索站与两位干警汇合，即刻上路。

离开青藏公路奔向西方的荒原，我们心中还是有点小激动，终于可以进入真正的可可西里了！

大美卓乃湖，驻足狂拍

卓乃湖

天阴沉沉的，不时飘下雪花。刚走了几公里，这大名鼎鼎的可可西里就给了我们一个下马威 ——巡山的路，远没有想象中那样顺畅，在经过一条很小很小的河时，打头的陆风车竟意外地陷住了。

　　常识在这里似乎失去了作用，前人的老车辙看起来又深又滑，旁边则看起来平坦干燥。我们稍一大意，车头一拐想找新路，结果呼哧一下就陷了进去。"这一段，还是走老路稳妥一些。"和我同车的赵站长说，"你别看烂泥浆浆的，底下都压实了的，找新路的话，情况谁也说不清楚。"

　　没有什么可说的，我们只好用猎豹车去拖，大家下车各就各位。在过去的两个多月里，拖车早已是家常便饭，陷车的事情几乎天天都要发生。这次还算幸运，陷得不是很深，甚至千斤顶都不用打。不超过 10 分钟，就把车弄了出来。

　　继续前进的路，我们走得快速而小心，一切都很顺利，很快就到了海丁诺尔湖边的一个保护站的帐篷。为了保护藏羚羊等野生动物，除了公路边的几个定点保护站和例行的巡山以外，可可西里管理局还特意设有这种流动性的帐篷保护站。

库赛湖

一台老吉普车、一顶几十块钱的白布帐篷（帐篷里面挖了一个土台子当床），一个汽油喷灯和一个藏式火炉，这就是保护站的全部。两名管理人员在这儿一坚守就是几个月，不由让人顿生敬意。

我们的车子上，有管理局给他们带来的食品。我们卸下东西，跟他们几个老战友匆匆打了招呼，然后留下几包香烟，前后仅用了几分钟时间，便又上路了。没有过多的矫情和煽情场面，影视剧里面也许需要，但真正的野外生活却不需要。

天一直阴沉沉的，四周雾气蒙蒙，视力所及的范围之内都是很压抑的焦褐色。青藏公路仿佛真成了一个地理分界线。西边是一片荒原，基本上没有像样的草场。与当曲河和格拉丹东地区水草丰美的景象不同，这里的河边基本都是惨白的砂石荒滩，寸草不生。而此时正是内地酷暑难耐的时节，但这片长江流域里最寒冷的地区却是雪花飞舞，偶尔来一场冰雹，砸得车窗哗哗乱响。

前行的陆风在这无边的荒原中像一只黄色的虫子，似乎随时都会被灰蒙蒙的天地所淹没。间或，天地开合一下，此时，脑海里，可以想象得出云压得很低，在头顶像一个巨大的锅盖。这时候，最亮的景

远远的地平线上，暖阳透过云层喷薄而出

色是北方的昆仑山，座座雪峰都像是用巨笔在宣纸上随意擦出的道道画痕。大自然是一个魔术师，一会儿，我们前方出现一道蓝蓝的线，越变越大，阳光瞬间透了出来，顿时一切显得生机盎然。

我们追着前方的太阳前进，中午时分，来到库赛湖边的一片巨大帐篷营地边。"国家西部测图工程"的一支考察队已经在此工作很长时间了。这是一件功德无量的事情，可可西里地区终于要有详细地图了。他们是很好的一帮人，我们在这里饱餐了一顿香喷喷的面条，然后和他们挥手告别，继续前进。

我们的行程安排：到库赛湖后，翻过分水岭到著名的藏羚羊产羔地卓乃湖，在卓乃湖的西南侧翻越内流区和外流区的分水岭，进入楚玛尔河源区，直奔源头。考察完源头后，再沿河而下，奔向青藏公路，走一个大大的"U"字。

罗延海局长和赵新录站长都是经验丰富的老巡山队员，经过一天的磨合，他们对我们很有信心："按照你们的状态，顺利进出，应该没有问题。"

库赛湖之后的行程我们走得很顺利，天也放晴了，云朵聚聚散散变着花样，一切都令人心旷神怡。

可可西里藏羚羊

遇到几条大河，因为有两位经验丰富的老巡山队员指引，所以都得以顺利通过。

与想象中不同的是，这一天，我们见到的野生动物并不多。长角的藏羚羊、白屁股的藏原羚、奔跑的藏野驴，我们都看见了。但也只是三三两两，并不成群，和公路以东差不多，藏羚羊甚至还没有我在公路边看到的种群大。

下午的行程单调而荒凉，就是一座又一座大同小异的荒山。翻过一座，觉得应该会出现点什么，然而，前面还是无边的荒原和小山，千篇一律、无边无际。不同的是山间的谷地有宽有窄，宽的几乎可以称得上是平原。

天色慢慢暗了下来，前面的对讲机喊："宿营吧。"

赵站长说："再走两公里吧，有好营地。"

果然走了两公里的路程，我们发现了"好营地"。黄昏时分，在一条清澈的小河边扎下营来。凭借多年的巡山经验，他们已经对这条路烂熟于心。

可可西里盐湖的盐结晶

可可西里草原

　　仿佛就在一瞬间，随着太阳西下，气温也猛地下降，耳朵冻得生疼，让人难以忍受。这一带，年均温度在 −4~10℃ 之间，最低气温曾达到 −46.4℃。

　　我们手脚麻木地支好帐篷，等待"杨大厨"做饭的时间显得格外漫长。

　　赵站长说："再往前走一两公里，就是卓乃湖了。"

　　有人问："为什么不住湖边？"

　　赵站长说："没淡水啊。"

　　在可可西里，湖泊大部分是咸水湖和半咸水湖，矿化度较高。即使楚玛尔河穿过的江源地区第一大湖多尔改错也是一个咸水湖。据长江水利委员会取样分析，青藏公路上的楚玛尔河大桥处的河水，矿化度竟然也达 2.96 克／升。

　　这主要是由可可西里特殊的地理位置造成的，由于位置偏北，受高山阻隔，孟加拉湾暖湿气流难以渗入此地，所以降水量变少，据实测资料统计，多年来这一带平均降水量仅有 250~300 毫米，而蒸发量却在 1800 毫米左右，以致地面多干涸河谷，植被稀少，沙砾广布，湖泊萎缩，风积地形发育。气候严酷，自然条件恶劣，人类无法长期居住，故被称为"世界第三极"和"生命的禁区"。但这却给高原野生动物创造了得天独厚的生存条件，使这里成为"野生动物的乐园"。

　　可可西里目前是中国动物资源比较丰富的地区之一，拥有的野生动物有 230 多种，其中属国家重点保护的一二级野生动物就有 20 余种。其中濒危的珍稀兽类有 13 种，国家一级保护动物 5 种：雪豹、藏野驴、野牦牛、藏羚羊和白唇鹿；二级保护动物有 8 种：棕熊、猞猁、兔狲、豺、石貂、岩羊、盘羊和藏原羚；珍稀鸟类共有 8 种，其中为国家一级保护动物的有两种：金雕和黑颈鹤；二级保护动物 6 种：

可可西里的野驴

秃鹫、猎隼、大狂、红隼、藏雪鸡和大天鹅。

这其中，最广为人知的就是藏羚羊。赵新录站长和战友们在卓乃湖边守护藏羚羊产羔的工作已经好几年了，每到五六月份的产羔季节，他们就要在这里搭起帐篷住上好几个月。

"那场面，壮观极了，成千上万只啊，可能是世界上最大的产房了吧？"虽然在可可西里待了10多年，赵站长对藏羚羊仍感到不可思议："你说它们为什么非要不远千里来到这湖边，非要在这里产羔？还有，来的都是待产的母羊，公羊为什么不来？"

极度的寒冷战胜了我的好奇心，顾不上多问什么，我捧起杨勇弄好的饭菜，赶快吃了起来。否则，一会儿工夫，饭菜就全凉了。

第二天，我们早早起来赶路，再累也绝对不敢睡到"自然醒"。很简单，得趁着还没解冻，早早冲过卓乃湖口的一条河。

走了没几分钟就看到了湖，李国平直叫冤枉，昨天哪怕早到半个小时，也能好好拍点照片，可惜了，多好的光线啊！

赵站长说："这个位置看湖，不漂亮的，一会我给你指最佳位置。"后来我看卫星图，我们在卓乃湖边的这个营地，位置是 N35°31′570″，E92°7′47″，正在湖嘴的矮坡上，是拍不了多少湖面的。

湖水上涨了一些，正如罗局长和赵站长担心的那样，老路上的车辙已经被湖水淹没。两位老巡山队员下车前前后后走了半天，回来说："没问题，过！"在他们的指引下，两台车果然很顺利地先后冲过了。看得出，这是一个经常陷车的地方，对岸的烂泥地里，还有很多建筑用的竹板，大约是人们用来对付陷车的法宝。

可可西里的熊　　　　　　　　　　　卓乃湖

对岸是一块高地，是个拍照看湖的好地方。"你看看嘛，这里有什么草吗？你说藏羚羊们，为什么非要到这里来产羔？"

是啊，的确很荒凉，没有什么草，它们为什么非要到这里呢？它们吃什么呢？

难道这卓乃湖水有什么神奇的力量？藏羚羊们要喝这湖水才能产羔？杨勇特意去尝了尝湖水，他说和高原上一般的咸水湖味道没有什么不同。

藏羚羊真是种奇怪的动物。

"藏羚羊对气候的突然变化常有预感，1985年10月特大雪灾发生的前几天，曲麻莱境内的藏羚羊便争先恐后地逃往邻近的海西州，这种现象有待进一步研究。"这是之前我在曲麻莱县的一份官方资料上，看到编撰者记载的。

目前，在青藏高原发现的藏羚羊产羔地主要是可可西里的卓乃湖和太阳湖。另外，近期在新疆和田地区民丰县境内的西昆仑山区也发现每年5月中旬至8月中旬至少有5000只藏羚羊在那里集中产仔。

到卓乃湖和太阳湖产羔的藏羚羊，并非都是从青藏铁路的动物通道过来的。据国家科技攻关计划项目"藏羚羊生物学特性与人工驯养繁殖技术研究"课题组调查发现：在卓乃湖产羔的母羊分别来自三个方向，东南方青海曲麻莱地区的母羊群主要在楚玛尔河大桥至五道梁区间跨越青藏铁路和青藏公路西行，在卓乃湖东南湖岸产羔；南方西藏羌塘地区的羊群在卓乃湖南岸产羔；西北方阿尔金山地区的羊群经鲸鱼湖、太阳湖到达卓乃湖西岸产羔。研究人员在卓乃湖南岸观察时见到的最大产羔母羊群数目约为6000~6500只，根据观察，母羊产羔率约80%~85%。8月中旬至9月初，人员统计回迁藏羚羊群中的母羊和羊羔数量时，共见到母羊2960只次，羊羔1261只次，有42.6%的母羊仍在

拍摄卓乃湖

易陷路段，拾起竹跳板

卓乃湖岸边草木稀少

藏羚羊羊羔

抚育羊羔。据测算，羊羔出生后一个半月内的存活率为53.25%。

赵站长说，藏羚羊的世界，也是个弱肉强食的世界。公藏羚羊们通过争斗取得交配权，厉害的公羊，会有十几个甚至更多的"老婆"，而那些弱者，不仅只能"独身"，甚至连命都保不住。

这时候，我才明白了曾经在玛章错钦湖边看到过的一只藏羚羊为什么头上顶着断角了，原来是个"战败者"。

藏羚羊

2.4　车陷荒原

"最可恶的是狼。"赵站长说。

刚到这卓乃湖边守护藏羚羊产羔的时候，看到尾随的狼们捕食猎物，开始他还觉得很正常。

狼，同样是野生动物，应该也有平等的生存权利。可是，他很快就发现，这些家伙，咬死刚出生的羊羔或者母羊后，并不是吃饱就算了。而是咬死了就丢下，然后再去咬另一只。一会就咬死一大片。"你说这可恨不可恨？没说的，见一次打一次。"

在荒凉的卓乃湖边守护藏羚羊产羔的日子里，最烦人的就是熊。

"这里的熊简直成了精。"赵站长说，他们帐篷里有人的时候，即使是晚上，这些家伙也从不露面。可是，只要人一离开帐篷，这些家伙就过来了，把能找到的吃的全吃光，找不到就把东西翻得乱七八糟。"几乎每次都是这样，只要走远点，这些家伙就准来。"

"你说，它们会不会在山上有哨兵，一直在观察我们？还能按照我们走出的距离计算撤离时间？"我们的车子绕着湖边缓慢前进，赵站长接着说："真拿这些家伙没有办法。都说笨熊笨熊，你说它们怎么就那么聪明？"

路过一处杂乱的土堆，赵站长指给我们看："我们走的时候，把帐篷和生活用品都深埋了起来，想着拖出拖进挺麻烦的，留在这里明年再用。可是，被这些熊们全给挖了出来，搞得满地都是。"为这，他们还挨了局长的批评。

从北岸高地看卓乃湖，很漂亮，不时有不知名的鸟儿掠过眼前，脚下有一丛丛生长茂盛的红景天，远处雪山掩映下的湖面，看起来就像一幅版画。与前一天的荒凉景象不同，这面大湖是另一个可可西里，一切显得生机盎然。

真是一个很大的湖，绕着湖走了有两三个小时，我们才走到湖的西北角。沿着汇入湖里一条河逆流而上，翻过分水岭，另一边就是楚玛尔河流域了。

这段行程，开车子变得艰难起来，基本上看不到什么路了，一切全凭两位老巡山队员的记忆和经验。车子一会儿河东一会儿河西地穿梭，很多时候，汽车就是在水流下的河床颠簸。两边的远山渐渐聚拢，很快，视线变得狭窄起来，我们进入了一个山谷。坡度加大，两边草场的草质却好了起来，渐渐有了一点绿色。这时，我发现前方河里一头野牦牛在死死盯着我们，一动不动。

老实说，我心里还是有点紧张的。传说，这家伙发起怒来，是可以顶翻一辆大卡车的，弄我们这辆小越野车岂不小菜一碟？还没镇定下来，就见这家伙开始奔跑，溅起一片水花。那么笨重的家伙动起来当然没有藏羚羊矫健，但速度也让我吃惊，它很快就跑过山坡，消失在背后的山顶。

继续往前，再看到五六只成群的野牦牛时，我一点也不紧张了，抓起相机拍就是，心里还希望这些

高原植物

家伙们不要跑得太快，能好好拍几张照片。这天下午，我的运气还不错，不但同时看到了和野牦牛一起出现的藏野驴，还看到很多藏羚羊、藏原羚。

天气也一直不错，一切都很顺利，下午3点我们来到分水岭。与之前的路程相比，这座分水岭是一座真正的山，汽车轰轰隆隆地爬到山顶，我们的视线豁然开朗。山下是一个山谷，谷中央有一条小河直直流着，在阳光下像一条银线，我们意识到，进入长江水系了。

顺着河边的缓坡直冲而下，我们很快来到一个小湖边。湖面不大，湖水和卓乃湖一样蓝，周边环境却要比卓乃湖荒凉，湖边是一条条大沙带。杨勇仔细观察后认为，这湖水，应该是流入我们刚才顺流而下的那条河的，它原本应汇入楚玛尔河，进入长江。现在，它成了一个内陆湖，也就是说这一片山上的水，也和长江脱离了关系，成了内流河。在卫星图上仔细看，可以发现这种观点很有道理。

在这个小湖背后的山那边，就是著名的两个大湖错达日玛和多尔改错。靠北的错达日玛，形状看起来酷似一个火山口。有学者认为，这是一个陨坑湖，深度在600米以上。如果此说成立，那么，这就是中国第一深湖，位居世界深湖前10名。

错达日玛东南的尔改错，也叫叶鲁苏湖，是整个长江源区最大的一个湖（N35°13′，E92°06′）。该湖海拔4688米，东西长30千米，南北宽约5千米，面积142平方公里。这个大湖和沱沱河穿越的雅西错有点类似，也是先承纳楚玛尔河源头的水流，然后由东端出口再汇入楚玛尔河。

从小湖继续向前，更大的成片沙丘出现在眼前。和我们走过的很多高原路段类似。这里，最安全的道路就是河床。汽车激起水花，高速前进，又过了大约1个小时，我们进入一片很大的宽谷。

几头野牦牛出现在左侧的山谷里，赵站长说，这一带野牦牛很多，那个山谷，他们起名叫野牛沟。在可可西里，很多地方没有名字，他们起了很多名字。以前的盗猎者、淘金者也给这里很多地方起过名字，什么死人沟、冰沟、化隆沟等等，不一而足。

"最安全"道路河床

话没说完，又有一群藏野驴跑了出来，走走停停，不时回头张望，原来它们也一直在观察我们。

很不幸，进入宽谷不久，打头的陆风车又被陷住了，烂泥里留下一条深深的车辙。

还好，车子被断后的猎豹车很快拖了出来，我们更加小心翼翼地重新找路。这片宽谷，是两边山上流下来的众多小河的一个汇集地。大大小小的河，此时都是我们的拦路虎，没有别的办法，我们仍然沿着主河流的河床，慢慢试探着走，走得很慢很累。终于，我们到了一面巨大的沙山旁边，罗局长和赵站长说，过河，右拐，上面可以走了。

从低矮的河谷冲上来，风积沙丘的面积大的超乎想象，几乎成为一座座小山，这让我想起雅鲁藏布江源区马泉湖的类似景观。山脚那排连绵的沙山前面，是很大的平原，遍地长满野葱，巡山队员们就起名叫它"野葱滩"。

"可惜，现在季节有点晚，早来两个月，满滩都是绿油油的野葱，那才叫好看"，赵新录站长有点遗憾地说。其实，现在的景色也是不错的，野葱虽已褪去绿装，呈现和周围山丘一样的枯黄色，但棵棵顶着毛茸茸的球，一片片、一堆堆，使这荒凉的可可西里，显得生机勃勃。

走了不远，路边出现一大片动物尸骸。赵站长说："要说熟悉藏羚羊的活动规律，那些盗猎者也堪称动物学家……每到迁徙季节，盗猎分子就守候在藏羚羊迁徙的必经之路，一个人一晚上就能剥掉几百张皮子！现在你看到的这个现场，有些年头了。还没有什么……你要是前些年来，看到他们刚刚作案不久的现场，那个血腥、恐怖，真令人痛心啊！"

从卓乃湖至此，我们走的这条路，是藏羚羊迁徙的重要路线，正是一条动物通道。动物从此继续向南，可进入乌兰乌拉湖、格拉丹东、藏北羌塘；向东，沿楚玛尔河而下，可以进入天路以东的区域。

楚玛尔河在野葱滩中间拦住我们的去路。看看时间，是下午4点多，测了一下经纬度：N35°12′308″，E91°30′385″。合乎我们想象的是，这里的河水，比在青藏公路大桥那里看见的更红；出乎我们想象的是，红红的楚玛尔河这时并非呈现散乱的网状，而是在这块宽缓的平原上冲出了像样的

多尔改错

　　河床。仅从这一段看，漂流是没有问题的。我们有点后悔为什么把橡皮艇放在了五道梁保护站，带上多好啊，能漂一段是一段。

　　这里位于多尔改错以上几十公里处。资料上说，从楚玛尔河两源汇合处到多尔改错，距离是 96 公里，也就是说，我们距离楚玛尔河的源头也只有几十公里了。

　　我们有点激动地拍照，沿河继续上行。只见河水拐来拐去呈现很多"S"形，不断有支流汇入。车子前所未有地不断被陷住，铁铲挖、打千斤顶、垫石头、车子拖，一番折腾，弄得人不胜其烦。

　　开始，我们想一直沿着楚玛尔河主流前进，但大大小小的主流汇入口，多被冲成了很深的沟。过这些沟，稍不注意，又会被陷住。看着旁边光秃秃的山，我很奇怪，这样的山哪来这么多水？

楚玛尔河无数次陷车

　　走着走着，一条很大的支流拦住去路。开始我们准备绕过去，顺着支流上行许久，也没找到稳妥的路。
最后，找到一个老车辙，回到河口才冲了过去。

　　过了这条大河以后，杨勇决定按照惯例，到高处的山顶看看，于是，车子离开河岸开始爬山。山不高，
山边的云却奇怪：两朵白棉花般的云儿一直夹击着前行的陆风车，只给车子留出一道蓝蓝的窗口，很久
都是这样。

　　爬上山顶，又是连绵不断的宽谷，宽谷有中星星点点的小湖和细线般的一条条小河，在夕阳下闪闪
发光。仍是要不断过河，也不断地陷车。

　　不仅是河，有些看起来很干的小山坡，竟然也陷车。每当这时，没什么好说的，老三样：打千斤顶、

捡石头、拖车。下午 6 点多，车子在 N35°13′191″，E91°29′906″ 的位置，又被陷住了。

这是今天陷得最深的一次，4 个轮子都得打千斤顶。折腾了起码有 1 个小时，等到把 4 个轮子都用千斤顶打起来，用石头和木板垫好，猎豹车去拖的时候，突然发现，猎豹车根本不动。

仔细检查，原因找到了：这一路上，特别是今天，拖车太多，猎豹车的离合器彻底坏了。

情况真是糟透了，几个月来，陷车、拖车、换轮胎……种种折磨，大家早习以为常。可是，离合器突然间坏了，车子不能动弹，却是谁也没有想到的。

现在，我们的救星反而是这台深陷泥潭的陆风车了。那么，只有先把陆风车弄出来再说。

当然，最好的办法就是找台车把它拖出来。可是，猎豹完全瘫痪，不能指望它来拖车了。那么，怎么办？抬高泥潭里陆风车身，继续垫石头和木板，只能指望它自己跑出来了。

陷车的这块地，越动烂泥浆越多。天完全黑了下来，李国平、罗延海局长和赵新录站长打千斤顶、垫木板、垫石头；刘砚和我打着手电筒满地找石头；杨勇和杨帆做饭。石头越来越不好找，需要的量太多了，只有继续扩大活动范围才行。

虽然饭热了好几次，但在活没有干完之前，大家都拒绝吃。终于，大概又过了两个小时，工作才干得差不多。我捧起饭碗，觉得冷极了，手都是麻的。

大家三口两口吃完饭，钻进帐篷，因为太累，没几分钟，就进入了梦乡。

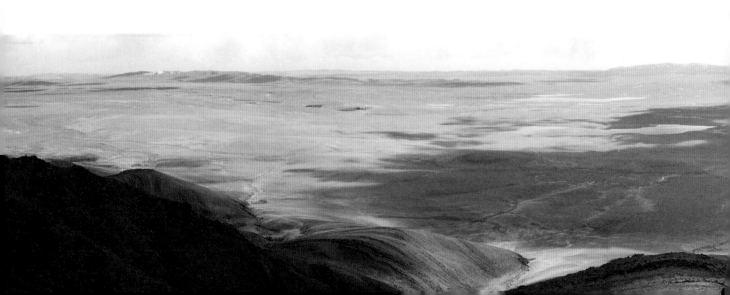

昨夜几个小时的工夫没有白费。

9月18日一大早，趁着大地封冻之机，陆风车顺利地冲了出来。两台车一好一坏摆在了安全地带，下一步怎么办？

我们没有离合器这样的汽车配件。如果派人开陆风车出去买，顺利的话，到公路最快也要两天。再过一天跑到格尔木，来回没有一个礼拜是不可能的。问题还在于，这样的路，单车行动，危险是难以想象的。即使能顺买回配件并找到愿意来的修理工，要修好离合器，常规做法是必须把发动机吊起来悬空才行。而在这样的地方，那根本就是天方夜谭。

糟糕的事情既然发生了，着急上火是没有用的。在野外，最重要的是要心平气和，只有自己阵脚不乱，才能更好地去面对困难。现在，管不了车子，那就先去看楚玛尔河源再说吧。

关于楚玛尔河源，我们找到最详细的1份资料是长办的《1978年江源考察报告》，里面这样说道：楚玛尔河源头有两支，北支发源于可可西里湖东南约18公里处（N35°27′，E91°29′），源头海拔4920米，向西南流26公里后折而向南，全长46公里；西支发源于可可西里湖南侧的黑脊山（海拔5432米）南麓（N35°20′，E90°59′）。南流12公里，至野马川转向东流，沿程接纳南来水源，13公里后自西注入一个狭长的咸水湖，湖面海拔4787米，夏季湖水溢出东流，经10公里，与北支汇合，全长45.7公里。两支汇合后东流94公里注入叶鲁乌苏湖，穿湖20公里后流出，出口宽12米，

山顶俯瞰

红石山顶红褐色的片石密布

野驴纪律严明，列阵前行，足迹杂沓有序　　　　红石山下如江南水乡，河流星罗棋布

经 117 公里至青藏公路楚玛尔河沿，然后东流 215 公里，逐渐南转，在曲麻莱县色吾曲口以西约 70 公里附近汇入通天河。

　　对照卫星地图，我们营地所处的位置，就在楚玛尔河北支和西支两个源头交汇处不远的地方。也就是说，我们离两个源头的距离还有四五十公里。

　　徒步到两个源点的话，看来是不可能了，时间和给养都不允许。那么，还是按惯例，爬山，爬到高处去看。我们的右侧就是一座高高的山，目测起来，一天能打个来回。

　　我们这支队伍的老习惯是早上一般是不吃饭或者吃昨晚的剩饭。可昨晚因为救车，饭菜热来热去，焦了。这天早上便没有剩饭吃。为了节约时间，杨勇煮了一锅面条。杨勇做川菜可以，但这面条可是难吃极了。早上，我也一般没有食欲，看看面条也不多，就没有吃，拿了一块压缩饼干上路。

野牦牛是令人恐怖的家伙，可以顶翻东风卡车

　　老天眷顾，今天天气很好，能见度极高，北方的那座山看起来近在咫尺。当然，走起来是要费一番工夫。仔细目测，大约有 10 公里的路程吧。

　　徒步最大的好处就是能亲近大地，越走，不由得越尊敬可可西里的植物：颜色很深，一种叶子很大的植物，竟然深成了黑色。还有一种，大约是灌木，被风沙和烈日洗刷得露出极发达的根系，竟然多有拇指般粗细，而露出地面的部分，看起来不过像一些杂草。它们，大约都是地球上最顽强的植物了。

　　过河、爬坡、走得很累。大约两个小时后，眼前出现了一个小湖。湖边的石头，有很多竟然是玉石。

　　绕湖而过，发现一排奇怪的脚印，整整齐齐，原来竟是野驴踩出来的，看来这些家伙们纪律性很强。

　　山的根部是很大的沙丘。我们的人马分成了两组，从两边分别上山。开始，我和杨帆一组，走着走着，杨帆顺着沙山一路拍摄，走向杨勇他们那组的方向了。我实在觉得有点累，仔细观察后，打算直冲山顶。

　　说是直冲，其实也就是走"S"形，慢慢绕。走上个十来米就得休息，这时回头看，只见两边山体的褶皱挤压痕迹清晰可见。山下的河谷湖泊星罗棋布，水网密集，甚至让人联想起江南水乡。

资料显示，这一带，年降水量仅150毫米，是长江流域降水量最少的地区。眼前的景色，怎么也和资料对不上号。后来，在山的根部，我们发现山丘间众多的泉水汩汩而出，流向谷底，奔向长江。这些泉眼，可能是楚玛尔河最重要的水源之一。

快到山顶的时候，眼前的石头让我惊奇不已。先是一堆堆像巨大书本的页岩，层层堆积；待走到山顶，俨然一片外星世界，有几处，就像是大炼钢铁留下的遗址。山顶比我想象的要平坦很多，向北方远望，一条条的石带形成浑圆曲线，整整齐齐。背后就是海拔6860米的新青峰，清清楚楚，似乎触手可及。这座山峰，也叫布喀达坂峰或莫诺马哈峰，是青海省第一高峰。在布喀达坂峰脚下，靠西南的位置就是太阳湖，假如它和我们目前的位置联一条直线的话，中间就是可可西里湖。

我在山顶坐了很久，仔细观察着周围的环境。正对着布喀达坂峰的方向，是一面小湖。远处西北方向的山顶和山腰，还有一连串珍珠项链般的小湖。在整个楚玛尔河流域，据统计有2156个湖泊。

红石山顶地貌

山体褶皱

那面小湖的下方，是一条闪着银光的小河，我想到河边去看个究竟，就沿着山顶那城墙般的石头向北走去，顺便也想和杨勇他们汇合。

我高估了自己的实力。走着走着，我发现可能等我走到河边天就要黑了，只好调转方向下山。这时，已经是下午四五点钟了，山下的楚玛尔河谷色彩丰富起来，在飘来飘去的云朵下，变幻着颜色。

下山才觉得坡度很大，走得很慢。转过一个山头，发现杨勇他们已经不知去向。大概已经返程。

我定下神来，一路走一路拍。这里，地貌以沙化滩、石漠化滩为主，看似死气沉沉的红石山，其实丰富多彩。心形的苔藓、镶着白边的页岩、长成弹弓状的野葱……走得口渴，我便绕到一条小溪的源头，喝着咕嘟咕嘟冒出来的泉水，那泉水很甜。

终于下到山脚下，还是不见杨勇他们的踪影，天地之间，仿佛只有我一个人。湖边的那座山上，出现了一个个的小黑点，似乎是野牦牛。

我心里有点打鼓，怎么办，该怎么走，要真是成群的野牦牛怎么办？

绕过去吧，一来不知道要耗费多少体力，二来这一路没怎么拍到过成群的野牦牛，这可是个好机会。可是，那些家伙要是发起威来，那我就完蛋了。

心里嘀咕着，脚步却没停。走着走着，自己笑了起来，原来，那些一动不动的东西，只是一些大石头而已。心中释然却又有几分遗憾。

待我回到营地时，天都快黑了。两位留守的老巡山队员说："你们这支队伍也真够可以的，车子都这样了，也没见你们谁着急。真算遇事从容，也特别能折腾。你这家伙，一块压缩饼干撑了一天，我们一直看着，竟然还真的爬到了山顶。"

那座山的位置，据刘砚测量，在 N35°15′408″，E91°28′33″ 处，后来我们对照卫星地图，正是两源汇合处周围最高的一座山，名字叫卡日玛。

第二天，我们踏上归程。

新青峰

陆风车拖着猎豹出去了，原来沿着楚玛尔河过多尔改错出去的计划不得不改变，能原路顺利返回就已经不错了。

想想来时的状况，不由得心里打鼓。两车照应互相拖着进来，都很艰难。现在小车要把大车拖出去，那几个"拦路虎"怎么过？

也算奇迹，我们很顺利地过了楚玛尔河边的几条小河和野葱滩。只付出了绳子断了几根的代价。

离开楚玛尔河，我们又来到那个陷过车的大滩，连续两天的晴天，泥浆干了一些，有了来时的经验，也顺利通过了。最难过的是快到分水岭的时候，又开始连续地陷车，我们差不多成了修路工，捡光了周围能找到的所有石头，才冲了出来。

李国平后来说，过分水岭以后，当时那高兴劲，真想拥抱一下杨勇。可是这家伙一脸平静，只好作罢。

杨勇这时还不死心，开着陆风又去爬山，要看错达日玛和多尔改错。

半个小时后回来说，看到了一个角。徒步过去的话，来回起码要两天，只好下次了。

当晚，我们住在分水岭以北的一个山间平地。位置在 N35°23′6″，E91°42′361″。这是一个很舒服的营地，背风，一点都不冷。我们身旁是捞卤虫的油桶船。

可可西里的草甸

卤虫卵是人工养殖虾等珍稀海产品的上好饵料,所以在沿海地区备受青睐。目前,卤虫卵在国内的市场价为每吨 60 万元,由于卤虫仅生长在具备一定矿化度的咸水湖区,而且卤虫卵的产量极低,因此,做此类生意的商贩便雇用大批民工开进可可西里地区的向阳湖、苟仁错湖、移山湖、桃湖、海丁湖等 10 多个湖区进行大肆捕捞,甚至连母虫也一网打尽,对湖区生态环境造成极为严重的破坏。这些人所到之处,营寨密布、草甸被毁,众多野生动物也被捕杀。

9 月 20 日早晨,旁边的山被朝阳映得红彤彤的。早早赶路,登山绳又被拉断了几根之后,我们绕过卓乃湖来到了东方的湖口。

这时已经 12 点多了,冻土开始消融,我们没有了来时的幸运。一好一坏两台车都被陷住了。我们只好去拖那些来时没有用过的建筑竹板,再次修路。折腾了差不多两个小时,我们终于出来了。

继续往前,遇到的最大"拦路虎",是一条大河,幸好也过了,这下子,我才确信差不多安全了。

天黑了,我们继续赶路,心想要想法子赶到测绘营地,因为我们的油不够了。陆风是柴油车,虽然瘫痪的猎豹车还有油,可那是汽油。我们来的时候看见测绘队有东风大牵引车,应该有柴油。

可是一直没有看见测绘队的营地,漆黑的夜里,我们一直在分析他们走了还是没走?就在这时,车

穿越冰河，铲雪，拖拽

铲雪

过河

子再次被陷住了。看起来，我们走的这两天，那边的天气很好，而这边可能下过雪。来时的坦途，此时成了陷阱。

这夜里，我们再次老三样：铲子铲，打千斤顶，捡石头，只不过把拖车变成了推车。一直折腾到夜里11点，才到达安全地带。

9月21日早上一起来，发现景色美得惊人，我们的营地就在库赛湖边。这个库赛湖就是传说中的西天瑶池。

一群群野生动物，像表演似的，在我们的车子旁边飞奔而过。这时的大地，就像一个大舞台。藏羚羊、藏原羚、野驴，还有熊，轮番表演。赵站长说，大约是可可西里补偿你们的遗憾吧！

最令我激动的是，这天中午，我拍到了一只熊。可惜的是，在那只小熊摆着优美的姿势打量我们的时候，我正在换镜头。等我换好镜头，那家伙已经蹲下了。

走到海丁诺尔湖边，在 N35°37′855″，E91°28′33″ 的地方，陆风车彻底没了油，我们也陷入绝境。

这里距离青藏公路大约还有30公里。然而令人惊奇的是，竟然有手机信号。

一番通话后，不冻泉保护站站长詹江龙等带着柴油飞车来救。

陆风加满油，三台车准备启程。谁知来救我们的吉普车怎么也发动不起来。一检查，竟然是没油了。詹站长出发前，看油表是满的，装了柴油就急急出发。现在才明白，原来那车的油表坏了。

还好，猎豹车有油，又给他们的吉普装上。3 台车疾驰上路。9 月 21 日天黑以前，我们终于踏上了青藏公路。

　　一路上，众人开玩笑："看你到时候稿子怎么写！"

　　"你说怎么就那么巧？你说，怎么我们没油了动弹不了了，在离开公路 30 公里的地方竟然还有手机信号？你说，詹站长的车，怎么就刚好接到我们，就没油了哪？"

　　"你照实写，大家肯定以为是编故事。"

藏羚羊

3.1　雀莫错、雀莫山及神秘的吉日乡 // 100

3.2　冰川环抱的河流 // 110

3.3　姜古迪如冰川的缩减与长江到底有多长 // 118

3.4　遇险格拉丹东 // 125

3.5　沱沱河与当曲河的长江正源之争 // 133

3.6　岗加曲巴冰川与尕尔曲 // 144

3.7　万里长江第一大弯大湖玛章错钦和葫芦湖 // 148

第 3 章

大美无言：长江正源之格拉丹东雪山
姜古迪如冰川

小知识

　　姜古迪如冰川，又称姜古迪如雪山，位于唐古拉山格拉丹冬雪山西南侧，海拔 6542 米，长江正源沱沱河就发源于此。长江源分为南源、北源和正源。南源以当曲、牧曲水系为主，北源以楚玛尔河水系为主，正源由沱沱河水系组成。我国曾在 1976 年、1978 年两次派出江源考察队至长江源头考察。根据水文地理等资料，1979 年正式确认沱沱河上游的姜根迪如冰川为长江正源。"姜古迪如"藏语是"狼山"，人越不过的意思；"格拉丹冬"藏语是"高高尖尖的山峰"。

3.1　雀莫错、雀莫山及神秘的吉日乡

　　夜色如墨，群犬狂吠，车灯前出现了几排这一带常见的土房子和几个模模糊糊的人影。一直没有看见灯光。在几个闻声出现的藏胞的引领下，我们在其中一间土房子里"安营扎寨"。

　　这是一间有木地板的屋子，点上蜡烛，我们开始"埋锅造饭"。我打起手电筒四处打量，墙上有黑板，黑板上有藏汉文的语句，门框旁还贴着课程表，显然，这是一间废弃的教室。

　　没想到，这次选择的新路线，使我们在离开青藏公路的当天，就到达了我和杨勇 20 年来一直觉得很神秘的、但只闻其名未见其面的吉日乡旧址。

次仁扎西是我们在去玛曲乡的路上巧遇的一个搭车的藏族小伙子，粗通汉话，三说两问就成了我们的向导。他说：顺利的话，只要几个小时，就能到达雀莫错和雀莫山，这让我们大为惊喜。

雀莫错是格拉丹东以北的一个咸水湖，面积相当于 10 多个杭州西湖，可谓万里长江第一大湖。湖边拔地而起的是雀莫山，海拔 5845 米，高出湖面千米之遥。山体呈圆锥形，山顶却是圆的，酷似一个火山口。雪线以上的峰顶，终年积雪不化，远远看去，就像戴了一顶白皑皑的"帽子"，酷似日本的富士山。

雀莫错和雀莫山是长江源区的一个重要地标，也是我念念不忘的地方。走传统路线的话，从雁石坪附近的老温泉兵站离开青藏公路向西，翻越小唐古拉山后不远，就能看见海拔 6621 米的格拉丹冬雪峰，继续前进越过姜埂曲、尕尔曲后再折向北，很快就能看见雀莫山和雀莫错。这时再折向南，绕雪峰走大半圈，才能到达各拉丹冬雪峰西南坡的长江正源姜根迪如冰川。

遥想 10 年前，我们"徒步长江"进入江源，走的就是雁石坪那条传统路线，一路不断遭遇陷车，最惨的一天只前进了一公里。好不容易过了尕尔曲，情况没有好转反而更糟。雪越来越大，整日不停，持续不断的风雪无情地浇灭我们最初的激情。回想起大雪淹没前的美景，我们不再激动，只觉得恐怖。甚至，达尔吉大哥——这位曾经带领多支探险队包括 1986 年的"长漂"队进过姜根迪如的当地资深向导，也一筹莫展，开始对自己的记忆产生了怀疑。而我们的 GPS 根本就成了玩具。

那时我们才开始真正体会到行前从格尔木市获得的详细资料：该地区地势高耸，平均海拔 4500 米以上，气候寒冷缺氧，空气稀薄，含氧量只有内地的 50%~60%。这里一年只有冬夏两季，年平均气温

雀莫错和远处的雀莫山

格拉丹冬雪峰

格拉丹冬雪峰

为 -4.4℃，极端低温为 -45.2℃。常年大风，平均 3.5 米 / 秒，大时有 40 米 / 秒，大风天每年达 130 天，当地人称："六月雪，七月冰，八月封山，九月冬，一年四季刮大风。"后来，我们舍弃了过长江正源姜根迪如冰川的寻访，随偶遇的牧民布托，去了附近的尕尔曲源头——格拉丹东雪山东坡的岗加曲巴冰川。那一次，我们才知道，长江源并非一些人宣称的"无人区"，岗加曲巴冰川下就有两户牧民。他们在此不仅有游牧的帐篷（在冰川下地势更低的一块台地上），还建造了两间土房子作为永久定居点。类似的情况，我们前些年在海拔 5590 米的雅鲁藏布江源头杰马央宗冰川下也曾遇到过，那里也是当地牧民的家园。

　　长久以来，我们屡屡被媒体和一些所谓的"探险家"误导。很多城市人难以抵达的很多地方，被他们出于拔高自己形象而渲染成为"无人区"。甚至，沱沱河以下至治多、曲麻莱县的广阔地域，也曾被夸张成"八百里无人区"，使很多后来者忐忑无比。原玉树州州长罗松达哇先生曾气愤地对我说："你们有些人，来探险的时候，说我们这里是无人区，搞环保的时候，又说我们超载放牧。怎么回事嘛……"其实，只要有平和诚实的态度，不为了吹嘘自己的艰难而过分渲染，答案就显而易见。但这样的错误频频出现，着实让人有些匪夷所思。

　　当年，岗加曲巴冰川一带属于西藏安多县吉日乡第四村，其中有一家的男主人叫泽玛，是村长。我们便奇怪，在各种各样的地图和资料上，都是以唐古拉山为界，北边这一带属于青海格尔木市唐古

牧民

牧民家庭

拉山乡，怎么会有西藏的居民和行政建制？这个谜团，直到我们在漂流当曲河时，才算解开。在唐古拉山以北几十公里的当曲河第一桥边，我们看到了两块国务院2004年竖立的"西藏实际使用管理线"水泥大碑。这里在地图上属于青海玉树州杂多县，而目前实际上生息着西藏那曲地区巴青县的牧民，为巴青县实际管辖。格拉丹东这一带的情况，也基本类似。在权威的中国地图出版社2005年出版的《西藏地图册》有关安多、聂荣、巴青等县的介绍中，对此有详细说明："其中的某某乡某某行政村均在青海省境内。"

现在的格拉丹东地区，实际上分属西藏安多县的雁石坪镇和玛曲乡管理。"大致以姜埂曲和格拉丹东主峰为界。"玛曲乡党委占堆书记对我们说，"原来的吉日乡已经在前两年被撤销，目前的姜根迪如冰川一带，是我们玛曲乡的第六村，有200多人，村长叫格刀。"

这个长江源头第一村的村长格刀一家，现就住在这个吉日乡旧址。夜深人困，匆匆吃完晚餐，我们在木地板上铺起睡袋，暂时收起好奇，静待天亮。

夜里下了一场雨，雨水滴滴答答漏进了屋子，打湿了我们的睡袋。次日凌晨，睡在车上的李国平早早爬起来，兴奋地进屋宣称他拍到了野牦牛。原来，那是一头混进家养牦牛群的家伙，人们对这家伙持一种无可奈何的欢迎态度，正值发情期的野牦牛，对于牦牛群的种群繁衍，也是一件好事。

雀莫山俊朗宏伟，峰顶似洁白的马蹄莲

李国平已经在格刀家喝了早茶，对我们大队人马的到来，格刀一家谈不上冷漠，也谈不上热情。一切都似乎回到了10年前的岗加曲巴，当时那几户牧民同眼前的格刀一家一样，表情也都木然，刚一见面，很难感觉到他们对外人是否热情，连好奇都说不上，而且一般不笑。我们想，这大概是因为他们长期在缺乏同人群交往联系的环境中生活，不需要太多的交际能力吧！一切都在自然而然地进行，进了帐篷，照例没有客套，我们就先喝起了香喷喷的酥油茶。

目前居住在吉日乡旧址的，只有格刀和父母以及哥哥弟弟等一大家子，共16口人。

格刀38岁，做村长也差不多有10年了。他的老婆娜妮35岁，也是六村人，他们有4个孩子。

格刀告诉我们，他全家有400头羊和40多头牛，家境在当地属中等。他说："姜根迪如冰川下，住着六村的两家牧民——南扎和拉西，都有定居的房子，大概是1999年建的吧，就在冰川往下一点点的地方。"

天气一直不见好转，雨雪交加，时断时续，天地总是灰蒙蒙一片。午后，队长杨勇决定上路。向导次仁扎西不禁面露难色。从吉日乡旧址到姜根迪如冰川，当地人常走的路线是先到岗龙强玛，再沿雪山边缘前进，路况相对较好，次仁扎西也很熟悉。而杨勇坚持要先到雀莫错，然后绕行，这家伙想着要爬到雀莫山顶，视野开阔，以便好好观察沱沱河主流和各支流河段的情况。

这样的话，很多路段，对于次仁扎西来说也不熟悉。另外，正值雨季，车会陷到什么程度，次仁扎西心里也没数，只是表示：肯定"多多有了。"

头两个小时走得很顺利，有几段平直的宽谷路段，车速差不多能达到每小时五六十公里。这对于早已习惯每小时一二十公里速度前进的我们，简直称得上是"高速公路"。天空的颜色随着雨雪停歇而忽灰忽白，两边的山头时隐时现，周围的一切都显得神秘而庄严。在这被渲染成"无人区"的荒原，我不禁有一种梦幻般的感觉。

走完一条小河谷，我们爬到一个小山顶，进入一片湿地。打头探路的陆风车出人意料而又在情理之中地陷住了。天气好的话，车子也就冲过去了。昨晚开始的那场雨雪，把一切都弄得湿淋淋的，这段无草的地段，现在是一个烂泥滩。大家都很平静，开始习惯性地打千斤顶，捡石头，各就各位。这次南水

雀莫山下的湖泊沼泽美丽诱人，但是对于探秘者来说是危机四伏

北调西线民间考察中，为了考察长江南源当曲河、北源楚玛尔河、通天河、黄河源头等地区，我们已经在高原奔波了两个月，遭遇陷车之险无数，救车几乎成了每天的必修课。但这一次，糟糕的是，周围很难找到石头，并且，忙活半天后猎豹车去拖小陆风，结果自己也深陷泥潭。

雨越下越大，车辙渐渐成了河，一边打千斤顶，一边还得梳理水道，进行排水。水冷得刺骨，鞋子全湿了，我换上漂流时穿的雨鞋，过不了多久鞋里面也全是水唧唧的。老天爷变着花样地一会儿雨，一会儿雪，一会儿冰雹地考验我们。努力总有收获，无法前进了，我们只好将车子一米米地往回退。最终我们先弄出了猎豹车，开到了一块硬地。这时，已经是傍晚六七点了，距天黑也就一两个小时了。杨勇说："扎帐篷吧，今天只能在这里了。"

风大得让人头晕，吹得帐篷差点飞上了天。当我们费劲钉上全部帐篷顶的时候，太阳却露出了笑脸，风也停了。老天爷还是照顾我们的，这难得的好天，鼓足了大家的干劲。天黑以前，我们幸运地把陆风车也弄出了泥潭，开到了安全地带。

天黑以前，我们吃到了杨"大厨"做的热腾腾的饭菜，探了一下午路的次仁扎西，也带回了好消息，"明天顺着山脊，阿拉巴拉（藏语，马马虎虎的意思）可以走吧。"

第三天，我们陷了3次车，终于在下午4点多，开到了雀莫错边的一处高地上，GPS数据显示，这里的具体位置是 N33°47′151″，E91°15′234″，海拔5100米。我们不敢再下到湖边了，在我们看来，

陷车

湖滩四周的沼泽这时都闪着不怀好意的恐怖光芒。实际上这一天我们还算比较幸运，虽然有两次车子都陷得很深，但周围石头很多，只需多费力气就是。

从这片高坡俯瞰雀莫错，湖中半岛在灰蓝的湖面中就像一片枯叶。湖东北方的雀莫山腰部以上全在云雾中，只露出一圈白白的雪线。这里，距我们昨天的营地，只有 10 公里左右。如果天不下雨，顺利的话，我们昨天就可以到达这里。然而，在这片海拔四五千米的荒原，人的力量太过于渺小了。老天爷随便一个玩笑，就够我们折腾半天的。

这处高坡是一个不错的营地，遍地都是野葱。酷爱野外做饭的杨勇，给大家做了一顿葱爆羊肉。我们吃饭的时候，太阳出来了，光芒四射。左侧的雪山，露出了下半身，切苏美冰川亮晶晶得似乎触手可及。然而，雀莫山顶却一直没有现身。

一夜无话，我们早上起来时，帐篷上下了一层厚厚的霜。

天还是阴沉沉的，虽然太阳也偶尔从云层中射出几条光带，但一直没有照亮整个湖面。雀莫山终于也完整地露出了几次，让我们看到了全貌，但杨勇的攀登计划却不得不取消。从我们的位置看，山峰似乎离我们很近，但我们都明白由于高原的空气能见度极好，看山跑死马的道理。几处沼泽和烂泥滩山沟，汽车难以通过，硬闯的话，耗费油料和食品，在这无边的荒原里无异于自杀。徒步过去的话，来回至少两天。罢了，做人不能太贪心，顺应自然吧！饭后两个小时，我们决定奔赴姜根迪如冰川。

营地

营地

3.2　冰川环抱的河流

　　只有一台车子小陷了一下，我们很顺利地冲过了湖边的一条大河。开到对岸的一处高地，大家的情绪松弛了下来，开始爬山、绕着雀莫错拍照。继续前进，发现了一条老车辙，前方又出现一个大湖，让没能够攀登雀莫山而一直在抱怨的杨勇大为兴奋。在湖的另一边架起三脚架，取景器里的这个无名湖泊，俨然是雀莫错的姊妹湖。天气也在这时好了起来，虽然没有蓝天，但突然亮起来的天空和云缝里的几束光芒，已让我们很知足。

　　刚拍了几张照片，却又下起了鹅毛大雪，老天爷又在催我们继续赶路了。杨勇执意把车子开到了一个高高的布满尖石的山顶等待合适的光线，要再好好看看雀莫错姊妹湖和雀莫山。等了半个小时，也未能如愿，风雪打得人睁不开眼睛，只好安慰自己，人不能太贪心，继续前进吧。

这山水似乎只是天工简单勾勒的轮廓，只有线条和块面的色彩

　　完全没有路了，向导扎西次仁也不禁茫然，只能凭着感觉摸索着前进。风雪中，一头公藏羚羊的尸骸出现在眼前，它那两只长长的尖角直直竖立，肉体已经全部腐烂，只留下一张毛皮，分不清是被狼还是被人类伤害。

　　这一天，白屁股的藏原羚我们看到不少，活的藏羚羊，却再没有看到，这与前两天截然不同。

　　继续前进了很长时间，一路都是平缓的草原，植被并不好，稀稀拉拉的，很多沼泽已经失水，变成一坨坨的草甸。小湖泊和水潭子很多，在风雪交加中闪着白茫茫的光，像一面面蒙着雾气的镜子。

　　我们的心中其实很忐忑，走的只是大致方向，路到底在哪里？这次向导次仁扎西也不能肯定。直到走到一条大河的时候，杨勇心中有了数，这是切苏美曲，我们的路线完全正确！

　　顺着河流我们很快就找到了从岗龙强玛方向来的"大路"，这才踏上正途。接下来的行程比较顺利，路边出现了一座空置的牧人的土木房子，是他们冬季的定居点。房前的小河边出现了两道彩虹，让大家大饱眼福。

　　过了那个土房子不久，我们开始爬坡，快到山顶的时候，天终于放晴了。

　　站在山顶俯瞰前方，优美的景色让人心花怒放。左边雪山的怀抱里是亮晶晶的冰川。顺着冰川往下看，切苏美河谷清清楚楚地展现在我们眼前，网状河系像一条条彩带，随着太阳的光芒变幻着色彩。我们按照习惯做法，不走路了，开着车子爬山，到高处看个仔细，车子爬不动了，就徒步前进。

　　一直到太阳落山，我们才顺着山腰下山，绕到了冰川下的一顶帐篷前。这是一个七口之家，男主人是 41 岁的那那，他和 47 岁的妻子苏蒂有 5 个孩子，18 岁的女儿次央措姆和 14 岁的女儿德兴旺姆以及 16 岁的大儿子才仁旺堆在家放牧，12 岁的小女儿卓玛观琼和 9 岁的小儿子尤拉在玛曲乡上学。这里的孩子，比内地的小学生享有更好的待遇，不但学杂费全免，书本费和部分伙食费都由政府承担。

　　那那家有牛 120 头，羊 700 多只，显然比村长格刀要富裕一些。在这里，牛的价格是每头 2000 元左右，羊 300 多元一只，那那用牛羊换来了一台东风卡车、一台吉普车和一辆摩托车。那那热情地为我们腾出了一顶帐篷，他说这里是他们的夏季牧场。冬季，他们就住在更靠近冰川的土木房子里。房子是 1999 年来自日喀则南木林县的 6 名工匠帮他们建造的，花了 15000 元钱，工钱是 7 头牛。

山顶俯瞰

　　那那告诉我们，这个地方他们叫格尼，冰川称作吉饶迪如。他还有一个双胞胎兄弟热勒，住在旁边另一条山沟的冰川下。

　　在长江发源地格拉丹东雪山，众多的冰川、雪山融水以及泉眼形成母亲河的最初水流，其中长江正源姜根迪如冰川据长江流域规划办公室 1976 年测定，其南侧冰川长达 12.6 公里，北侧冰川长 10.1 公里。

　　至于格拉丹东地区冰川的确切数目，有资料说是 69 条，然而安多县的一份资料却说："在南北长 50 公里，东西宽达 15~20 公里的范围内，有 30 余座海拔 6000 米以上的雪峰，冰雪覆盖面积达 790 平方公里，有冰川 130 余条。"

　　爬到那那家附近的高岗向远处看，对面的一列列雪山银光闪闪。长江正源沱沱河，接纳了格拉丹东雪山的融水，这些雪山冰川汇集的河流也是其重要的水源。

　　事实上，我们对于母亲河和源头的认识还很有限。直到 30 年前，中国人才找到长江源头。1978 年 1 月 13 日新华社正式发布消息："经长江流域规划办公室组织查勘的结果表明，长江源头不在巴颜喀拉山南麓，而是在唐古拉山脉主峰格拉丹冬雪山西南侧的沱沱河。长江全长不止 5800 公里，而是 6300 公里……"

　　次日，美联社从东京发了一条电讯，除转述了新华社上述电讯内容外，并强调"这一水源测定工作是由中国水利工作者去年到青藏高原这一无人居住的地区调查长江源头时进行的。他们纠正了过去有关这条河流的长度和水源方位的错误情况"。

长江源纪念碑

　　至此，万里长江这条我国第一长河取代密西西比河成为世界第三长河，仅次于非洲的尼罗河（6671公里）和南美洲的亚马逊河（6500公里）。从入海水量来看，长江平均年径流量9682亿立方米，属我国第一大河，世界第三大河，仅次于南美洲的亚马逊河（55100亿立方米）和非洲的扎伊尔河（即刚果河，14140亿立方米）。

　　在此之前，人们对于长江源头的认识，经历了一个漫长的过程，这几乎就是中国科技史的一个写照。从现存史籍看，早在先秦时期，地理著作《尚书·禹贡》，已有"岷山导江"之说，认为嘉陵江、岷江是长江之源。

　　《汉书·地理志》中，班固说"……遂久县，绳水出徼外，东至勃道入江"。汉代的遂久在今云南丽江、宁蒗一带，绳水即金沙江。这说明至少在公元初年以前，人们已经知道金沙江源远流长，但并没有将其作为长江干流。

　　三国时期的《水经》云："岷山在蜀郡氐道县，大江所出……"北魏郦道元在《水经注》中也认为岷江或者嘉陵江是长江之源。这种说法沿传至明代中叶，历时两千年之久。直到明代徐霞客循金沙江而上，在云南实地考察发现金沙江比岷江更长，首次明确指出金沙江为长江源流之后，才纠正了"岷山导江"的传统认识。

　　徐霞客在其著作《江源考》中说："长江亦自昆仑之南，发于南者，曰犁牛石，南流经石门关（今云南石鼓北），始东折而入丽江，为金沙江。"他指出："岷江经成都至叙（今宜宾）不及千里，金沙江经丽江云南乌蒙（今云南昭通）至叙共两千余里，舍远而宗其近，岂其源独与河异乎？非也。"徐霞客明确指出，岷江不过是长江的一条支流而已，就如渭水入黄河，是黄河的支流一样。他说，"其实岷之入江，与渭之入河，皆中国之支流。"他分析了前人未能探察到长江源流的客观原因："岷江为舟楫所通，金沙江盘折蛮僚溪峒间，水陆俱莫能溯"。徐霞客说，"既不悉其孰远孰近，第见禹贡岷山导江之文，遂以江源归之"。他激动地说，"不知禹贡之导江，乃其为害于中国之始，非其滥觞发脉之始也"，在那种唯圣贤书为上的年代，在很多著作不敢违背经书之言、尊圣思想占主流的时代，这种敢于批判经典，这种勇敢、无畏的科学态度，是非常难得的。这种气魄，也是凡人莫及的。

他进一步分析说："河源屡经寻讨，故始得其远。江源从无问津，故仅宗其近……岷六之南，又有大渡河，西自吐蕃，经黎、雅，与岷江合，在金沙江西北，其源亦长于岷而不及金沙，故推江源者，必当以金沙为首"。

其实早在唐代，汉藏民族往来密切，对必经之路金沙江上源的通天河已经比较了解，只是还未将之与长江江源联系起来。唐朝初年，魏征编写的《隋书·经籍志》中有《寻江源记》，说明唐代以前就曾有人探寻江源，可惜此书已经失传，内容不得而知。公元862年，唐人樊绰著《蛮书》（又称《云南志》）中有关于通天河源头犁牛石的记载，"江源出吐蕃中节度西共陇川犁牛石下，故谓之犁牛河。"

长江正源沱沱河原确认的发源地姜古迪如冰川，前景为尕恰迪如冰川群发源出的河流

元代至元十七年（1280 年），朝廷曾派专使探查黄河源，历时 4 个月，后写成《河源志》。但长江源未经探寻，仍循原说。但《元一统志》中记载："金沙江古丽水也，今亦名丽江，白蛮谓之金沙江，磨些蛮谓漾波江，吐蕃谓鏊枢。源出吐蕃共陇川犁牛石下，亦谓之犁牛河……此江沿河出金，白蛮遂名之金沙江。"到了清代康熙年间，为编制全国地图，皇帝曾多次派人到青藏高原地区进行考察和测量，面对密如蛛网的河流水系，人们只能望洋兴叹，说"江源如帚，分散甚阔"，把江源地区的布曲、尕尔曲、当曲河或楚玛尔河等支流都当做江源。但是，当时根据实测资料绘制的《康熙内府舆图》已经比较准确地绘出了通天河上游水系的大致位置。

　　礼部侍郎齐召南根据前人资料于乾隆二十六年（1761 年）著有《水道提纲》，记载了以木鲁乌苏河为江源，并提到托克托乃乌兰木伦河（即沱沱河）、喀七乌兰木伦河（即尕尔曲）和阿克达木河（即当曲河），对江源水系的描述已相当全面，但是对木鲁乌苏河上游诸水却未能正确划分主支流，源头在何处更未涉及。齐召南在《水道提纲》中说："金沙江即古丽水，亦曰绳水，亦曰犁牛河，番名木鲁乌苏……出西藏卫地之巴萨通拉木山东麓，山形高大，类乳牛，即古犁石山也。"

　　明、清时代所指的犁牛石、犁石山或巴萨通拉木山，即为当拉岭，又称朝午拉山，"当拉"是唐古

姜根迪如冰川

拉的译音。时年已七旬的石铭鼎先生在武汉长江水利委员会的大楼里，俯瞰浩渺长江，仍对"犁牛石究竟在哪里"这个问题念念不忘。他提醒我们：在当代的几次江源考察中，有两处疏漏值得注意：一是均未对巴萨通拉木山，即历代提到的木鲁乌苏河（即布曲西源）的犁牛山、犁牛石所在地进行实地考察，估计其位于唐古拉山口以西，但具体位置不明；二是据 1936 年正中书局出版的国民政府蒙藏委员会委员马鹤天所著的《西北考察记》中的记载，有当曲河（阿克达木河）源于中坝得玛东卡峡咀山那尺山之西北麓，不知此山究竟在何处……

　　不可思议的是，到了民国年间，关于长江源的记载重新趋于混乱，甚至出现谬误。1946 年出版的《中国地理概论》说："长江亦名扬子江，源出青海巴颜喀拉山南麓……全长 5800 公里，为我国第一巨川。"这本书还告诉读者，黄河源出巴颜喀拉山北麓，于是便有了"江河同源一山"，"长江、黄河是姊妹河"之说，并载入中小学地理课本。

　　近百年以来，还有另外一个名字指代长江，即扬子江。原因在于鸦片战争以后，清廷日暮途穷，什么关口也把不住了，外国轮船横行长江。洋人们一般都是从吴淞口入长江，首先经过的镇江、扬州一带的河段，史称扬子江。于是，他们便把中国长江更名，以扬子江取代。长江的英文旧译名便是"扬子江"。到民国时期，官方的水利部门中，实际上已经认同洋人之说，以扬子江之名取代长江了。1949 年中华人民共和国成立后，才为长江正名。

　　1950 年，林一山受命组建长江水利委员会，研究治理长江的战略计划。1958 年，全国水文工作会议在北京召开，考虑到长江江源地区水文站仍是空白，决定由长江流域规划办公室（现长江水利委员会的前身）负责前往江源地区察勘设站，随后，重庆水文总队成立长江河源水文勘测队，王振先任队长。该队于当年 6~7 月，陆续在公路沿线设立了楚玛尔河和沱沱河水文站。1959 年青海省在布曲雁石坪设立水文站，并在得列楚卡（即今尕尔曲口）进行水文监测。监测得到的水文观测资料，为以后研究江源水系提供了科学依据。

　　1976 年 7 月 21 日，由长江流域规划办公室会同《人民画报》社、《人民中国》杂志社、中央新闻纪录电影制片厂和青海省有关单位，在兰州军区的支持下，组织来自 14 个单位和部门总计 28 人的考察队，历经艰辛，于 8 月 23 日到达姜根迪如冰川，终于确认了长江的正源是格拉丹东雪山西南侧的姜根迪如冰川。这次考察野外共历时 51 天，最大成果就是证实了沱沱河上源确实源自格拉丹东雪山环抱中的冰川，沱沱河上段是由南向北穿祖尔肯乌拉山而过，然后才折转东流，并非以前认为的发源于祖尔肯乌拉山北麓。

　　1978 年，长办再次组织队伍对江源进行进一步考察，确认了这个结果。

3.3　姜古迪如冰川的缩减与长江到底有多长

2006 年 8 月 29 日，我们离开吉饶冰川下那那家的夏季游牧帐篷（N33°38′944″，E91°7′396″，海拔 5190 米）向姜古迪如冰川进发。

过切苏美曲还算顺利，我们小心翼翼地顺着河滩按照老经验一次冲过。再向西，是一大片水草丰美的山下平坡，全是沼泽地。走了一两个小时，大约一二十公里的样子，车子又被陷住了。到天黑也没能把车子救出来，一干人马只好心平气和就地扎帐篷宿营，准备明日再战。

次日睁开眼，大地一片白茫茫，昨夜的一场大雪让周围的一切都银装素裹。我们顾不上吃饭，先把车子弄出来要紧，昨日大半天的捡石头、垫木板、打千斤顶的辛劳没有白费，加上气温骤降大地封冻，车子很快就被救了出来。

我们继续前进，不久，左侧的山沟又出现一个冰川，老习惯，停车细看。

打鲁迪如冰川

向导扎西说根据牛角来看，这只野牦牛至少有 2000 斤以上　杨勇在做饭

　　一个名叫阿布的当地牧民走了过来，告诉我们冰川的名字叫打鲁迪如。

　　车子在沼泽的大小草甸间，走得很艰难，实在没法前进的时候，我们改为徒步。

　　走向打鲁冰川的这一段路，显得很漫长，一个多小时后，才到达冰川。走到近前，有点失望，没有渴望中的冰塔林之类的奇观。队长杨勇在 1986 年"长漂"和以后的日子中，曾多次来过这里。他说，"直观看来，这个冰川似乎退缩得没有姜古迪如明显，整个格拉丹东地区的冰川，因为小气候和具体位置不同，也许并不是每个都缩减，总量上还在保持相对平衡。具体怎样，真需要好好研究。"

　　玛曲乡第六村村民阿布的家就在打鲁冰川脚下的一个高地上，这里也是格拉丹东雪山群的最北端。我们从此折向南，沿着沱沱河左岸继续向姜根迪如冰川前进。

　　首先要过的是打鲁冰川下的河谷，河谷很宽，超乎我的想象，感觉有好几公里宽。河滩里满是乱石，横七竖八，尖石耸立，难走极了，我们一直在担心乱石会扎破轮胎。好在杨勇和李国平车技高超，才得以顺利通过。

　　途中的沼泽和烂泥滩使我们伤透了脑筋，不时被困。向导次仁扎西裹着军大衣在前面找路，但效果不佳，不时遭到杨勇半开玩笑地破口"大骂"。这一段大约二三十公里的路，我们走了整整一个下午。好在除了沼泽和烂泥滩陷了几次车之外，也没出什么大问题。

　　沿途山沟里冲下的一条条乱石滩，也是很大的考验。这么宽且深的河沟以及这么多的大石头，是杨勇以前几次在这里考察时所未曾见到过的。他认为，这应该就是近几年雪山、冰川融化的速度明显加快导致冰川型泥石流或冰湖溃决型洪水形成的一个例证。

　　天气的变化在这一天真是丰富多彩，忽阴忽晴，云层翻动。这为我们对面的尕恰迪如岗怀抱中的众多冰川蒙上了一层神秘感。美极了，光线好的时候，我们的镜头里同时能拍到四条冰川。

　　2006 年 8 月 30 日 19 时，我们终于看见了姜古迪如冰川。车子越过牧民的土木房子，一直开到了冰川脚下一两公里的一处高地，才停了下来。

　　那是很不错的一处营地，虽然搭起的帐篷有些倾斜，晚上睡觉不是很舒服，打水要走很远，但南北

在长江源的岩石壁上写大字留念

两条冰川都能看得见。月亮升了起来，映得朦朦胧胧的冰川白花花的，似乎触手可及。

安顿下来，成都信息工程学院大学生刘砚气喘吁吁地打来了清水，杨"大厨"开始做这一天的第一顿饭。点起煤气罩，切菜配料，烧菜炖肉。杨勇在野外拥有的佐料还远远超过我们家厨房所拥有的总数。和这家伙在一起的最大好处就是做饭不用我们操心，总能吃到有滋有味的正宗川菜。这老兄平日在家，懒得恨不得袜子都要人脱，野外做饭却是他的专利，不容别人剥夺，这正对我这等从不进厨房之人的胃口。在这几个月的野外生活里，我们一般早晚各吃一顿饭。今天因为早上急着救车，接着就是看冰川和赶路，早饭也就省略了，野外生活就是这样艰苦。

次日起来又是大雪，天混地沌，我们只好蜷缩在帐篷里。正觉得有些沉闷，村长格刀介绍过的冰川下的那两户牧民拉西和南扎以及南扎的弟弟各扎就来访了。

两家的大致情况为：南扎家7口人，有牛80头，羊300只；拉西家也是7口人，牛80头，羊200只。现在他们没有住冰川下的土房子，一个原因是他们要在更下游的夏季牧场放牧，另一个原因是前不久一只老熊竟然破门而入，跑进屋子里折腾得一塌糊涂。我们还得知，一个月前，在通天河畔的曲麻莱县勒池村，有人竟被熊活活吃掉，看来，野生动物多了以后，带来负面影响也很值得政府重视。

风雪中，大家还是兴致很高。这几个江源牧民和我们在一块光滑的岩石壁上写下了"长江源"几个红色大字，并合影留念。

2005 年、2006 年留下的长江源标志牌

下午，天似乎在一瞬间放晴了，我们抓紧时间爬向冰川左侧的一个高坡。山体陡峭，我们走得累极了，不过也没什么，多休息几次，慢慢爬吧！

在高处，脚下的冰川像一条长龙，一直伸向我们视线尽头的山谷深处。这天的云彩很丰富，照得冰川像一个大舞台，也给我们展示了各种各样的白，原来白色可以这么丰富。虽然大家都走得很累，但觉得愉快极了。

等我们下山走到冰舌前的时候，天色已经不知不觉暗了下来。我们赶快返回营地，坐在夜幕下的姜古迪如营地，看着在月光下闪着银辉的冰川，听着哗哗啦啦的水声，这水声改变了我原先认为的涓涓细流的冰融水印象，和我们一个多月前在南源当曲河的印象截然不同，最初的沱沱河已经俨然一条大川。

又是新的一天，天空直到下午才放晴。这个季节，这里的上午基本都是阴天雨雪，下午放晴。我们不顾风雪，又早早来到南侧冰川前的冰舌仔细观察，还是没有看到冰塔林之类的奇观，冰碛湖也没有找到。杨勇他们 1986 年"长漂"时竖立的纪念碑，也不见踪影。

杨勇指着冰舌以下几百米处的乱石滩说："原来应该就在那里，现在谁知道冲哪里去了。"我们也没有找到媒体上提到的其他探险队留下的纪念碑，或许也被冰川后退留下的乱石冲得不知去向。唯一见到的是 2005 年和 2006 年杨欣在冰舌前新立的"绿色江河"标志碑，位置和坚固程度似乎也成问题，冰川继续退缩的话，也有被冲走的危险。

有人甚至担心姜古迪如冰川的退缩，会影响到整个长江的长度。

那么，万里长江的起点，究竟是从哪里算起的？万里长江到底有多长？

回顾这个问题颇有意思：民国时期，由于人们认识水平的局限，采用的江源、河口位置不一，量算方法各异，曾先后出现过不同数据：

1936 年国民政府主计处统计局曾根据扬子江水利委员会所报之 5890 公里在《中华民国统计提要》中予以公布；1947 年《长江水利季刊》先后采用 5230 公里、5690 公里的数据；1948 年《长江水利工程总局基本资料汇考》中为 5591 公里。

冰川

新中国建立后，1954 年水利部长江水利委员会为查清长江长度，以 E91°、N34° 为江源进行量算，经核定为 5498 公里，泛称 5500 公里。1976 年的江源考察之前，关于长江的长度，即使在长办内部，也曾经有过好几个数据：《长江流域情况报告》称 5500 公里、水文处量算为 5701 公里、基本资料组量算为 5769 公里、全国河流特征值统计中刊布为 5796 公里，通常使用的河长数据为是 1956 年 7 月经技术处鉴定、总工程师会议通过的 5800 公里。

　　1976 年，划时代的江源考察之后，长办确定以格拉丹东雪山西南侧 E91°7′、N33°28′ 为长江源头。1978 年，我国科学家再次考察江源后，又确定了以唐古拉山脉格拉丹东雪山西南侧的姜古迪如南侧冰川海拔 5820 米高处为长江源头。1980 年，长办水文局为彻底搞清长江长度决定重新量算，并确定河口位置为长江口 50 号灯浮处。定位方法是：重庆以上江段按几何中线量算，重庆至浏河口按最低水位时之几何中线量算，浏河口以下按主航道中线量算。量算方法以读图仪为准，用手工量算考核。河道弯曲系数按前苏联《河道水文地理察勘规范》进行。

　　据此得出：长江的总长度为 6397 公里。之后，在 1978 年定稿的一份《长江江源地区考察报告》的结语中又指出："根据长办最新量算成果——以长江三源（正源沱沱河、南源当曲河、北源楚玛尔河）各源头分别算起，截至同一点——长江口 50 号灯浮，长江干流长度分别为以沱沱河为源全长 6397 公里，以

冰川景观

当曲河为源全长 6403 公里，以楚玛尔河为源全长 6288 公里。"这份权威报告说："我们认为，今后有关出版物或正式文件，应以此数据为准，一般提到长江长度，仍以沱沱河为源，全长 6300 公里，涉及具体长度，可采用 6397 公里。"

实际上，目前全世界著名的各大河的河长，也都很难说有精确数字。非洲的尼罗河长度在不同文献记载中，在 6700 公里上下浮动；密西西比河既有美国密西西比河委员会公布的长度 6415 公里，也有美国陆军工程兵团公布的 6262 公里、6020 公里等不同数据；南美洲的亚马逊河在全球万里长河中河长最富争议，其长度数据有介于 7025 公里与 6275 公里间的多种。依据前者，亚马逊河为世界第一长河，并且是世界上唯一超过 7000 公里的河流，依据后者，该河长度则不仅不及尼罗河，甚至不及长江与密西西比河，仅列全球第四。

我们从格拉丹东出来以后，在格尔木市的书店发现了我们此前一直很关注却无法看到的——中央电视台前段时间热播的《再说长江》的文字解说词版图书，赶忙买来一本。在这本书里，关于长江三源，却又出现了三个奇怪的数据，书中说，长江以沱沱河为源长度 6421 公里，当曲河为源长度 6411 公里，楚玛尔河为源长度 5303 公里。其中沱沱河和当曲河的长度，比以前的数据长了近一倍，着实令人费解。

2006 年 9 月 1 日，我们这支南水北调西线民间考察队在姜古迪如南侧冰川前活动时，向导次仁扎西在冰舌前的一块巨石表面发现了一层金粉，那是真正的金子，亮晶晶的，应该也是冰川后退留下的痕迹，我们视为奇观。

我们这天的主要任务是爬南北两侧冰川间的一座高山。离开冰舌向上，远看并不高峻的山体其实相当陡峭，脚下全是大大小小的乱石，前面行走的人必须得小心翼翼，不然踩飞的石头就可能砸到下面人的脑袋。海拔已经是 5800 米以上，我走得却比昨天轻松。眼前的景色也要比昨日开阔很多，越爬越高，脚下的沱沱河网状水系也越来越清楚，阳光时强时弱，眼前的一切都似流动的画卷。一直爬到了雪线以上，GPS 测定的数据已经达到海拔 6000 米。成都理工大学影视学院大学生杨帆还不死心，要继续向上，一直走到雪深过膝，没有办法走了才罢休。

在这个高度，南北两侧的冰川都能看得很清楚，可惜即使杨勇的 612 相机也没有那么宽广的视角，大家只好用数码相机多拍接片，也不知道效果会如何。

下山的时候，大家觉得对面的一个高坡也许角度更好，就打算下到河谷再向上爬山，可是太阳已经西下，我们只有调头向营地走了。

3.4 遇险格拉丹东

9 月已经是江源很好的季节了，可自从我们进入后，天气就一直很差。已经不是大雪飞扬，而是倾泻弥漫，搞得天昏地暗混沌一片。我们之所以没有撤退，除了年轻人的勇气和面子，最关键的就是我遥遥望见了格拉丹东，她如金字塔般呈现在远方，光芒四射。那种诱惑无可阻挡……

去过多次格拉丹东的税大师，此行在车上仍然继续他无可阻挡的口头诱惑。他鼓捣着还要再次进入格拉丹东。"你从雪山走来，春潮是你的风采……"一曲《长江之歌》给全国人民上了一堂浅显的地理课，于是很多人知道了长江是从雪山流下来的，但若问道长江是从哪个雪山流下来的，我相信，大多数人难以准确回答。《中国国家地理》杂志曾经在 2006 年 2 月刊上做过一次《中国国家地理》读者素质调查。对象是大专文化以上的白领，题目是：青海在哪里？结果百分之九十的人没有回答正确，多数人竟答在西藏和新疆。最接近的答案是：在青藏高原。此次的同行，曾经徒步考察长江的税晓洁为《中国国家地理》杂志写过专稿《大江寻源》，他在说到格拉丹东时这样简洁地写道："格拉丹东雪山是唐古拉山脉的最高峰，海拔 6621 米，万里长江最初的水流，就是来自她怀抱中的圣洁冰川……"

被考察队称为税大师的税晓洁

按计划，杨勇开车考察开心岭的煤矿然后折向索南达杰保护站，我和税大师、"帕瓦罗蒂"老李开车到尕尔曲（老通天河大桥）见机拍摄格拉丹东，为什么是见机呢？因为要看天气是否赏脸，能否见到格拉丹东的真容，要看运气。随后必须返回在索南达杰会合，单车进入格拉丹东存在着许多不可想象的危险因素。

中午 12 点在青藏线和杨勇他们分手后，我们顺青藏线向拉萨方向开进，在一条乡村小路转下，下午 4 点抵达尕尔曲——老通天河大桥。尕尔曲和通天河相距遥远，把尕尔曲称作通天河是当地的一种习惯称呼而已。

从尕尔曲大桥眺望格拉丹东，应该是较近、较好的地方，但天公不作美，乌云不断地从格拉丹东方向涌出，格拉丹东群山像隐在神秘面纱后面的仙女，忽隐忽现。偶然一束阳光从云层里投射到格拉丹东雪山，勾勒出一缕金色的轮廓，展现出她绰约的风姿和勾人魂魄般的美丽。

我证实税大师在文章中的描述决非妄言。格拉丹东藏语意为高高尖尖的山。尕尔曲从她的怀抱里潺潺流出，在宽阔的格拉丹东东侧河床成为浩瀚的网状水系，汇入长江南源当曲河，在囊极巴陇和沱沱河会合，开启了通天河的旅程。

而格拉丹东西南侧的姜根迪如冰川则是长江正源沱沱河的发源地。此时的尕尔曲已经是冰冻三尺，在阳光下泛着凝固的美丽涟漪。

税大师提议，我们开下河床，无论走到哪，只走一个小时就返回，争取抵近拍摄，还说这高原的天气没个准，乌云都是暂时的……我在踟蹰：单车进去，风险大，不容置疑，尤其是车一旦出了状况，后果是致命的，而且杨勇还等着我们在索南达杰会合，信息又不通（这里任何信号都没有）。

不进去，实在不忍，格拉丹东像一个美丽的女神站在那里，近在咫尺，放射着摄人魂魄的光芒。要知道，税大师第一次进来可用了17天的路程。何况这次我们已经有了丰富的冰上穿越经验。略一思忖，我们仨一致决定开下河床。

我们很清楚，格拉丹东尕尔曲冬季的诱惑和致命是共生的。这是一条风险四伏的线路，完全靠税大师的感觉和判断。我们瞄准格拉丹东雪山方位，顺着河床开始穿越。

世界上所有河床的基本规律都是弯曲的，尕尔曲也不例外，我们很快发现尕尔曲网状的冰河弯道非常大，往往要转很大的圈子。我们决定上岸抄近道。这里海拔5000多米，远看似乎都是舒缓的坡地，

冰上旅行

尕尔曲

到近前就会发现，全是单个的如同凝固的海浪一般的草甸。没有任何植被，只有枯黄的高原苔藓附在草甸上，点缀着冷冰冰的荒原。

我们顺着河床爬上来，开始了颠簸跳跃之旅。

约定的一个小时很快就过去了，谁都明白，应该往回返了。但谁都没有说，有时装傻也是一种默契。

一点都不夸张，汽车在草甸上像袋鼠一样跳跃。"帕瓦罗蒂"老李脸部痉挛，方向盘夸张地舞动着，我们被汽车甩来甩去，头被撞得晕头转向，但这些都不在话下。

揪心的是帕拉丁的钢板，在这种实在恶劣的地形加上零下几十度的低温双重作用下，钢板的脆性大大增加。如果断裂，就是有备用钢板和工具也奈何不得。

汽车在颠簸中向着梦幻般的格拉丹东主峰驶去。

税大师指着前方的一排黑影子自信地说，右前方应该有一户人家，他 1997 年徒步长江的时候来过。等到了跟前才发现不过是一片坡地的阴影而已，这位可怜的老弟由于多日奔波又坐在后座被颠得晕头转向，导致视线模糊，多系高原综合反应症，外部表现就是容易"指鹿为马"。

我们毕竟不是袋鼠，在草甸上的跳跃不是我们的专长。于是又沿着河道走，但尕尔曲的网状水系和

海浪一般的草甸

格拉丹东的黄昏

支流很容易使人在她的迷魂阵里迷失方向。

我们就是在迷失中不断地寻找自己，在冰上不断地转着 360° 的圈，一切非常规的操作在这里都显得正常。

我们义无反顾地继续向着格拉丹东前进，尕尔曲的黄昏却很快就降临了。果然此时的格拉丹东雪山出现了姹紫嫣红的奇异光芒，光线在迅速地发生变化，赤橙黄绿青蓝紫，无序登场，如仙女一般在天际演绎着令人激动的色彩。

我们像一群信徒一样"顶礼膜拜"，换着各种角度，不停地拍照，跪着拍，趴着拍……此时的相机快门在严寒下变得异常迟钝，每按一下快门，冻僵的手指就疼得像被人用锤子猛锤了一下似的，呵上两口气才能再按下一张。格拉丹东雪山上的光线魔幻般地变化，但很快霞光收敛，冰川和尕尔曲被夜色笼罩了。

我们离冰川还剩下不过一小时的路程，虽然我们共同违背了之前"一小时"的承诺，但我们还是决定返回索南达杰，从这里还有几百公里的路程，哪怕来个通宵，我们还是要赶回去。

此时的杨勇应该开始着急了，我们早已超过了应该返回的时间，选择的路线对任何人而言都是陌生的，谁也不可能找到我们，估计他们正在估算着会发生什么样的惨相。

车陷冰河后展开自救

沿尕尔曲向格拉丹东穿越

我们开始调头寻找回程的路。我们吃够了陆地草甸的苦，决定走河面。夜晚的格拉丹东又是一种风情，似乎触手可摘的星星从天幕倾泻到地平线，深邃的宇宙蓝得可人。月亮悬挂在天际，照在乳白色的冰面上，反射着温柔而凝重的光泽。

在格拉丹东的夜晚就睡在这儿童玩具般的帐篷里，抵御 -40℃ 的低温

但夜晚把白天的一切参照物改变，在网状的河床里极容易转向，我们靠着一个简易的指北针在不断调整方向，同时，急剧下降的温度也给了人一个假象，使我们对冰河的承受力产生了过高的信赖。

北京时间晚 8 点，正在冰上驰骋的帕拉丁发出一阵熟悉又令人心悸的轰响，车头扎进了冰面崩塌的尕尔曲。可怜的帕拉丁像一头掉进井里的水牛，底盘搁浅在冰上，四个轮子陷在冰河里……不幸之万幸，离岸边还不算太远。

仰望星空，上帝正看着这几个可怜的家伙。

救援不能指望，全靠自己救自己。多日的陷车、拖车我们已经养成了高度的协调性和默契感，各自抄家伙，开始在水下打千斤顶，往水下垫沙土。

由于这里没有大的石头，沙土倒下去，立刻就被湍急的水流冲走，给我们的自救增加了更多体力成本。

温度计显示，此时的温度已经接近 -40℃，但我们仨的头顶仍然冒着腾腾热汽，经过 3 个多小时的反复折腾，自救成功，帕拉丁吼叫着爬出尕尔曲。

此时的我们已经筋疲力尽，如果继续前行，前途莫测，再掉到冰河，后果难测。于是决定就地扎营。杨勇同志就是彻夜难眠，我们也是无可奈何了。

3 月的格拉丹东之夜，搭一个普通的夏季户外帐篷过夜，这个存活概率恐怕不太高。我们把能盖的、能垫的都拿出来，包括那几张膻气冲天的羊皮。

大衣裹在了汽车发动机上，对汽车丝毫不敢怠慢，那是我们的半条命啊。

那个晚上的冷啊，已经载入我们永远的记忆。羽绒睡袋就像盖在身上的一张报纸而已，后半夜我的双脚失去了知觉，感觉就像一直放在冰箱的冷藏柜里。一直半梦半醒，哥仨哆嗦着挤作一团，挣扎着挨到了天亮。

早上爬起来，帐篷被冻得像腊肉一般坚硬，里面霜层一片，每个人的睡袋都覆盖着厚厚的冰雪。室外的温度已经达到 −43℃。双脚像被打了麻药一般，失去自觉，勉强走了几步，仍然没有感觉。数天以后，我的指甲变黑，开始脱落。

　　老李的嗓子疼痛，开始咯血，后来到格尔木诊断为"嗓子冻伤"，现在想起来，如果不是哥仨挤在一起，一个人真会被冻死的！

　　举目四望，格拉丹东显露出昨天没有见到的容颜，金色的朝霞铺满在尕尔曲的冰河上，湛蓝的天空如水洗过一般，远处的格拉丹东雪山闪着玉石般的光芒，令人有种跪拜的冲动。

　　在高原阳光无私地抚摸下，我们挣扎着开始了驶向可可西里的路程，车轮在冰面留下两道优美的曲线，那是历史的印记。

　　我实在找不出赞扬长江的辞藻，从古到今，歌颂长江的辞赋已经浩如烟海。我只能说她是一条生命之河，以人类为主要代表的生物在她的两岸繁衍生长，首先是生物链的摇篮，然后才产生了中华民族的大河文明。中国的历史就是一部大河文明史。

当曲河源区

3.5　沱沱河与当曲河的长江正源之争

　　从格拉丹东出来之后，9 月 28 日，我们专程从西藏那曲地区的索县、巴青一带，翻越唐古拉山再次来到两个多月前下水开漂的当曲河源区。

　　走到我们漂流第三天到达过的当曲河第一桥（GPS 实测：N32°53′92″，E93°50′947″，海拔4710 米）我们发现水量明显小了很多，直观看来，甚至比格拉丹东雪峰下阿布家帐篷前那一带的沱沱河，水量还要小。

　　在沱沱河与当曲河孰为长江正源的争论的几个重要指标中，长度和流量是两个关键点。

　　1978 年曾随队考察的长江水利委员会专家夏鹏章老先生曾对我说，当年 8 月 28 日，他们到达了当曲河源头，那时认定的当曲河源头多朝仁（也叫多朝能），位置在 E94°30′43″，N32°36′13″，是海拔 5395 米的霞舍日阿巴山坡面上流出来的一股小水。霞舍日阿巴山顶基岩裸露，向下渐为岩屑坡覆盖，岩屑坡下海拔约 5000~5100 米的宽缓夷平面上普遍发育沼泽草甸，有多股水流从海拔 5050米的松散覆盖层下流出，其中一股水初始流量为 0.1 升 / 秒，差不多是二两酒那么多，这股水流被定为源点。

1985 年，为了抢在美国人肯·沃伦之前首漂长江，西南交通大学职工尧茂书孤身从沱沱河漂流到玉树直门达地区遇难，这在全国激起了一股异乎寻常的力量。1986 年，在四川地理学会、《四川日报》《人民日报》《光明日报》和《经济日报》驻川记者站等联合动议下，中国长江科学考察漂流探险队于 4 月 21 日在成都成立。6 月 14 日，江源小分队从沱沱河源头以下 18 公里处开始漂流。漂到沱沱河河沿后，由中国科学研究院成都地理研究所、长春地理研究所、兰州冰川冻土研究所、西北高原生物研究所的唐邦兴、孙广友、邓伟、蒲健辰、武云飞等组成的陆上科考分队对长江源区部分河流的长度、流量、流域面积等进行了实地考察和研究。这是继长办 20 世纪 70 年代的两次考察之后，中国人对长江源区的又一次重要科学考察。他们重新确定了沱沱河和当曲河源头的位置，并认为当曲河应为长江正源。

　　"根据冰川末端才是河流源头这一普遍认识，我们订正了沱沱河和当曲河的主源头位置。"他们在后来发表的论文中详细介绍说："以 1973 年到 1976 年由总参测绘局出版的比例为 1∶100000 的地形图为基本资料，又采用 1983 年和 1984 年的卫星相片对地形图作了检验和修正，重新量算后的长江

高原风光

源区各河长度分别为：当曲河（以扎西格君为起点）353.13±0.116 公里，沱沱河（以尕恰迪如岗西南无名冰川的纳钦曲西支源流为起点）346.28±0.168 公里、楚玛尔河为 518.50 公里。"

他们还为新的沱沱河源头及当曲河源头重新命名：尧茂书冰川和徐霞客高原。

他们说："我们首先要指出的是，沱沱河主源头并不在姜根迪如冰川的末端，从十万分之一的地形图上读出，沱沱河的上游的称纳钦曲在 N33°28′30″、E90°59′20″ 处分为东西两支，东支即源于姜根迪如冰川，而西支则源于与之相对的尕恰迪如岗冰川群东南的一支无名冰川。经本次量算，东支长度为 9.4 公里，西支长度为 14.8 公里，后者较前者长 5.4 公里。因此，沱沱河的主源位置应在尕恰迪如岗冰川一条东南无名冰川的末端，在卫星图片上这一源头也看得十分清晰。我们建议将此冰川命名为尧茂书冰川，以纪念长江漂流的第一个中国人：尧茂书。"

"当曲河源于唐古拉山脉东段北麓，上游称旦曲，其源头有二，一个源于霞舍日阿巴山东麓的多朝能，另一个在多朝能东北的扎西格君东侧的丘状高原上。通过卫星照片解译发现此处在十万分之一的地

当曲河

形图上未绘旦曲河谷的大片沼泽，而且扎西格君的源头亦应在现标绘点上溯 1.76 公里处。卫星照片显示，这里泉水出露为小湖，并形成扎西格君的初始水流，两岸布满沼泽。从新源头算起，扎西格君比多朝能长 0.02 公里，前者至汇口为 12.59 公里，后者至汇口为 12.57 公里，说明两者的长度相当接近。然而扎西格君的流域面积为 61.6 平方公里，而多朝能仅为 32.1 平方公里，两者相差近一倍。前者流量也比后者大得多，它在与后者汇合前，在被称为卡史贡坝子的宽阔的山间盆地里由六股水流形成了向心状水系，与多朝能汇合后便称旦曲。据前人资料显示，旦曲在多朝能汇口附近流量为 38 立方米 / 秒，而多朝能流量仅为 0.1 立方米 / 秒，相差 380 倍之多。可见，扎西格君作为当曲河源头更为合理。为便于研究长江，并纪念长江的伟大探源先驱，我们建议将扎西格君源头的无名高原命名为徐霞客高原。"

　　对此，曾参加过 20 世纪 70 年代那次至关重要考察的当事人——长办老专家石铭鼎先生曾回忆说，美籍华人黄效文等人考察江源后也提出过类似看法。黄先生认为，即使按现在资料，当曲河若从霞舍日

当曲河边

阿巴的水源算起，也应比沱沱河长 2 公里，当曲河与沱沱河合流的地方，水量比沱沱河大 5 倍……并且，当曲河正源在霞舍日阿巴山之东北约 120~150 公里（按藏族说 3 天马程）处，以此计算，当曲河要比沱沱河长的多。

不同的立足点和不同的算法使问题变得复杂起来。石铭鼎先生回忆说，这些新的见解、新的数据，在当时引起了人们的极大关注。例如《人民日报》（海外版）1987 年 1 月 25 日有一则报道，标题称"长江源何处，究竟长几何？科学考察队实地考察正本清源，巨龙出涓涓当曲河，长江总长是 6275 公里"。类似消息，《光明日报》《文汇报》《中国青年报》等相继作了报道。对此，1987 年底，长办曾有专函致有关部门认为："据了解，近年来有关长江河流与长度问题的论述及探讨性文章，基本观点尚不曾超过本报告（《长江江源地区考察报告》）所论及。"

长办 1978 年考察江源后形成的报告认为："长江河源定为'三源'——正源沱沱河、南源当曲河、

考察队此次确认的沱沱河发源地尕恰迪如冰川群南侧的三条冰川

当曲河源区是由一系列小湖泊和泉水眼组成的沼泽湿地，远处为唐古拉山脉东段，由此构成了当曲源区的水源地

当曲河和沱沱河交汇口

当曲河床

北源楚玛尔河较为确切，它可以反映出长江源水系的实际面貌。对此，我们曾先后向地理、地质、测绘、水文等科研单位的专家作过介绍，并征求意见，他们大多认为长江应定为"三源"。特别是参与1976年首次江源调查后定源的中国科学院地理研究所的专家，针对再次考察后的新成果，修正和改变了自己的观点，同意长江河源定为"三源"。但是，也有某些不同的看法，例如有的主张"一源论"，即以沱沱河或当曲河为正源；有的主张"两源论"，认为沱沱河、当曲河可并列为南北两源；还有的认为，确定河源是个学术问题，可以各种观点并存，不必强求一致。"

　　关于河长，除了选用的位置不同，还有一个重要分歧是，冰川长度是否计入河长？当代长江起止点有多种主张，冰川是否记入河流长度，也有不同看法。石铭鼎先生说："这也是一个非常值得探讨的问题。"

　　然而争论并没有就此结束。最近几年，这个问题又屡次被提了出来并见诸媒体，主要焦点还是集中在沱沱河与当曲河上。据报道，中国科学院遥感应用研究所刘少创博士利用卫星遥感图像对长江源区进

雪山风光

行量测，结果为：以当曲河与沱沱河交汇处囊极巴陇（E92°24′40″，N34°5′40″，海拔 4470 米）为起算点，当曲河长 360.8 公里，沱沱河长 357.6 公里（以位于 N33°28′、E91°8′ 的格拉丹东雪山姜古迪如南支冰川分水岭为计算终点，将姜根迪如冰川的长度 12.5 公里也计算在内），当曲河比沱沱河长 3.2 公里……刘博士采用的当曲河源头位于唐古拉山北麓的青海省玉树藏族自治州杂多县与西藏自治区巴青县交界处的杂多县一侧，地理坐标为 N32°44′、E94°36′，海拔 5040 米。

另据台湾省媒体报道，2005 年 6 月 15 日 13 时 15 分，由香港的"中国探险学会"黄效文先生带领的 19 位国际科学探险队员，在青海省南缘发现长江新源头：位于加色格拉峰的当曲河上游多朝能地区，比当前官方认定的格拉丹冬雪山沱沱河多了 6.5 公里……台湾《经典》杂志总编辑王志宏等人曾随探险队实地采访，并在《经典》9 月刊以《发现长江新源头》为题大幅报道。黄效文等人在慈济松山联络处

雪山冰川

举行记者会，并公布长江新源头的坐标：N94°30′37″，E32°36′20″。重新定位加色格拉峰当曲河上游若霞能为长江源头，其长度比格拉丹冬雪山沱沱河多 4.1 公里，流量也多了 5 倍。

关于这些，石铭鼎先生 2005 年在武汉给我详细分析过，他说："这些情况，其实没有多少新东西，我们早就了解，但是我们仍然认为沱沱河是长江正源。因为确定大河正源，不能只看河流长度，主流与支流的流向关系也很重要。"

他指出："从地图上很容易看出，沱沱河由西向东，非常顺直，发源地是地势较高的冰川；而当曲河的源头是海拔较低的沼泽，由很少的地下水汇集起来的，且偏向东南，有个大拐弯，所以虽然降雨多，河水流量大，但它与长江干流的方向不够顺畅。因此，综合来看沱沱河作为长江正源更合理，单以水量或长度来确定正源不够科学。"

石铭鼎进一步分析说，现在认定的长江源地区地理位置是 E90°33′ 至 95°20′，N32°26′ 至 35°45′，面积约 102700 平方公里。江源一带共有 5 条大的河流，自北向南分别是：楚玛尔河、沱沱河、尕尔曲（卡日曲）、布曲和当曲河。这 5 条河流呈扇状，组成江源水系。其中，1976 年确定沱沱河为长江正源后，依长度原则对当曲河、布曲、尕尔曲诸河的主次关系进行了重新划分：布曲为当曲河支流，尕尔曲为布曲支流，从而使当曲河下游河段延长至沱沱河口，布曲和尕尔曲划归当曲河水系……为此，当时还曾建议更改原有地图：木鲁乌苏河一名不再沿用、"通天河沿"改名为"尕尔曲沿"、"阿克达木河"改为"当曲河"、"拜渡河"改为"布曲"、"得列楚卡河"改为"尕尔曲"，这些意见随后被地图出版部门采纳。

2006 年，在我们漂流当曲河之后，另一支考察队也漂流了当曲河的一段，这事又在媒体上掀起了新一轮江源论争热潮。

谈到长江正源的争论，我们这支考察队的队长、中科院成都山地所客座研究员杨勇对我说："必须注意到来自格拉丹东雪山岗加曲巴冰川的尕尔曲、姜梗曲和来自唐古拉山口附近冰川的布曲、旦曲等汇合而成的木鲁乌苏河被汇入了当曲河水系。同时，当曲河支流前庭曲、鄂阿玛纳草曲、权吾曲等都发源于唐古拉山脉东段的冰川"。他认为，当曲河源区的泉眼、沼泽、湖泊和湿地的水源也是唐古拉山脉冰川和大气降水所供给的。长江源的主要标志还是应该以冰川为主。他认为，争论这个，意义不大。

另一方面，石铭鼎和夏鹏章先生不约而同地提到：事实上，长江三源的流量，目前只有沱沱河与楚玛尔河有多年的观测数据，而当曲河的数据，都是每次考察时各支队伍随机测量。因此对于长江源区，我们还需要更进一步的研究。

在这次考察中我们了解到，目前，沱沱河水文站只是一个汛期水文站，楚玛尔河和当曲河也没有进行常年水文观测。

实际上，目前关于江河源头，全世界也尚未有统一的、严格的标准，但却有习惯性共识。一般来说，主要有以下几点：

（1）以河流长度为准，所谓河源唯远论。

（2）流量，以河流水量最大者为河源。

（3）长度和流量并重。

（4）流量和面积并重。

（5）干支流排列。

（6）流向方位论，河道顺直，地理位置居中的为河源。

（7）河谷的地质构造和河谷形态。河流发育期河谷形态论。

（8）各种因素综合考虑。

（9）河源地势论。

（10）历史传统、流域面积和源头形势论。

（11）一源论。

（12）多源论。

依我个人从两个源头的直观感受来看，非要争个正源，那万里长江源头还是格拉丹东雪山比较好，那个迷人雪峰，那圣洁的冰川，那绝佳到难以言说的风景，真是太美啦！而当曲河源自一片沼泽，差远了！

3.6　岗加曲巴冰川与尕尔曲

　　离开姜古迪如冰川，归途中我们大胆走了河床，远比来的时候要顺利很多。很快就到达了 1999 年国家测绘局设立的由江泽民同志亲笔题写的"长江源"纪念碑跟前。

　　这块纪念碑的选址设在一块高地上，颇有深意，来自东边格拉丹东姜根迪如冰川群的水流和西边尕恰迪如雪山冰川群的水流在纪念碑旁汇合。从比较详细的地图上看，尕恰迪如雪山冰川群的水流要延伸得更向南一些。

　　站在纪念碑朝两边看，东西两座雪山怀抱中的冰川熠熠生辉，静静仁立，动人的光芒让人深刻感受到大美无言的意境。

　　这段路上我们的车还是陷了几次，所幸都无大碍，大伙齐心协力很快就弄了出来。次仁扎西一路上兴高采烈，平常在家做摩托车生意的他，这次成交了两笔生意，一台车卖了 5000 元钱，另一台车换了三头牦牛。并且，他送走我们还不用再来这冰川受罪了。这两笔生意将在几天后的村民大会上完成交易。

　　阿布的帐篷过了，那那的帐篷过了，切苏美冰川过了……归途的速度快到出乎我们的意料。

　　当天，我们就走过了吉日乡旧址，来到一条小河边宿营。

长江源碑

吃完晚饭，杨勇却有点后悔：走得太快了，应该在岗龙强玛那里拐到岗加曲巴冰川去看看。我说："是啊，真的应该去，如果能到那里拍到 10 年前布托和那两户人家的对比照，该多好啊。"

杨勇埋怨我："我看你没精打采的样子，还以为你归心似箭呢！"我说："哪里啊，有点感冒而已。"唉！只有留点遗憾了，下次再来吧。

在这个河边营地，看到的格拉丹东主峰已经只是一个小三角了。在姜根迪如冰川，因为位置的关系，是看不到主峰的。

归途中，能看到的主峰，也远远没有岗加曲巴那边的尕尔曲河谷漂亮。其实，欣赏格拉丹东雪峰最美的角度，还是从雁石坪进来的那条传统线路。

很难忘记 10 年前"徒步长江"时初见格拉丹东的震撼，多年以后，那情景依然历历在目：黄昏时分，被风雪和陷车折磨了一天的我们已经筋疲力尽，刚搭好帐篷准备宿营，天竟然一下子放晴了。向导达尔吉大哥烧火做饭，我背了个相机爬向不远处的一个山坡，还没等到山顶，视线尽头就突然闪出了金黄的"金字塔"尖。格拉丹东在我最没有准备的时候突然出现了。再往上爬，雪峰的大部分清清楚楚呈现在眼前。没容我愣神，随着太阳和云彩的变幻，格拉丹东就"玩"起了色彩：金红、火红、深红、嫣红、鲜红、淡红、粉红、橘红、酒红、玫红、绯红、桃红、紫红、洋红、品……应有尽有，完全超出我对红色的常识，

格拉丹东尕尔曲晚霞

沱沱河大桥

比色谱还丰富，能想出的关于颜色的词语全用上也不够……这种感觉非亲历难以体会，只用语言真的难以形容。

最神奇的是，随着太阳下落，雪山以上开始被大片大片的乌云笼罩，只有山尖周围不大的一块地方透出亮亮的天空，从一片深红变成了一片雪白。洁白的雪山和白色的背景，竟然也和谐得让人无话可说。半个小时中，眼前的格拉丹东雪山完全超出我在内地所见的一切风景。那天，遥望雪峰，我竟有了想膜拜的冲动。

这时我有点明白了雪山的魅力，这么纯净的东西的确能唤醒人内心深处最柔软的意识。

顺着长江正源沱沱河最初的水流，在青藏公路上穿过万里长江第一桥沱沱河大桥。

大桥附近，有一座由江泽民同志题写的"长江源"纪念碑。纪念碑是灰白色的花岗岩，于1999年6月6日落成，已成为一个重要的旅游景点。

这里叫沱沱河沿，是格尔木市唐古拉山乡所在地，也是我们的一个重要大本营。

很巧，竟然在这里遇到我的老师、《楚天都市报》首席记者张欧亚，他随一家商业公司组织的长江源探险队，也要进入长江源。我们在高原活动了两三个月，已经适应高原气候，这支庞大的记者队伍却

美丽尕尔曲，探险者向往之地

被高原反应折腾得够呛，到达当天就有 4 人被紧急送回四五百公里外的格尔木。不久，又有两批 10 多人被紧急送回。

更令人扼腕的是，进入尕尔曲后，他们还发现了一具探险者的遗体。他在发回的报道中说："……遭遇不测男子下身着牛仔裤，在其下游 50 米处发现酒店一次性刮胡刀和一只蓝色睡袋。据判断其遭遇不测的时间在 10 天以内，探源队员在其身上发现一张 6 月 17 日在成都某店的购物发票，显示其当天以 5900 元购买瑞士天梭手表一只，并有一张招行消费卡回单，卡号为：95599819121×××× 0519，在另一张单据上发现签有'张杰'的姓名。青海登山队高队长初步认为遇难者可能是因河水暴涨时发生意外。"

消息传来的时候，因为身份不明，唯一的线索是成都的一张发票，我们和张欧亚老师又联系四川媒体。《四川日报》首席记者戴善奎和《华西周刊》记者郑婷等忙活了一天，后来，我们在可可西里五道梁保护站得知，死者身份被确认，是内蒙古临河人，他们那支探险队的凌桑已经联络到死者家属。

在进一步确认不需要帮助后，我们才踏上了下一段的行程。

3.7 万里长江第一大弯大湖玛章错钦和葫芦湖

回到唐古拉山乡所在地沱沱河沿，一个消息使队长杨勇决定继续沿沱沱河而上，考察河边大湖玛章错钦后，再一直上溯到万里长江第一大弯和葫芦湖。另一个消息是，我们最初找的向导蒙琼回家去了。

蒙琼的家就在玛章错钦一带，因为回家必经的沱沱河支流扎木曲水太大，无法渡过，他已经在沱沱河沿的女儿家困守 10 多天了。

我们最初的计划，就是沿沱沱河边而上，一直走到姜根迪如冰川。

向导蒙琼是一位 50 多岁的老牧人，熟悉这条路，他当时说，冬季没问题，雨季，这条路也许难过。

本来，蒙琼在带我们去沱沱河沿下的雅西错当天，已经答应和我们一起去碰碰运气。但是，那天夜里的一场大雨使他改变了主意。

第二天一大早，他就面色严肃地来找正在整理装备的我们："这么大的雨，扎木曲肯定是过不去了，没有办法的……你们的钱我不能挣了。我带你们，就得对你们负责。"

无奈之下，我们只有面对现实，这才直奔姜根迪如冰川而去。现在，蒙琼能回家了，说明扎木曲可以过了，到玛章错钦看来问题不大。可是，再难找到合适的向导了。唐古拉山乡乡长周毛对我们说："这高原上的河，变化很快，谁也说不清楚，只有到河边才知道。"

在沱沱河流域，据统计较大的湖泊有 2000 个，雀莫错、玛章错钦、葫芦湖等都是比较大的。这些湖泊，有些如玛章错钦连通着沱沱河；有些像雀莫错，已经演化为成为内流湖，与沱沱河割断了。杨勇认为，考察这些湖泊，对于本次南水北调西线考察非常重要。就此而退，他不死心。

考虑再三，杨勇决定即刻上路。我们从长江源纪念碑旁的一个隧洞里穿过青藏铁路，奔向西方的荒原。

玛章错钦

大约一个小时以后，我们就过了一条很宽但水量不大的河。继续向前，仍然有简易的乡村道路，有几条岔路，没有向导，我们只好按经验找车辙多的继续前进。走着走着，竟然走到一户藏族同胞的帐前，彻底没有了路。

　　问路，怎么也问不清楚。很简单，我们没有人通晓藏语，而这几位藏族同胞都不会说汉话。

　　"玛章错钦，玛章错钦……"在不断尝试后，几位藏族同胞终于明白了我们的意思，望右一指。我们用 GPS 测了具体位置，再对照地图仔细察看，正确的方向算是找到了。

　　没有路了，这一带小湖密布，我们必须小心翼翼地绕行。走着走着，路出现了。再继续走了不到 10 分钟，一条大河挡住去路。

　　河的对岸停着一辆吉普车，几位藏族同胞正在河中探路，看样子，水有齐腰深。杨勇判断了一下，开起自重较轻的陆风车先冲了过去。

　　接着，猎豹车也跟着冲了过去。我在车子里面，只见浑浊的江水呼啦啦淹没了挡风玻璃，瞬间的心惊过后，车子就歪着上了对岸，平安无事。

　　几位藏族同胞冲着我们直喷嘴，其中有一位汉语不错。交谈下来得知，他们正是来自葫芦湖一带的玛曲乡扎木拉村，此番出来是去安多县卖羊毛。他说，我们前面再没有这么大的水了，只是要注意别陷车，并详细给我们说明路径。

　　继续前进大约一个小时，我们就看见了玛章错钦。大约是因为和沱沱河连通，在这个雨季这个大湖呈一种浑浊的红色，远没有卫星地图上看起来漂亮。

沱沱河沿的河水呈黄昏的颜色

　　远远望去，浩瀚的湖面上空，时而飞起一些不知名的鸟。在五六月，湖中间的半岛是一个重要的鸟类产卵孵化地。前些年，据说在岛上和湖边，用麻袋捡鸟蛋几乎成为当地人的一种副业。甚至沱沱河沿的很多过路客，都食用过这些美味。但愿这种现象不要再发生。

　　为了更好地考察湖泊，杨勇像以往那样放弃了依稀可见的道路，开车爬山。有几段路，车子几乎在直立前行，就像车技表演。就这样走走看看，一直折腾到黄昏，我们才在湖对岸的一座土房子前停了下来。

　　这也是当地牧民的一个冬季定居点，现在主人不知道到哪里游牧去了。门上有锁，四周看看，水源有点远，便继续前进，又翻了一个小山包，找到一条小河边宿营。

　　刚吃完晚饭，狂风夹着瓢泼大雨扑面而来。帐篷被打得啪啪直响，耳边风声呜呜怪叫，在我们看来，这正好催眠。

　　第二天的路变得艰难起来，又翻过一个山包后，进入一片星罗棋布的小湖泊和沼泽、烂泥滩交织的谷底。远处的沱沱河边，有一个较高的圆圆的山包，杨勇按照惯例想爬到山顶去看。车子绕来绕去，尝试好几条路线都未能如愿，不是大片沼泽就是被湖泊挡住去路。

　　继续往沱沱河的上游前进，中午时分，车子终于陷进一片烂泥滩。没有二话，我们按部就班救车，

河水淹过了挡风玻璃

折腾了两个小时后，车子顺利脱险继续前进。过了一个名字很好玩的小湖多改差错时，我们又看见了金字塔般的雀莫山。天气不错，山顶的积雪亮亮的，像戴了一顶白帽子。

再往前翻过一个山口，老车辙印彻底找不到了，我们按照经验试探着往高处走，结果远处看起来平平的山坡竟密布湿软的沼泽，两辆车子分别陷了一次，其中一辆耗费了我们三个小时的时间，全部脱险后，我们改为向下走，下到山谷底部过河时，探路的陆风车再次深深地陷入泥潭。

这次情况非常严重，车子的底盘整个深入烂泥，前进后退都是只有四个轮子空转。这时，天已经快黑了，"妖风"又起，寒冷异常。情况显得糟透了，前路不明，车陷深潭，看来要把车子弄出来并不轻松。大家默默地各自做着各自的事情，打千斤顶的打千斤顶，捡石头的捡石头，搭帐篷的搭帐篷，做饭的做饭。在野外，良好的心理素质是保证计划顺利进行的基础。

天无绝人之路，这时候，远处的山巅出现了一群羊，这意味着，附近有人烟。

我们高声呼喊了半天，没有丝毫回应。队长杨勇命我前去查看，我追踪而去，羊儿们却是越走越远，下了山头走出了我的视线。

我只有追着羊群翻山，走了两座山后，终于在羊群的下面看见了一顶帐篷。我有点走不动了，站在

高原景色

山顶扯着嗓子呼喊。不知道是主人听到了呼喊还是归家羊儿们连带着我引起了人们的注意，两个人影朝我这边走来。我实在不想动了，站在山顶默默等待。

只能说我们非常幸运，羊群的主人占多，听不懂更不会说汉话。但另一位来此收羊毛的尼达来自安多县城，可以和我简单对话。

打听葫芦湖，两位却都不知道，再问大大的湖，两位说那叫"扎木拉错钦"。后来的事实证明，我们说的是同一个湖。看来，地图上还是标明当地人使用的地名比较好，要不会带来不必要的麻烦。

两位都很热情，随我翻了两座山，来到陷车处，尼达和占多指明的去葫芦湖（扎木拉错钦）的正确路径，竟然就是顺着我们陷车旁的这条河流淌水而上，一直到分水岭。然后，再沿着另一边的河流，继续淌水。我们这一陷车竟然歪打正着。顺利过河的话，真不知道又转到哪里去了，只会更加麻烦。

忙活到晚上 10 点多，凄厉的寒风中，车子终于被救出来了，这意味着我们可以早早上路了。

　　次日顺着河流上行，我们还是走错了一次路，原因在于河流走着走着分成了两股，而我们不幸顺着左侧的一条又爬进一片缓坡沼泽。好在队长杨勇经验丰富，果断决定找路下山，从另一个河流翻过了分水岭。

　　分水岭的另一边是一片荒凉，红红的荒坡上没有什么植物，让人想起新疆的景观。

　　分水岭这边的河流，少砂石而多软软湿湿的泥地，陷车的危险大增，我们小心翼翼前进，车子还是陷了一两次，但这已算是非常幸运了。

　　顺河而下，水越走越大，车子跑得水花四溅，杨勇说："这次越野车可是真正的越野了"。虽然颠得人七荤八素，但总体很顺利，下午两三点，在河流的尽头，葫芦湖猛地跳入我们的眼帘。

　　这是我们此行所见的最美丽的一个湖，我们初始所见的湖体是宽宽的带状，湖边的高山裸露着地壳运动留下的挤压痕迹，颜色整齐而深邃。我们顺着湖边环行，看到了一处巨大的雅丹地貌。

山顶远望

湖的左侧一边，是一片浩大的草场，我们渡过三四条大小河流来到湖边高地的一户人家（GPS 实测，N34°21′644″，E91°3′900″，海拔 4820 米）。

　　很遗憾，这家人没有一位能听得懂汉语，基本无法交流。凭着手势和我们所会的有限藏语，我们只弄明白了老阿妈叫秋竹，最漂亮的一个姑娘叫才仁卓玛。

　　黄昏时分，我们爬上了这户人家左侧的山顶，长江第一湾出现在眼前。站在山顶，眼前的景色令人陶醉，右手边是浩瀚的葫芦湖，前方是沱沱河的重要支流塔曲、波陇曲和扎木拉茶曲，它们蜿蜒而来，在黄昏的暖阳下呈彩带状。

　　南来的沱沱河主流在此接纳西来的扎木拉茶曲，掉头向东，一直奔向东海。如此壮观的景色使我们流连忘返，一直等到最后一抹夕阳离去，我们才依依不舍下山。

金字塔般的雀莫山

葫芦湖藏名扎木拉错钦

兽骨乱石堆

　　归途中，按照杨勇的一贯作风，不走回头路。我们走到了扎木曲快要汇入沱沱河的地方，那里水量巨大，我们冒险过河时车子翻进了河中央。救车救到天黑也没能弄出来，只好把车子扔在水流中，等待次日天亮。老天真是很关照我们，这次陷车的地方，旁边恰好有一个无人的空房子。车在河中间，拉车的钢丝绳加上登山绳长度还是不够。这户牧民的屋外，恰好有一堆作牧场防护栏的铁丝。我们把 4 股铁丝拧成 1 股，就这样，车子被拖了出来。

　　这个位置，其实直线距离到沱沱河沿也就一二十公里，但拖出车子的我们，不得不逆流而上，绕行百余公里重新找支流汇聚前的水小路段。在第二天深夜的风雪交加中，我们终于回到了青藏公路，"好了疮疤忘了痛"的我们又在开始讨论下一步的行程。

群山美景

葫芦湖的黄昏

长江第一弯

第 4 章

冰河时刻

4.1 再踏征程 // 160

4.2 沉重的大渡河 // 164

4.3 没有美女的丹巴 // 168

4.4 风情万种雅砻江 // 171

4.5 诗意扎溪卡 // 173

4.6 年谷天浴 // 176

4.7 雅江忧思录 // 179

4.8 通天河最后的村庄 // 180

4.9 从通天河到沱沱河 // 184

4.10 高原台地·可可西里的呼唤 // 188

4.11 昆仑山遇险记 // 197

4.1 再踏征程

2006 年 10 月，杨勇在北京参加了"摄影无忌"论坛的直播座谈，题目是"关注中国的江河生态"。

主持人"烟斗"的介绍非常经典，他说："在别人介绍杨勇的时候，喜欢用长江漂流第一人、探险家等称号。实际上，我更愿意用另一种称呼来介绍他，就是爱国志士。在先秦，'士'是一个独立的阶层，子曰：'士志于道'，就是说士是社会基本价值的维护者；曾子曰：'士不可不弘毅，任重而道远'，是讲士承担着传承文化、传播道义和知识的重要使命，责任重大；而孟子云：'无恒产而有恒心者，唯士为能'。没钱没产业也还能坚持信念的，只有'士'才能做到。

我很想做但是没做到，但是我认为杨勇达到了'士'的标准。古人云'读万卷书行万里路'，没路的地方他都去行了，而且是带着专业知识和科学眼光去的。读书容易行路难，更难的是把读书行路的收获总结出来、传播开来、传承下去，他也做到了……"

那次座谈中，杨勇的谈话，我和晓洁认为是他很精彩的一次演讲。

随后在王方辰先生的介绍下，杨勇又在北京大学作了专题讲座，引起了其他媒体和国际组织的关注。

12 月，杨勇从网上发来了冬季考察的方案。

1. 具体考察路线

长江三源区及游牧越冬区域：长江北源当曲河源区及查旦乡、西藏自治区巴青、索加两县游牧区；长江北源楚玛尔河中下游流域、曲麻莱县曲麻河乡、色吾乡等；通天河中下游游牧区；长江正源沱沱河流域、吉日乡、唐古拉山乡游牧区、安多县以西羌塘游牧区；雅砻江、大渡河调水枢纽淹没河段游牧区。本次总行程 2 万余公里，涉及区域 20 万平方公里。

2. 考察项目

（1）源区通天河段侧房沟调水枢纽水库回水河段封冻情况，包括冰层厚度、面积、冰下水流状态、流量，对调水运行的影响等。

（2）侧房沟调水枢纽地曲麻莱县冬季枯水期水资源状况，牧民用水状况。

（3）阿达、阿安、浪多、林柯，玛曲调水枢纽水库封冻及淹没区冬季牧民生存状况。

（4）封冻河段冰凌汛状况及对水库输水隧洞安全的威胁调查。

……

参加人员：5 人（实际 6 人）。

方案尽管很详尽，但问题仍是经费短缺，捉襟见肘，除了《华夏地理》提供的 5 万元经费，车辆、服装等装备均无下落。

　　随后各位兄弟又展开了民间考察中最为艰难的"化缘"活动，首先是四川传来好消息，说陆风汽车公司看了我们在上次考察中为陆风专门拍摄的宣传片，有赞助两台车的"意向"，那种感觉就像狗背上绑了根排骨，你始终能闻到香味却吃不到。

　　一直在期盼中等待那根"排骨"——两台越野车。到了 2007 年 1 月 10 日，见还没有动静，我有些按捺不住，就给陆风汽车成都总经销商桑可打了电话，电话那边桑可的声音很沮丧，他告诉我，那个

出发前合影

原来驻西南的厂方代表调走了，一切都要从头来申请，也许我经历过太多的从希望到失望的过程，心中反而释然。

好在车辆的问题我们早就未雨绸缪，秦波有一个当年的警察朋友，现在是一家企业的老板，是一个血性未泯的汉子。早先他看过了我们7月到9月对源区考察的录像后，心情激动："将来遇到需要帮助时，只管说。"当我提出车辆问题时他丝毫没有犹豫，当即决定把自己价值20多万元的帕拉丁汽车借给考察队，我们心里的一块石头才算落地。实际上，按照杨勇的那种考察风格，这辆车能不能完整的开回来，我心里实在没有底。

严格地说，冬季进入长江源区和可可西里，拼的是车辆和装备。而我们的装备和设备都是最低端的标准。大头鞋，黑心棉大衣是我们的"标配"之一。

2007年1月24日，我们一大早开始装车启程。三家电视台及晚报的记者一起涌来，大家边装车边答记者问，再合影。

14点23分开车启程。天空还是一片阴霾，显得有些诡异，路过的成都人幽默地说，这种天气太夸张了点。

这种天气一直伴随着我们到了二郎山。穿过二郎山隧道，山那边却是一片豁然。夕阳如金，晚霞斑斓。虽然仅是一山所隔，但山北坡为温湿气候，山南为干热河谷气候，一山之隔两重天。

当晚我们抵达大渡河畔的泸定，这是从大渡河开始考察的起点。

行李

继三江源夏季漂流探险考察后，由杨勇策划、中国荒漠化基金会牵头、《华夏地理》杂志资助的南水北调西线冬季考察在 2007 年 1 月 24 日正式拉开了帷幕。

冬季进入长江源头和可可西里，对许多科学考察工作者来说，是一个梦想。对杨勇来说却是一个很平常的计划实施。源区的许多地方，夏天是沼泽陷阱，不能进，他进了，冬天是寒冷禁区，不敢进，他要进。

据资料显示，可可西里由于受高寒强劲西风的影响，是全国的大风区之一，在风力较弱的季节，也会有 24 米 / 秒的大风。严重的高山缺氧以及多变的高原气候，使这里成为人类生存的禁区。曾经两次赴南极考察的郑祥身教授参加了 1990 年可可西里科学考察后，对两地生活作了一个比较：冰封雪盖的南极酷寒无比，最低气温居然达到零下 89℃，夏季气温平均在零度左右。但长城站的保暖设备极好，室内温度始终保持在 20℃，工作者能得到较好的休息环境。而可可西里中午气温在 10℃ 以上，到了晚上温度骤降，最低温度在 - 40℃ 以下。住在帐篷里虽有羽绒睡袋却依然难抵寒冷。可可西里平均海拔在 4800 米以上，而南极冰原平均海拔 2350 米，长城站距海平面仅几十米高。高海拔造成的高山反应使人难以忍受，在可可西里总感到气短，走几步必须歇一歇。且行路艰难，外出工作总要陷车，拉车推车体力消耗很大。又受运输条件的限制，食品单调，人体所需营养不足，而在南极有固定的基地和完善的后勤服务。郑祥身认为与在南极相比，可可西里的环境要艰苦很多。

科考界从 20 世纪 50 年代开始对长江源头、可可西里进行过多次考察，但多是在夏季进行，在冬季进入，意味着极度低温和暴风雪以及一些难以预料的情况。

从大渡河进入，经雅砻江、通天河再溯冰河而上至沱沱河，再抵格拉丹东，随后折向可可西里，再挥师北上向昆仑山至玛多的黄河源……这些绝大多数的地区多不通公路，更没有现成的路线借鉴，意味着要翻越雪山、穿越冰河，涉过难以预料的险阻……1 月 24 日从成都出发，就意味着"开弓没有回头箭"，也意味着中国长江源区冬季考察探险拉开了新的篇章。即将结束采访的时候，我在接受《四川日报》首席记者戴善奎的电话采访中说，这是一次"自杀之旅"……原话后被刊登在《四川日报》上（2007 年 3 月 1 日刊）。

4.2 沉重的大渡河

　　我国的水能资源分布是不均匀的，70%的水电资源集中在西南地区，其中25%的水电资源集中在四川。而电力的主要消费又集中在珠江三角洲、长江三角洲以及沿海经济发达地区，因此，西电东送自然是解决东部地区电力紧张的主要途径。按照国家规划，西电东送将形成南、中、北三大电力通道，大渡河就处于中部通道中最重要的位置上，其地形和地质条件也让它成为水电开发的热点地带。

　　在水电开发的问题上，历来有两种论点。支持开发论认为：发达国家都是率先开发水能资源的，其中，美国水电资源已开发82%，日本约84%，加拿大约65%，而中国不到30%，还有1.5亿~2亿千瓦的水能资源需要开发，就是说，可以在现有的水电装机水平上再翻一番。反对开发论认为：水电也并非绿色能源，它同样会造成严重的环境污染。建坝蓄水，活水变成了相对死水，自净能力和降解能力下降，导致水土富营养化；其次，水库中被淹没的有机物在分解中会产生大量二氧化碳并排放到大气层中，加剧温室效应。

　　世界水坝委员会主席凯顿·阿萨尔博士曾经撰文提及了这样一个事实：100年来，全世界已经花费了2万亿美元建造了4.5万座大坝，但是，几乎所有的大坝的设计资料都高估了水坝的使用寿命。在实际运行中，大坝寿命只有几十年，很少有超过百年的。据统计，四川每年泥沙淤积损失水库库容达1亿立方米，相当于每年报废一座大型水库。

　　水电开发虽然投资大、周期长，但建成后有着优良的回报与稳定的收益。水电开发风潮被比喻为新的"圈水运动"。

　　泸定县日地村瓦子沟河，因上游引水修电站，已经干涸，花白的卵石无望地铺满了河床。

　　一条溪流的干涸，意味着一个小的生态体系的消失，水生植物、动物消失，两岸受河水之惠的植被成了无源之木，水土开始分离。河谷的生态系统十分脆弱，一旦消失，

沿途特别的风景

万古不复。

　　2006年春节，我与杨勇沿芦山——二郎山——康定——贡嘎山泥石流区——大渡河峡谷这些地质灾害频发的线路走了一趟。

　　从海螺路沟、燕子沟冰川冲击下来的泥石流，在冲入大渡河后又以强大的惯性在大渡河边横扫了一下，半边的河床、良田没有了，公路没有了，惨烈的地质灾害画面令人震撼。

　　大渡河峡谷是灰色的，灰色的天空，灰色的岩石，灰色的房屋，甚至连苍老的成昆铁路都是灰色的，从满身皱褶的大山里钻出来的火车也是灰色的。

大渡河畔有不少小型冶炼厂，这些在城市里难以立足的污染产业，在这里得以"安身立命"。黑烟从容地升腾，污水潺潺地流向已经不再清澈的大渡河，含有金属的烟雾在峡谷里难以散去，在回旋的气流中腐蚀着亿万年的千仞绝壁。

沿大小河流行走，我们看到的已运行的电站和在建的电站竟是如此密集。大渡河的下游，有两个在建的大型电站，瀑布沟电站和深溪沟电站，都是投资巨大的工程。

站在电站工地举目望去，周围的山体裸露而陡峭，肉眼可见的滑坡痕迹十分醒目，从水电建设的角度来衡量，电站的立项应该没有理论上的问题，但那些隐性的地质和社会问题，是否合理规范，也许要在多年后才能得知。

2007年1月25日，我们从泸定出发，沿大渡河而上，走的路线与上次不同，那次是走海螺沟到峨边，这一次是从泸定顺江而上。

出城不远是一个即将移民的小镇——烹坝。离烹坝不远的地方是在建的泸定电站，那是一个投资150亿的大型电站。我们没有走常规的左岸公路，决定顺右岸的一条小路溯江而上，但是没走多远，就遇到了麻烦，此路段有50公里被封闭，我们拿出了中国荒漠化基金会的介绍信才被放行。

沿途的路段都被各施工方分割，打眼放炮的，清除渣石的，场面震撼。

崩塌的山体离美丽的羌寨不远

有些河道几乎被坠石拥堵断流

大渡河正在兴建的电站

　　现代社会在疯狂掠夺了地球的资源后，已经形成了人类智慧与财富的畸形积累，在社会形态上，形成了巨大的落差，在资源和财富面前，丧失了对人自身价值的审视能力，缺乏对人的终极关怀，更缺乏的是对大自然的人文关注，缺乏对自己生存环境的基本了解，忽略了社会与自然不可分割的关系。

　　一个更合理的社会结构，更和谐的世界政治、经济、文化格局，人与自然生物圈的和谐，以及一种永恒的科学态度和面对未来的理智，是人类更需要面对的。

　　大渡河，这条沉重的河流，承载了人们过多的欲望。

4.3 没有美女的丹巴

汽车绕过一个弯道，我们就看到了丹巴的标志性建筑——住宿兼有作战防御功能的碉楼，它们像水泥厂的烟囱般耸立在我的视野里，多是清政府和少数民族战争的遗迹。

四川藏羌博物馆馆长、著名民俗专家邓廷良先生曾经撰文对丹巴美女做过细致的描写，勾起了我们蠢蠢欲动的"色心"。

丹巴是嘉绒藏族聚居的核心区，位于中国西南的横断山脉地区北部。横断山脉地区在北纬22°~33°5′东经97°~103°之间，面积60余平方公里。境内山川南北纵贯，东西并列，自东而西有邛崃山、

丹巴羌寨

丹巴寺庙一瞥

丹巴人家

滑坡的山体离羌寨已经不远了

峡山、大渡河、大雪山、雅砻江、沙鲁里山、金沙山、芒康山、澜沧江、怒江和高黎贡山等。这是我国自然资源最丰富美丽的地区，也是最危险和复杂的地区，大地的运动余波未尽，这里的冰川和积雪令人生畏，山崩、地震、滑坡和泥石流经常发生。

在巴旺乡，我们拍摄到了一个巨大的山体滑坡，而且一个新的滑坡正在形成，令人担心的是，那上面还有一个藏羌寨子。山体边缘在地球的自转作用下，不知道哪一天就会轰然垮下。

"横断山"这一名称缘于清末江西贡生黄懋材，当时他受四川总督锡良的派遣从四川经云南到印度考察"黑水"源流，因看到澜沧江、怒江的山脉并行逶南，横阻断路，而给这一带山脉取了个形象的名字"横断山"。横断山不仅是这个地区的地理特征，也是其文化特征。

这些年来，"美人谷"的名声传得越来越远，想一睹美女风采慕名而来的人也越来越多。

杨勇和同行的老李都多次来过丹巴，说丹巴美女多在有"美人谷"之称的巴底，还说在整个丹巴都有美女。

为何丹巴出美女？有记载说，在吐蕃兴起以前，中国西北部有许多游牧部落，他们自由地生息和迁徙，大渡河流域及岷江、雅砻江、金沙江等整个横断山脉都是部族迁徙的走廊，因而横断山区也被称作人类学走廊。不同种族的通婚带来了人类品种的优化，也许是今天丹巴女子多高大健硕、丽质天生的重要原因。

而我认为丹巴有美女的说法多是一种附会，也是旅游文化炒作的成功。其实你在丹巴大街上和乡间

丹巴"美女"

丹巴集本乡的标志

羌寨古碉

都很难见到"美女",顶多是美女的妈或奶奶。我在路上倒是见到几个年轻的姑娘,健硕的身体驼着背篓,眸子里透着内地人很难见到的纯朴,由于劳作的原因,身材大多姣好,皮肤多呈古铜色,但说是美人实在有点牵强。

丹巴县城,坐落在幽深的大渡河谷,临河的一侧,错落着许多瓷砖贴面的楼房,包装着烟熏火燎的藏羌文化。与其他旅游小县一样,旅游已经成为这里的支柱产业。

在丹巴住了一夜,见到了几个说得过去的女人,刚举起相机,那女人就要钱,和大凡的旅游景点一样,弄得人索然寡味。

晚上,我问旅店的老板,"美女"都哪里去了?老板说都到城里"摸包包"(挣钱)去了。

在九寨艺术园及成都"唐古拉风",我都见过丹巴美女的身影。美女出山的越来越多,老板说,在丹巴,除了春节、婚庆时,是很少有美女的。

藏羌古寨的美妙之处,在于其造型和色彩,与大多汉族山寨相比,它的美学创意和美学价值都要略胜一筹。如果没有这些造型奇特、色彩鲜明的建筑,再佐以民族服饰的点缀,它就不是丹巴。随着丹巴上游的大渡河若干电站的建成,许多古碉将会被淹没在水下,人文的价值在经济大潮的冲击下,总是无力抵挡。但愿丹巴美女在遗传基因的催化下,继续如花般地绽放。

4.4 风情万种雅砻江

　　雅砻江不似长江、黄河有着"母亲河"和"摇篮"的尊称，她也没有大渡河史诗般演绎过败走石达开的雄浑壮剧，她静静地流淌在青海和川西的崇山峻岭之中，亿万年如斯，滋润着两岸的生灵。杨勇曾经在 20 多年前，徒步考察过雅砻江，他在记述中这样描述："它又名若水、打冲江、小金沙江。是长江上游最大的支流，长江第二大支流。源于青海巴颜喀拉山的雅砻江，纵贯川西高原，上源名扎曲，流至石渠甲衣寺后称雅砻江，在四川攀枝花注入金沙江，因其源远流长，水量浩大，曾被古人误认为是长江的正流。其干流全长 1368 公里。雅砻江的最大特点是：落差大、水流急、多峡谷礁滩。全江天然落差达 3180 米，平均比降 2.32%。藏语叫雅砻江为尼亚曲，意为多鱼之水，这主要是珍贵的高原裸鲤和裂腹鱼为雅砻江赢来的名声。

雅砻江沿岸

雅砻江沿岸

　　按地貌特征划分，雅砻江在甘孜以上可称上游、甘孜至大河湾为中游、大河湾以下为下游。

　　雅砻江源从海拔 5000 多米的山峰下涌出数股清流，进入四川石渠大草原时，便逐渐形成了大江的壮阔气势。这里水面海拔降至 4200 余米，到处有堆积物的浅凹形谷地和残积物的丘陵，相对高度一般在 300~400 米，河谷平坦宽阔，河床一般宽 400 余米，多有江心洲发育，形成一串串弧形平坦小岛。"

　　同时，雅砻江也是四川各大江河中最为洁净的大江，多年平均含沙量仅为 0.5 公斤／立方米。常年保持绿、碧、清的本色。洁白的冰雪融水，集成涓涓细流，从舒缓妙曼发展到奔腾咆哮。

　　横断山的阻隔，保留下藏族文化绝佳的原始镜像，美丽的传说、芳香的草甸、飘荡的经幡、青蓝色的江水和壮丽的流云，山水缠绕，人景交融，组成了雅砻江流域独特的景观。

　　高原苍穹，无限生机，云动水动，催人心灵净化，在这里似乎可以触摸到天与地、人与自然的共生关系，感到灵魂的超度。看到雅砻江，人有一种顿悟的感觉，当然离彻悟还是有距离的。

　　"扎溪卡"就是"雅砻江边"之意，是康巴地区对石渠县的藏语称谓。扎溪卡的居民有了另一个名字——太阳部落。石渠段的雅砻江流域丘浅谷宽，水流平缓，草坝连绵，形成了广袤神奇的扎溪卡大草原。由于气候温暖湿润，这里呈现出罕见的高原湿地景观，属于川西高原的典型鸟类——褐背拟地鸦、楔尾伯劳、褐翅雪雀、白腰雪雀、棕颈雪雀和朱鸥的聚居地。这里是草的原野、花的海洋，美丽如梦境……然而花的下面，往往密布着可怕的沼泽，仿佛一个漂亮但无解的陷阱。

　　扎溪卡草原是整个康巴藏区最大的草原。每年藏历8月这里都要举行热闹非凡的帐篷节，我曾经在2003年受到邀请，在这个月份里领略过那份纯正的藏族节日气氛。

　　我在小记里如是写道："石渠独特的地理位置能使你看到十分绚丽的天象，晚霞灿烂诡异，小城的黄昏寂静安宁，因为这里离蓝天最近，离白云最近，离太阳也最近。

　　由于高海拔，形成了这里天高云低的特殊天象，只要是晴天，阳光和白云就会在天空的画板上涂抹着无穷无尽的色彩，在热气流的作用下，变幻着你想象不到的形态。高深莫测，令人震撼。高原的云没有江南小调的那般细腻，没有丝丝缕缕的情思哀愁。高原的云大气磅礴，铺天盖地，舒展狂放，泼墨写意，走到哪都带着华盖般的阴凉，给牦牛遮阴，给牧民支伞，一堆过去，一团过来，生生不息，给人以无限遐想。"

雅砻江年古江段宽缓谷地

雅砻江扎溪卡草原风光

　　我们驾驶汽车从石渠一路驶来，一个小时后，看到了远处的色须寺。那是个多云的天气，阳光在灰褐色的云层里游移着，突然一道光柱像舞台的聚光灯，笼罩在金碧辉煌的色须寺上，熠熠发光。

　　色须寺是石渠最大的格鲁派寺庙，供有藏区第二大铜塑镀金的强巴佛，而且是康区唯一有资格授予"格西"学位（相当于佛学博士）的格鲁派寺庙。大殿前有不少虔诚的信徒在"磕长头"，风尘仆仆，个个神色虔诚，脸上挂着岩石雕刻般的沉毅。

　　与辉煌的色须寺不相称的是它门前肮脏的街道。行色匆匆和悠闲踱步的喇嘛是色须寺的又一道风景线。

　　到扎溪卡之前，我去过几个寺庙，对寺庙有些粗浅的印象。每一座大型的寺庙里都有一些大德高僧，从他们的眼睛和身上能感到他们的睿智。与之交流，他们的语言充满着哲理，似乎都承受着很大的责任。这些责任大到普度众生、广施教化，小到寺庙的日常管理、开堂授课、云游四方、筹款修庙，事无巨细，他们事必躬亲。

　　喇嘛就省事多了，小寺庙的喇嘛有几十人，大寺庙的喇嘛能达到千人。每天早课他们裹着红色的袈裟坐在经堂诵经，而后，吃着小喇嘛送来的酥油和糌粑，虽然不丰盛，但也衣食不愁。在草原上常看到穿着袈裟骑着摩托车呼啸而过的喇嘛，我不解，问乡里的干部，干部告诉说，喇嘛是有供养的，一种是寺庙供养，一种是家庭供养，条件好的施主还在寺庙附近给他们盖房子以方便供养。现在条件好的牧民不少，给自己当喇嘛的孩子买摩托车已经不稀奇。

　　对我们来说，扎溪卡草原犹如一幅名贵久远的油画，一直藏在深闺的感觉。草地、阳光、牛群，还有远处寺庙的金顶，构成了原始凝重、天然和谐的图画，有着难言的纯净。环顾苍穹，静如处子，此时，草原深处冉冉升起了一道绚丽的霓虹……

　　在扎溪卡草原上，除了随处可见的美丽草原风光外，还有一座古老而奇特的建筑——巴格玛尼墙。巴格玛尼墙是由无数玛尼堆垒成的城墙，横卧在辽阔的扎溪卡草原上。这座世界上最长的玛尼墙，是藏

扎溪卡草原牧民

玛尼墙上的五色经幡

传佛教信徒们的圣地。巴格玛尼墙全长 1.6 公里，厚约 2~3 米，墙体全部由玛尼石片垒成，石片上刻着的是六字真言和《甘珠尔》《丹珠尔》的部分经文。墙头上飘扬着五色经幡，墙体两边的洞窟里摆放着各种佛像，雕刻精美传神，似乎都闪烁着生命的光彩。玛尼墙边上还有长长的转经筒墙、八宝白塔和经幡塔群等。

漫步在玛尼墙下，瞩望着这座由信仰堆砌的作品。它仿佛是一道信仰的长城，数百年来屹立在太阳部落人民的心中，也把雅砻江赋予他们的细腻与粗犷，以石头经文的方式呈现在广袤的草原上，壮丽的经幡，在风中发出猎猎的呼啸，使我领略到一种难以言传的壮美。

碧蓝如洗的天空，偶尔能看到大雕掠过的身影，那是神的使者，在俯瞰着大地的子民。

拜谒过巴格玛尼墙，循着雅砻江的足迹，我们继续向上游寻找石渠尕依乡的温泉，一个传说中的地方。

巴格玛尼墙

4.6　年谷天浴

　　我们从德格的中扎柯出发，经过瓦通、热巴村，但见一座狭窄的吊桥横在雅砻江上，靠雅砻江右岸一侧已经无路可走，顺着这座吊桥，我们第一次越过雅砻江，进入年谷乡。

　　冬季的雅砻江在这里显得温柔无比。这里有 3600 多米的海拔，有着充足的日照，开阔峡谷有着少见的植被，湍急的河水突破了冰层的束缚，袒露着自己蓝色的肌肤，在阳光下无拘无束地奔向远方。

　　碧绿的江水，倒映着雪山，宁静的峡谷，洁净的空气，使人嗅到了远古的气息，眼前仿佛是一幅优美的油画。

　　在河边，我们遇到了一个年轻的女马帮。她红色的藏袍在远处雪山的衬映下，洋溢着一种生命的活力。她牵着一匹棕色的马，马很温顺，潮湿的大眼睛充满了柔情，马背上驮着几个硕大的口袋，随着马屁股的起伏，左右扭动着。

德格县女马帮达娃茸措

女马帮大约30多岁，会几句简单的汉语，她叫达娃茸措，和所有藏族妇女一样，脸上有两块"高原红"。在这无人的峡谷里，面对我们这几个胡子拉碴的陌生男人，她没有感到丝毫不安，眼睛里有的是坦诚和信任，我们自己倒是有点贼兮兮的。看到我们端起相机，她非常配合，把马的头高高扬起，每拍一张，就要看一下显示屏，像孩子一样开心。

　　她比划着告诉我们，一定要把照片寄给她。我想起了在通天河最后的村庄岗由村陈来进讲的那句话，一个邮件半年才从四川寄到他们乡里，自己再骑马到乡里不断地打探，而且丢失的概率远远大于收到的概率。回来后我们按照她的地址寄去了照片，一直到现在也没有回音，我希望寄给达娃茸措的照片能顺利送到她手里。

　　在年谷的一个村落附近，我们遇到了一群正在露天温泉裸浴的藏族妇女。说裸浴，是城里人的斯文说法，其实就是洗澡而已。不是我们故意去看她们裸浴，而是她们正好出现在我们眼里，那是一个无法逃避的美景，

裸浴的藏族妇女（一）

裸浴的藏族妇女（二）

当然谁也没想去"逃避"。因为那个天然的、热气腾腾的硫磺温泉就在路边。

当我们靠近的时候，迎接我们的是一阵爽朗的笑声和一股浓烈的硫磺味，我们"心怀鬼胎"，担心走近拍照会引起不快或者麻烦，但很快一切顾虑都冰消雪融。温泉池塘很浅，只能没到腰部，浑浊发黑的硫磺温泉，遮住了身体的下半部，她们骄傲地挺起自己的胸部，旁若无人地往身上倒着大把的洗衣粉。一个健硕的女人怀里还抱着一个婴儿，在水里自由地扑通，任照相机的咔嚓声在自己的身边响起。

我们用双方都不懂的语言打着招呼，就像是隔壁的邻居一般，面对镜头，一个健壮的中年妇女，一时兴起，站起来扭动着粗壮的腰肢，跳起了锅庄（藏族的民间舞蹈），水花四溅中洋溢着藏族女性的自信和豁达，整个池塘开锅般得热闹。

远处的雪山皑皑，牧童赶着牦牛从容不迫地从温泉边走过，裸浴的女人们弯腰梳洗着自己长长的黑发，怀抱婴儿的妇女沐浴着夕阳，仿佛是圣母玛丽亚的雕塑一般，构成了一幅无法复制的绝美图画。我看过不少拍摄的所谓"天浴"的照片，那些精细的摆拍，看到的只是摄影师的造作矫揉的小技，早已游离了原始的本质。

一位藏学家撰文说，《唐书》里记载的东女国范围就在今天川、滇、藏交汇的雅砻江和大渡河的支流大、小金川一带。原始开放的走婚制度是女性文化的标志，女性主宰社会，因为女性在任何场合都占主导地位。雅砻江流域当年很可能被这样的婚姻制度所主宰。

女性绵延的走婚文化带最终与东西向的汉藏大通道——川藏线相遇了，大通道的非走婚文化淹没了走婚文化，只剩下位于雅砻江上下游的两个孤岛：鲜水河、泸沽湖。

江河孕育文化，江河延续文化。可以说，这一带仍然处于川、滇、藏交界的"大香格里拉"女性文化带，仍然有强大的女性文化传统，女性文化没有随着时间的逝去而消亡，它在横断山区这些特殊的地方顽强地延续了下来。所以，我们能看到这些藏族妇女在陌生男人面前的爽朗自信，这应该是女性文化的象征，我们有理由为这些女人感到骄傲。

远处的雪山折射着晚霞的余晖，似乎凝固着远古的记忆。走了很远，我们还能听见她们的笑声。那次，我们真正领略了什么叫"璞真"。在城里，我们常常没有底气地喊着"返璞归真"，在藏族女人坦荡的眼睛里，在她们健硕的胴体上，我读到了女性坦荡自信的密码。

4.7　雅江忧思录

　　四川的西部大部分的空间是崇山峻岭、悬崖峭壁。雅砻江就发育在这块奇异的土地上，除了它奔腾不羁的性格，特殊的地理环境和奇特的气候条件形成了雅砻江丰富的自然资源，以水能、生物、矿产三大资源著称。这些都是吃资源饭的老板眼中的巨大的利润。

　　资料显示：雅砻江干流长 1368 千米，天然落差 3180 米，主要支流有鲜水河、理塘河和安宁河。上游流经高原区，谷底宽 100~200 米到 600~700 米，河漫滩和沙洲发育，水流分散。南部，河流进入山原和高山峡谷区，多峡谷、急流和跌水。流域面积 12.96 万平方千米。水力资源丰富，理论蕴藏量3343.88 万千瓦，可开发量 2491.47 万千瓦。会理县安宁河以下可通航。

　　2005 年 7 月 19 日《经济日报》讯：国家自然科学基金委员会与二滩水电开发有限责任公司日前宣布，共同设立雅砻江水电开发联合研究基金。该项研究基金由国家自然科学基金委员会出资 2000 万元、二滩水电开发有限责任公司出资 3000 万元……

　　有关开发雅砻江水利资源的热潮一浪高过一浪。而在此之前，调雅砻江水源接济黄河的计划（南水北调）正在推进当中。在这个浪潮里，人们不禁要问：一江春水还有多大的承受力呢？这不仅仅有中国目前缺电、缺水的现实，还有那些生态、人文资源消失而付出的代价。这是所有西部水电资源开发必然面临的悖论。

　　法国藏学家米歇尔·泰勒说过："西藏除了是一种地理现实之外，还是一种思想造物。"我们在改变地理现象的同时也在异化着自己的思想。

　　当我们用人文的眼光咏叹雅砻江是原生态下的一块翡翠的时候，再换到生态的角度看雅砻江，就是另一个现象。杨勇先生在《拥抱雅砻江》一文里指出，山崩像是大地生了"疮"一样，年年会发育扩展，时而大崩，时而小崩，逐渐会形成长达3000 米、高近 2000 米的崩危区。我第一次看到山崩现象，就是在雅砻江流域。

　　对目前像山崩似的过度开发雅砻江的热潮不禁忧思：雅砻江还有多大的承受力呢？失去野性奔流的雅砻江未来将会如何？

采访当地牧民

4.8　通天河最后的村庄

　　阳光涂抹在峡谷的山头，慢慢由一线变成嫣红，我们帐篷里的睡袋上结着薄薄的冰霜。早饭是昨天的剩饭，炒一下，吞到肚里，再烧一壶开水，灌在各自的水壶里然后出发。14时46分我们在816县道56~57公里处翻越垭口（N33°24′4″，E96°49′260″，海拔4575米）。晚6点我们途经尕多乡吾达村，藏民们正在排练锅庄，尘土飞扬。舞蹈节奏简单，但气氛热烈，我们拍摄了几张片子，感觉还不错，但后来有几个年轻人围着我们要钱，又顿感兴致索然。

　　18时50分，我们遇到冰坡，为了防止发生2月5日陆风在阿日扎乡那样的翻车事件，我们对冰坡进行了开挖和铺垫后方小心通过。

　　19时30分发现在峡谷的半山腰，有一座灰色的"古城堡"耸立在暮色中，我们大喜，驱车到山脚下，才发现这个城堡般的村庄，几乎没有路，仅有一条由牦牛和山羊踩出来的小路，蜿蜒盘旋在半山腰，这是一条有风险的路，虽然没有冰，但土质松软，恐汽车的重量难以承受。另一侧是怪石嶙峋的深沟，稍有不慎，后果不堪设想。我们捏着一把汗，闭气凝神，仔细引导，颤颤巍巍地爬到了村里的高地。

　　村里的老少看见我们就像见到外星人一样围了上来，但都不敢上来说话，一说话却又听不懂。正在着急，来了个精瘦的汉子，操着一口地道的四川话，队伍里的四川人立即接腔，分外亲切。原来他叫陈来进，四川南充人，16年前入赘到这里，是这里唯一的汉人。

通天河畔的山崩

正在准备新年汇演的藏民在排练锅庄

陈来进好个热情，把我们迎到家里，奉上奶茶，叫他老婆（这里藏语叫"莫尼"）烧火做饭，再听他娓娓道来：原来 16 年前，他和十几个南充老乡一起到青海来修公路，认识了现在的老婆，听说这里没有计划生育，抱着多生几个娃的动机，陈来进就独自留了下来。

这一留就是 16 年，这一生就是五个娃（一女四男）。他 16 年没有见到一个外人，16 年没有听到一句乡音，16 年他也没有完全听懂"莫尼"的藏话。

16 年，他攒下了几大间土坯房子，牦牛 40 只，羊 70 只；16 年，他用内地的技术教会了村里的藏民种土豆，教他们给青稞除草，带头盖温室，种蔬菜。

如今他每年能收青稞 2000 斤，土豆 4000 斤。他在村里第一个买了卫星电视，第一个买了太阳能（当然，他们买电视不只是为了看电视，也是为了看录像）。

晚上，杨勇炒菜，税"大师"主杯，一瓶"沱牌曲"，一堆花生米，一碗炒羊肉，我们几个不喝酒的凑角儿，陈来进储存了 16 年的话匣子才打开，如决堤的河水，乡音绕梁，乡情浓浓。顷刻，一瓶"沱牌曲"就见了底。喝至半酣，税"大师"执意把自己的棉大衣，棉帽子送给了陈来进……

陈来进的大儿子已经 15 岁了，还没有上学。我问老陈，孩子都这么大了，不上学怎么办？老陈说，乡里有个学校，太远，又不收住校生……

我问，这里人生病了怎么办？他说，乡里按人头每人每年收 10 块钱医疗保险，但是去看病时，人家说，

这种冰溜坡开上去十有八九会坠落下去

小心通过

上面来了文件，看病还是要自己掏钱……

老陈说，这里从来没有见过外人，他见过最大的官是乡长。以致老陈的"莫尼"第一个看到我们后，先向老陈报告说，是乡里来人了……

我们聊着天，电视里正播放着《红楼梦》选秀的直播，落选的男女，花容失色，亲友团泪如雨下……在这里，电视只是一个遥远的文化符号，里边的喧闹衬托出这里的宁静，对老陈和他的孩子来说，也许那是个疯子的世界。

我们问，需要我们帮助什么？比如寄些衣服什么的？老陈诚恳地说，那都不需要，就是给我们全家照个像，寄给他就行了。

第二天，我们给他们照了全家福，还拍摄了他的"莫尼"和孩子放羊的镜头，老陈跑前跑后，直笑得合不拢嘴，这儿洋溢着过年的气氛。

这个在地图上叫冈由的地方只有在青海的分县地图上才能看见，这里峡谷陡峭险峻，冰封的通天河像一条凝固的玉带，石头砌就的房屋，却有着古雕的风格。这里住着8户藏民，还有一个汉族的男人。他们的服饰和灰色的村庄几乎与大山融为一体，阳光通过峡谷的时间是那样的吝啬和短暂，黄昏时分，破旧的经堂里传来喇嘛的诵经声，男女老少弓着腰鱼贯进入那个声音发出的通道，那个寄托着自己对今

四川老乡一家

四川老乡家的羊

世和来世追求的地方。

在这里抬眼望去，苍穹近在咫尺，被大山阻隔的冈由村，是一个阳光难以普照的地方，但这里的乡亲却有着比阳光更加灿烂的笑脸。第二天，我们离开了冈由村这个悬崖上的村庄，全村的老少都站在屋顶上招手，一直到我们消失在烟尘之中。

我感叹，这里的人们忍耐着人类生存的极限，却拥有对生活最豁达的态度，对环境的天真从容和对生命价值最质朴、最简单的认同。

在他们面前，我们这些不时要虚伪一下的城里人真该自省。

上午 10 点离开冈由村（海拔 3816 米，N33°35′214″，E96°36′331″），我继续沿着自然小道向通天河进发。

11 点抵达连自然小路都彻底消失的"涌来村"。这是一个成为废墟的村落，死一般地寂静，大概世界末日后就是这个样子吧。

在一个没有大门的院子前，几株青稞仍在阳光下摇曳着自己的腰肢，似乎要告诉我们，只要活着，就要开出自己的生命之花。房顶上，一条退色的经幡仍然在风中飘扬，村庄不在了，但信念仍在。

四川老乡家的牦牛

4.9 从通天河到沱沱河

2007 年 2 月 20 日，大年初三。一个中国人都在团聚的日子，我们开始了从通天河到沱沱河的破冰之旅。

前一天，高原反应对苦难的牙齿又开始了折磨。高原的低气压对发炎的牙髓催发的痛苦是在内地的多倍，2006 年夏天漂流当曲的牙疼噩梦一直使人心惊肉跳。我靠着几片"散利痛"不断安慰着自己。

牙疼使自己昏头昏脑但又不得不早早起床。上午从烟障挂峡谷出口的营地出发，继续溯江而上。但由于峡谷水流湍急，冰层的厚度达不到汽车通过的条件，只得从峡谷背后绕道。在这些陡峭的、狭窄的几乎是无法逾越的雪山上，我们把汽车的所有性能发挥到了极致，经过了陷车、拖车、推车、挖车等诸多例行功课后，终于在一座乌云压顶的无名雪山下，摸黑扎下了营。

翌日早上出发，按照杨勇在图上标定的方位和感觉，在爬过了几座雪山后，我们很快折到了通天河的主航道。这里峡谷开阔，劲风凛冽，冰面泛着奶油般的光泽，冰层厚重的色泽给人以充分的信任感。

汽车轮子在光滑的冰面上，发出令人轻松的沙沙声。这一段江面，是我们 2006 年 7 月从当曲河源头漂流过的地方。

那一次从当曲河源头漂到现在行驶的江面，用了 12 天。当时的通天河湍急咆哮，网状的河道浩渺无边地通向天际，现在的通天河则像一条凝固的玉带，静静地卧在巴颜喀拉山的腹地，显示出一种原始

冈由村——"火星"上的村庄

旷古般的从容。

下午2点左右，马日底峡谷那令人熟悉的新月形沙丘很快出现在眼前。一侧是圆锥形的雪山映着阳光，另一侧是高耸阴沉的沙山夹着宽阔却干涸的河床。我们弃车登上沙山，强劲的北风掠过沙面，卷起的细沙发出远古的呼啸。

杨勇告诉我们，他20年前参加长江漂流考察时路过这里，只有几个小型的沙丘链。20年的时间沙化发育的速度超过人们的预计。

我遥望着通天河的下游，那里阴云密布一片混沌，不远的地方就是巴塘，从那里下去通天河就成了金沙江，再往下就到了四川的宜宾，这条河流就被叫做长江。顺流而下，攀枝花、重庆、宜昌、武汉、南京、上海……依赖这条江生存的有中国重要的工业城市和数亿的子民。

不敢想象，没有了这条大江的庇佑，将是什么情形，我以杞人忧天的心态凝望着这条大河。

下午3点左右，我们抵达通天河与沱沱河的交汇处。干涸的河床使两岸的陡崖显得更加高耸，陡崖下面是我们夏季漂流时扎营的地方。沱沱河和当曲河像两条从天际漂来的哈达，在这里紧紧相拥。2006年夏天，出现在我们眼前的通天河交汇处，是整个通天河最为宽阔的水域，蓝天白云，水天一色。我们漂了几天才离开这大的似乎是海洋的地方。

离别时冈由村村民集体来送行　　　　　　　一个已经成为废墟的村落——涌来村

老李把帕拉丁的方向盘交给了我，意味着把地理和探险意义上的冰河之旅的荣耀让给了我。陆风车由杨勇驾驶，乘员有刘砚、杨帆；帕拉丁由我驾驶，乘员有税"大师"、老李。起点：当曲河、沱沱河、通天河的交汇处，目的地——沱沱河镇。

沱沱河是水利部长江水利委员会认定的长江正源，她从格拉丹冬的姜根迪如冰川融化出乳汁般的水滴，经过百川的纳入，形成沱沱河。虽说她的水量只有南源当曲河的四分之一左右，但她的美誉度实在太高，当曲河源头的沼泽地实在无法与她媲美。

沱沱河的河床纵横交错，在冰上驾驶，我们曾经多次陷到冰河里，后来次数多了，麻木到习以为常了。虽然轮下的冰层不时发出令人心悸的破裂声，还多次在冰上完成360°的高速自转，但那更像是一种令

在新月形沙丘上行驶

从通天河向沱沱河穿越

大年初三的沱沱河镇

车内人炫目的冰上芭蕾。一种千古留名的兴奋使人忘却了隐藏的危机。

我想起了第一个登上月球的美国宇航员阿姆斯特朗的那句名言：我的一小步，人类的一大步。当然，他的一小步凝聚着人类智慧的结晶，代表着人类发展的崇高理想。我们没有自诩到他那个地步，但我们毕竟以两台车和六条汉子的热血之躯，在中国冰河探险史上留下了自己的一笔。因为在我们之前，没有任何探险者以这种近似"自杀"的方式抵达过沱沱河。

大年初三的沱沱河镇只有一家餐馆在营业

我们曾经用漂流的形式亲近着当曲河的曼妙，现在以冰上汽车芭蕾歌颂着沱沱河的圣洁，审视着她的过去以及未来。

沱沱河冰面上的车辙，留下了一个冬天的印迹，见证了历史的瞬间。

18 点左右，我们遥遥看见了沱沱河大桥和沱沱河镇灰色的轮廓。

大年初三的沱沱河镇，一片萧条，体形巨大的昏鸦更像是这里的主人。它们在空中盘旋，在马路上踱步。

我们在沱沱河兵站受到了礼遇，站长刘培祥为我们安排了下榻的住所，还送来了暖气，军营里熟悉的气息令人陶醉。那一夜，我们感觉简直到了天堂。

在沱沱河镇兵站受到盛情款待

4.10 高原台地·可可西里的呼唤

可可西里在蒙古语里是"青色的山梁"（也有人叫它"美丽的少女"和"水多的草地"）。

它是 13 世纪蒙古人对外扩张时对它的命名。可可西里纵横约 8 万平方公里，它巍然屹立在世界的屋脊，被称为世界最完整的高原台地。金属般的铁青色岩石奠定了它苍莽的基调，它是世界公认的"科考空白地"。它的神秘和高贵，吸引着无数英雄竞折腰。

每一个进入可可西里的探险者和科学家对它都会有一个自己的描述。

青藏高原是不是在继续长高？它冷漠的地表下蕴藏着多少秘密？地质学家在这个广袤的地质"博物馆"里每次都有新的发现。

可可西里自然保护区留影

气象学家认为，可可西里地区的现代地貌显示了半干旱环境的气候地貌特征，形成了季节性高寒草原和荒漠草原。虽然它有 2000 多个大小湖泊，但都随着气候变干而日趋萎缩逐渐向盐湖转化。可可西里 30% 的湖泊已经发展到盐湖或干盐湖阶段。它的这些变化，对我国和南亚乃至世界有何影响，专家们对其高度关注。

藏羚羊繁殖期展开大规模的种族迁徙，它们为什么要跋涉翻越海拔 6000 米的雪山去繁衍后代？像一个玄妙的谜语，在挑战着人类和动物学家的想象力。

让我们忧心忡忡的是，随着青藏铁路的开通和金钱的涌入，可可西里这片脆弱的荒原还能坚守多久？虽然青藏铁路号称"环保铁路"，但对青藏高原和野生动物的影响是否像理论评估那般言之凿凿……人类的影响力早已经在左右这个星球了。

作家讴歌着可可西里的文化，说已经嗅到了荒原文化的味道，荒原文化的气息胜过任何形式的田园牧歌。我们对荒原文化洗涤心灵的理解更是不够，中国自己的荒原文化，也许将在可可西里产生。

对于一般探险家和游客来说，可可西里是禁区。人们进入可可西里，连保护区都没有权力批准，必须要由国家林业局批准。去年，我们考察队由于等待国家林业局的审批，全队在可可西里保护站滞留了近 10 天，虽然考察队和保护区的上下工作人员都很熟。

由于没有开发旅游，除了科考者和少数从西藏或青海边缘进入的牧民外，剩下的就是盗猎者和反盗猎者了。

电影《可可西里》上映后，出现了一个历史性转机，可可西里和藏羚羊甚至保护站的工作人员都被拨到一个前所未有的高度。

2005 年秋天，一个有着 11 辆越野车、两辆通讯车、两辆油罐车和四辆六驱东风卡车的庞大考察车队开进了可可西里。其中一个"探险家"后来撰文写道："我们没有遇到过《可可西里》电影中出现的沙窝，甚至没有看到雅鲁藏布江谷地上经常出现的沙山景象。"

长江三源之一的楚玛尔河，一个夏季无法接近、冬季不敢接近的地方，藏语意为红色的河流，它发源于可可西里以南多尔改错一带的咸水湖群。那里源区和沿岸荒漠化严重，资料显示为无人区，也是藏羚羊季节性迁徙的主要通道。这个地区同时也是羌塘内流湖区和长江北源水系交汇地区（东部是由楚玛尔河组成的长江北源水系），我们对它的了解甚少。楚玛尔河的水量是否充足？是否已经由外流向内流发展，最后不再连接长江而变成咸水湖？最终以至干涸？

通天河和沱沱河的大片沙化在这里是否也会存在？这一切对这支南水北调民间考察队队长杨勇来说，都是一直在寻求答案的课题。

野生动物与现代的科学技术如何相互依存是一个新的命题（摄于索南达杰保护站前）

可可西里国家自然保护区的纪念碑

索南达杰烈士纪念碑

一个志愿者的梦

2006 年夏季，杨勇带领的考察队在楚玛尔河的沼泽地里，经历了无数次的陷车、拉车以及燃料耗尽后，只好打道回府。

冬季，只有在冬季，高寒强劲的西风把沼泽变成了冻土，汽车才能通过。但冬季进入可可西里会遭遇寒冷和多变的气候，存在着不可预测的风险。

2007 年 2 月 23 日（农历正月初六）上午，我们从索南达杰保护站出发，顺着楚玛尔河折向可可西里荒原，白雪覆盖着荒原，灰蒙蒙的苍穹像锅盖一样扣在头顶，陆风汽车喷着黑烟，在雪地里顺着已经干涸的河床艰难地爬行。天空不时飘起雪花，网状的河床在雪地里显得更加开阔。

楚玛尔河谷时而狭窄时而开阔，偶然会在两侧出现一些有些色彩的小型雅丹地貌。在这里，地壳在挤压状态下形成的扭曲断裂，呈现出各种优美的形态，行走其间如在火星漫步。

到了下午，沙尘暴刮起，沙裹着被污染的雪开始在头顶肆虐。汽车裹着冰雪在河床左右来回穿梭，由于向导扎西没有到过这里，路线只有靠我们自己摸索。

可可西里太大了，此前扎西多次给"国家队"带过路，也多是走卓乃湖、太阳湖的常规路线。我们谁也没有责怪同样一头雾水的扎西。

晚上8点，我们扎营搭帐篷，面前是一个无名湖。取得冰面上的净雪后化得饮水半壶，虽然是雪，但落在咸水湖上也有了咸咸的滋味了。

为了有些过年的气氛，队长兼大厨杨勇取出红烧肉罐头，由于温度低，罐头也冻住了，为了尽快化冻，杨勇大厨把罐头放在火苗微弱的液化气灶上。谁知忙忘了，居然忽略了罐头的存在，只听一声爆响，罐头爆炸了，炸出的碎肉末，飞溅到帐篷里的每一个人的脸上身上。大家惊魂未定，细观之，每个人都在肉末中眨巴着眼。

到了夜间，气温骤降。为了保护车辆，大衣多裹在了汽车的发动机上。此刻睡袋的质量优劣在严寒面前，暴露无遗，帐内的雾气变成雪花，飘落在睡袋上，每个人睡袋的头部，冒着缕缕雾气，像是温泉的出口。

第二天起来，测得温度为−30℃。汽车门被冻住，人要急得"上房"，税"大师"发明了"热尿开门法"，即我们将早上第一泡热尿撒在门缝上，再辅以轻微敲打，门便开了。

第二天，我们继续沿着楚玛尔河床而上。河床两侧沙化开始严重。汽车不断地陷，我们不停地挖。

两岸多是嶙峋斑驳、呈书页状的风化岩层，杨勇说，这些风化岩层在强劲西风的作用下，正在逐渐剥离、变碎并向南堆积，是沙化的根源之一。

早先勘测队的地图上标志的沙化现象地区，现正在形成沙漠链和实体沙漠。

继续前行，一座巨大的沙山耸立在眼前。爬上沙山顶远眺，沙漠带连绵不断，在金色夕阳柔美的抚摸下，

在可可西里的楚玛尔河

楚玛尔河谷的风蚀岩

给车子发动机盖上大衣

有一种残酷的美感。

我们真不知道那个说可可西里没有沙丘的"探险家"是哪个星球来的，是否真的到过这里。

第三天，我们翻越无名山向多尔改错前进。没有路，在大山之间寻找汽车可以落脚的地方。

最险的地方，是行走在因松动而风化的岩石上，上坡时，因山势太陡，汽车仰角几乎成了垂直，看不到前方的路，只能估算。一边用感觉寻找，一边要阻止汽车在风化岩石上的滑坠。下坡时，冰雪给了汽车最小的阻力，不能踩刹车，经常"垂直下降"。这时候，只能听天由命了。

在这些地方越野，技术和运气各占一半。冒险换来的是无以言喻的视觉美感。多尔改错在冰雪的覆盖下，没有露出夏天时那般湛蓝的面容。但冰面在热胀冷缩的作用下，挤压出各种奇异的形态，在阳光下，千姿百态、分外妖娆。这种奇观，给大家提供了"谋杀"胶片的机会。

在野牛沟上方的山顶，我们看见像乌云般散落在山洼里的野牦牛群。它们像雕塑一样的伫立在那里，一动不动，雄壮而高贵。

野牛沟在冬天是典型的高山草甸，到了夏天在雨水的浸泡下又会成为沼泽湿地。扎西说，没有人到这里来，如果遇到牦牛的发情期，那实在太危险。

为了穿越野牛沟，杨勇又选择了一条"垂直下降"的路线，他的车先下，我的车后下，只见山势陡滑，为安全，我建议后座的税"大师"下车步行，俺独自开下去，税眼睛都懒得睁开："要下一起下吧，我要睡觉。"他实际上是要告诉我，要死一起死，关中汉子的秉性。

在野牛沟，我们顺着冰河滑行，在出口，我们见到了百十头的野牦牛群，跑动起来，漫天烟尘。苍

可可西里荒原　　　　　　　　　　　　　　　　　　　　　楚玛尔源头河床周围布满了沙丘

莽的荒原，洋溢着生命的气息。那个壮观，充满了原始的野性，令人赞叹。我想在这个星球上，能够看到这种场面的人是不多的。

一路风光不断，陷车也不断。在晚 9 点黑灯瞎火的时候，我们迷了路。只好在一个稍微平整的小河旁地区扎了营。这一晚，温度骤降，达到 -30℃。事后才知道，整个西北地区都在大风降温，新疆还刮翻了火车。

第四天早上，我们煮了一壶水，水虽然不够大家喝，但我们特别优待扎西，给了他一杯开水，一包压缩饼干。

昨天晚上下了雪，早上天空又飘起了雪花。扎西认不清路了，杨勇拿出地图调整方向，拐弯抹角总算找到了库赛湖。

库赛湖在昆仑山的南侧，我们远远望见昆仑山像玉龙一样逶迤盘旋在大地上。阳光下，雪山泛着银光。我想起了毛泽东先生的那首著名的诗词：

横空出世，莽昆仑，阅尽人间春色。飞起玉龙三百万，搅得周天寒彻……而今我谓昆仑，不要这高，不要这多雪。安得倚天抽宝剑，把汝裁为三截，一截遗欧，一截赠美，一截还东国。太平世界，环球同此凉热。

何等浪漫的文字，何等的气势磅礴！一个没有到过昆仑山的人，他的思维如此浪漫，他的想象竟然如此传神。此时，在昆仑山下，我对毛泽东先生产生了一种深深的敬畏。他对昆仑山的概括形容，前无古人。

在野牛沟的河道里穿越

行走在昆仑山下

野牛沟中的野牦牛

4.10.2　无人区的牧民

从河床里爬出的第一天，我们居然发现两条淡淡的车辙印，带路的扎西曾经是早期野牦牛队的反盗猎队员，他也有些疑惑，是否是盗猎者？

顺着车辙开去，约 3 个小时左右，远远望见在一间灰色的土坯房子耸立在一个山坳里，一辆白色的北京吉普停在门前。这就是被我们误认的"盗猎者"的那辆车。

门前站着一个头巾围得紧紧的少女，远远看见我们就立即闪进屋里。

掀开厚重的门帘，扑鼻的是浓烈的羊膻味，屋里是典型的藏族陈设，佛龛、地毯，屋中间是一个很大的炉子，燃烧的干牛粪，喷着橙黄色的温暖光芒。几个孩子躲在屋里的角落，女主人正在做家务，对突然出现的人有些茫然。

向导扎西用藏语介绍我们，我们重复着千篇一律也是最纯熟的问候：扎西德勒。

女主人端上用酥油做的面点和奶茶，那羊膻味让我只好退避三舍。不过滚沸的开水真是好东西，浇开了自己冻得打不开的水壶，放上"铁观音"喝起来真是暖心暖肺。

男主人回来了，经过扎西翻译，我们大致了解了一些情况。男主人叫秋布，48 岁，老婆叫尕玛。他们从西藏安多玛曲乡迁来已经 25 年了，现有牛 70 多头，羊百余头，用了 22 头牦牛换了门前的那台北京吉普。

记得扎西说过，在可可西里无人区大概只有 3 户人家，问扎西，来过这里吗？扎西对此也有些惶惑。

第二天下午，在多尔改错附近的冰面上，我们两台车之间失去了联系，在相互寻找的时候，杨勇发现了一顶帐篷。这是一个极为隐蔽的山坳，背风朝阳，白色的帐篷、白色的羊群、还有白色的湖面浑然一体，不到跟前，估计美国卫星都难以发现。

这是我们两天来发现的第二户牧民。主人叫达尕，也是西藏安多人，今年 56 岁，一个老婆，5 个娃，90 多头牛，400 多只羊。

问达尕来这里多久，达尕说，他从生下来就住在这里。达尕的老婆裹着厚重的羊皮袍子，满脸的褶子就像

在秋布家做客

可可西里地貌的缩写。50 岁的年纪，看上去却有 70 岁。高原严酷的环境，还要频繁生育，导致了她过早地衰老。

达尕的女儿是个哑巴，除了藏在头巾后面纯真的微笑，就是不停地干活。她喜欢照相，只要端起相机她都很配合，主动摆好姿势。即使在无人区的高原，恶劣的气候也剥夺不了人类爱美的原始天性。

秋布的女儿

给她照相你会产生一种感动，总想为她做点什么，但实际上也做不了什么。

达尕的大儿子已经 16 岁，已经挂上了腰刀，开始有些威武雄壮之气。他对汽车和帐篷特别感兴趣，围着前后跑。晚上我们都睡下了，他还把小脑袋伸进来看个究竟。

第二天，他还为我们带了半天路，坐在头车上，很是神气。

队长兼大厨杨勇借了达尕的炉子，炒了一锅野蒜烩羊肉，煮了一锅红烧肉罐头，那是专为我这个不吃羊肉的人准备的，这是我们两天来吃的第一顿饱饭。

扎西在达尕这里找到了自己喜爱的奶渣、奶茶，他毫不客气地往嘴里塞着，满嘴冒着油花。

急需了解牧民情况的税"大师"请他翻译，他都挤不出时间，直到我们离开达尕的帐篷，扎西还在那里笑容满面地喝他的奶茶。

扎西和我们在一起两天才吃了一顿饭，利用这个难得的机会补充自己，我们非常理解。

扎西一路上总在唠叨，他已经在保护站值了一个月的班，快回到格尔木的途中，又被保护局的领导叫回来给我们带路。他说，从来没有给这种队伍带过队，一天一顿饭都没保证，装备这么差，只给了他一双水货大头鞋……

4.10.3 人与野生动物无法回避的选择

在行进中，我们多次看到原野上孤独的牦牛，扎西说，那是被逐出队伍的公牦牛，它们在追求母牦牛的争斗中失败了。它们会混进家牦牛的队伍，这是它们继续生存的需要，客观上，从物种进化理论上，这也是优化家养牦牛种群的需要。

在达尕那里我们得到了验证，野牦牛混进来是家常事，野驴和羊群共饮一湖水，已经是普遍的现象。我曾在治多县索加拍到了野驴、羊群和牧童一起嬉戏的场景。

在青藏公路两侧，你可以随意看到在路边悠闲吃草的白臀鹿、藏羚羊，甚至胆子最小、最怕惊吓的藏野驴。它们适应力极强，如果人类没有敌意，它就会很快适应这种在多种生物夹缝中生存的状况。

这说明一个问题，人类同动物一样受制于生态环境。据史料，13世纪蒙古人的对外扩张，是受居住地气候变干燥和牧场萎缩影响所致。我们遇到两家牧民同样说明了由于牧场枯竭，导致生存环境恶化，才进入草场优良的可可西里腹地。

有一个形象的比喻，一个人在寒冷的夜晚，守着这个世界上的最后一棵树，如果不砍伐它取暖，就会冻死，那我们的抉择一定是砍伐。

据有关资料显示：已有50多户人家、390人及37000只羊、7200多头牦牛从不同的方向开进可可西里，占据了草场。

随着生态的改变，生物链也在自身调整。人类与野生动物如何和谐生存，是人类无法回避的选择，既不能掉以轻心，也不必草木皆兵，因为人类发展的脚步不会停止。

昆仑山下孤独的公野牦牛

也许与昆仑山有缘，2006 年 7 月我们曾在那里落难，这回再次遇险。

2006 年 7 月那次，考察队离开黄河源区不远，陆风车的钢板突然断裂，在用尽了身边所能用的一切材料后，仍然无法找到替代品，黔驴技穷，彻底无望后，考察队咬牙决定派出一台车去格尔木购买钢板，在手头资金奇缺的状态下，这意味着一大笔成本的支出。

留守的杨勇、税"大师"、刘砚和杨帆靠着已经卸掉轮子的陆风，搭起了编织袋帐篷，开始埋锅做饭。寒风中蓝白相间的编织袋在风中瑟瑟发抖，临别时，几个衣衫褴褛的人挥动着手，真是一派惨相。

我和杨"八爷"、耿栋、老李开着帕杰罗带着使命出发了。那同样也是一段荒野中找路的旅程，只有一个大致的方向，最乐观的估计到达也需要 3 天。我们穿越的地方位于 N36.2°，E90.9° 的昆仑山山口。从那里出去后寻公路向格尔木进发。2001 年 11 月 14 日 17：26 在那里发生过里氏 8.1 级的地震，史称昆仑山大地震，那次地震使得昆仑山出现了一条大裂缝带。

出发不久，我们就开始在巴颜喀拉山盆地迷魂阵一般的沼泽地"鬼打墙"似得转悠起来。远处的地平线，只有藏野驴和白臀鹿雕塑般的影子。见不到人，没有地标辨认，只有依靠 GPS 提供的方向来判断大致路径。

在那个月黑风高的晚上，车子前轮胎被扎破，被扎的轮胎仿佛遇到了炸弹，伤口出奇的大，竟然无法修补。我们换上备用胎，在众人的祈祷中再次上路。没多久，备用胎也出现漏气。

2006 年遇险昆仑山下，已经没水喝了

启用打气泵，边充气边跑，就这样强行前行了几十公里，直到天明。

第二天，漏气愈加严重，再充气，充气泵经不起折腾，终于爆裂。汽车终于无奈地趴在了昆仑山干热的谷底上。

就这样我们困守在一个美丽的古湖盆边上，这一困就是 3 天。湖面不时掠过棕头鸥鸟，风光可谓旖旎，但我们还是多么希望能有"热风吹雨撒江天"的景象。可只有热风，没有雨。那里没有任何可以使用的信号、没有路过的车辆、没有过路的人、没有吃的、没有喝的。最后老李冒险走出去，终于在秀水河水库找到人，借了给养车才把车胎送到了遇险地。

唯一的阴凉就是车下，帐篷已经热得进不去了

格尔木河的源头秀水河

这样一折腾就过去了五六天。把那边留守的可急坏了。早已经超过了应该返回的时间，又无法联系，他们只好在那里做着最悲观的猜测，想象着最悲惨的结局。

后来见面，税"大师"告诉我们，他们想象着那样一幅景象：大漠深处，车已经翻在一个无名沟里，几个人血迹斑斑得躺在那里，地上一群饥饿的狼群，秃鹫在天空盘旋……那景象描绘出来都有点令人脊背发凉。

2006年7月的那次遇险，虽然没吃没喝、气候酷热如火，我们心急如焚、寂寞难挨，但比起2007年3月这一次来说，那顶多是一次轻度落难而已。

2007年3月1日，我们考察队一行四人（两个大学生要赶回去开学，老李的嗓子冻出血，都从格尔木离队返回成都，增加了《户外》杂志的袁记者，我们开玩笑叫他卡门小姐）从格尔木出发沿公路向西宁方向进发。穿越柴达木盆地，再翻越昆仑山，进入黄河源区的玛多县。

从1月24日成都出发开始，我们穿越了大渡河、雅砻江、通天河、沱沱河、格拉丹东和可可西里。无论是精神状态还是体能，队伍已是疲惫之师，强弩之末了。

从格尔木出发不久，我们就遇到了沙尘暴。漫天的黄沙敲打着汽车的窗户。此时，我们不知道，一场来自蒙古高原和西伯利亚的强冷空气正在头顶上盘踞。

诺木洪，一个拥有8万亩土地，但在地图上很难找到的地方，对某些人来说却是如雷贯耳。

它是中国戈壁滩上最大的劳改农场，也是最难逃脱的农场。在内地犯了事的罪犯，一听说要"发配"到这里，三魂就吓掉两个半。

现在的诺木洪镇已经十分萧条，沙尘遮天蔽日，狂风在没有屋顶的废墟上肆虐。根据国家的政策，

从格尔木出发后遭遇沙尘暴

诺木洪是一个犯人创造的戈壁滩世界

犯人们已经转移到了格尔木。仅留下一部分农工在打理这广袤的土地。只有在那宽阔马路上，才能体会到昔日的风光。

我们好不容易找到一个老乡问路，折到老厂部，在一个私人加油站里把油充满。随后挥师南下，沿着诺木洪河的沙滩走了几十公里，抵达金水河电站。

金水河电站死一般的沉寂，大坝和电机已经被冰河牢牢封冻。没有一度电可发。只有一个工人在看守电站。估计已经很长时间没有见到人了，工人兄弟好生客气，把我们当做亲人一般。

我们向他致意以后，简单地了解了一下情况。工人兄弟告诉我们，前方已经没有路了，要想继续溯河而上，必须过河。

诺木洪河，这条戈壁滩上的河流，被冰和沙掺和着，灰头土脑，没有可可西里的河流湖泊那般晶莹剔透，但是它却是诺木洪乡人的生命线。

它也是来自雪山的融水，寒冷而湍急，由于流速快，许多地方的冰层没有冻住，我们拿出曾穿越冰河的伎俩几次试图冲过去，但都未能成功。无奈，只好转回公路，顺公路返回数公里后才越过诺木洪河。

在昆仑山系布尔汉布达山曲折起伏的山坳里，我们时而贴着山腰盘旋，时而在冰河里跋涉。古河床高达数十米的切割剖面上，镶嵌着历史的年轮。百十斤的巨大鹅卵石遍及干涸的河床，构成荒漠峡谷一道奇特的景象，仿佛这里已经不是地球。

没有卖弄风骚的妖娆，也没有粉脂般的

风雪中的高原

在昆仑山攀爬

昆仑山熔岩地貌

修饰，它没有人封的什么灵，也没有冠什么秀，也没有称什么奇，总之，它没有迎合人的任何欲望。昆仑山以铁锈般的身躯傲然耸立，高傲而厚重。古老的山头在风雨蚀浸下，已经变得光滑圆润，年轻的山头仍挺拔峭立。自然界的伦理关系竟然与人如此地相通相近。

昆仑山与苍穹似乎近在咫尺，高天流云，雪花像薄纱般地披在它的山脊，但昆仑山却似乎不愿这般柔情，像抖动了一下身躯似的，有些地方仍然露出自己嶙峋的脊梁。

昆仑山，一座雄性的山。

晚 7 点半，在夜幕的笼罩下，我们在一个河边扎营起灶。月色如银，折射着昆仑山的冷峻。

温度在后半夜开始下降。早上我们被大风刮醒，爬出帐外，眼前是一片混沌的世界。狭窄的山谷，林立的雪山，头顶是低矮阴沉的天空。

车子侧翻

拖拽车子

昆仑山冰河　　　　　　　　　　　　　　　　通过冰桥

　　我们从扎营地海拔 3648 米开始向 5000 米的高原爬升。随着海拔的增高，气温也越来越低，路况越来越差，越过 4500 米后，雪花和大风随即降临。

　　在前一天，我们曾经发现了一辆汽车淡淡的车辙印，后来被风雪遮盖了，我们一直在纳闷。中午 12 点我们爬上高原不久，终于发现了那个蓝色的农用车。从车上拉的东西和他们的打扮看，应该是淘金的人。农用车陷在沙地里，几个人正围着汽车轮子打千斤顶，但没有什么起色。

　　杨勇见他们的招法已经用完，不帮他们一下自己心里也过意不去，遂欲将陆风从农用车的侧面绕过去，准备到前面拖拽农用车。谁知此时，真正奇遇的概率发生了：农用车鬼使神差地突然后退，陆风躲避不及，轰然一声响，陆风的后车门被农用车锋利的车厢角铁深深地扎了进去。两台车，各自挣扎数次都没能解脱，扎得太深，几乎扎穿车门，杨勇心疼坏了。

我将帕拉丁绕到前面，将农用车拽开，方得以解脱。环顾四周，莽莽雪原，数百公里无人烟，两台车竟然能撞在一起，这个离奇的概率绝不能用数学方程来解释，只能说是天意。它成不了事故，却成了故事。

农用车已经不敢走了，他们要到前方去找一个避风的地方住下。我们还要继续向玛多方向前进。离开农用车不久，风雪愈加猛烈。汽车的雨刮器被冻住了，我们的视线一片模糊。窗户根本不敢打开，更不敢轻易开门。

风雪刚起时，我准备下车方便，刚推门，一阵大风猛地袭来，如果不是我手疾眼快，死死拉住了门，差点就被刮走了。靠着微弱的能见度和税"大师"不断用 GPS 修正的导航，我们勉强跟着杨勇的陆风车在雪地蹒跚而行。

风雪越来越大，天昏地暗，卷起的雪粒打在车身上噗噗作响。心里期待这是一阵过路的风雪，但看风雪那个猛劲，没有一点要停的意思。

高原的风雪实在是壮观，天地一片，简直分不清自己在哪里。前面的车很快就变成了一个黄色的模糊影子，再一看，影子不见了。仔细看，发现陆风已经侧翻到一个陡峭的深沟里，后窗已经破碎，四个轮子悬空，只需轻轻踢一脚，汽车就会翻个底朝天。

杨勇从几乎贴着地面的车门里爬出，还照例掏出相机给自己的现场拍照。

卡门小姐从翘起的后车门里爬出，在杨勇的吩咐下，又战战兢兢地爬进去把摄像机摸了出来。

我们在风雪中，用千斤顶顶轮胎，在冰冻的河床里像土拨鼠一样刨着石块，再垫到车轮下……

后来的行程里，陷车后的反应到了"审美疲劳"的地步，我们麻木地看着前面的车扑进雪坑，掉进冰河……随后就是重复机械地拖啊拽啊。

风雪中已经找不到路，可能穿越的地方不是深沟就是断崖，去黄河源区玛多县的计划，在风雪面前，只能放弃，改为撤出。

天色渐渐黑了下来。夜幕下的昆仑山仍然笼罩在风雪中，能见度越发糟糕，来时的一条冰河，突然变得宽了，湍急的河水撞击着河中的巨石，发出令人惊悚的咆哮声。来时过河的确切位置已经难寻。后窗露着大洞的陆风一头扎了进去，我看着它在湍急的河水中扭动着身子艰难地挣扎。显然河水裹挟着河床下的石头，迫使汽车在鹅卵石之间摸索着寻找爬上去的路径。

突然出现的小河

　　河床下面是松软的河床、滚动的石头和未知的深坑，这些都可以致车于死地。杨勇的确不愧是中国一流的探险家，凭着感觉和经验，驾着陆风轰鸣着冲出了河床。同时也给我指示了线路。

　　我驾驶的帕拉丁虽然有着较强的动力性能，但它致命的缺陷是进气口过低。如果不能迅速上岸，一旦陷入深水，导致发动机熄火，那后果不堪想象。

　　我从毕节把帕拉丁接到手，几十天的生死与共，帕拉丁已经和自己形成了一个整体，我对它充满了信任。我死死盯住陆风刚才走过的线路，雪山惨白的光线映在河水上，高速流动的河水似乎有些眩目。我把车慢慢地溜下河床，很快就感觉到河水冲击的力量，车身猛地一沉，我略给油门，让它低速产生更大的扭矩，抵御着河水的冲击，方向盘做着小角度的调整，以防被卡住，车轮在石头缝中左右冲突，我似乎感觉那是自己的脚行走在河床上，好似已经触摸到石头光滑冰冷的质感。

　　在陆风车灯的指引下，帕拉丁蹦跳着爬上了冰雪覆盖的河岸。我的额头已经沁出了一层薄汗。

　　爬出河床，似乎找到了回去的路，但很快发现，我们高兴得太早，又一条河横在眼前，比上一条更宽、更急，也更深，哗哗作响的河水发出凶险的信号。这条突然横在面前的河流已经告诉我们，我们又走错了。

　　杨勇爬上高地侦察，发现这是一个谷底，似乎没有出口，准备再次涉过这条可怕的河，去寻找出路。

概率告诉人们，运气和倒霉总是一对孪生兄弟。我们不会总被运气垂青。我预感此次下水，绝对凶多吉少。

杨勇和税"大师"也认同这个预感。为了安全起见，我们又四处找路，税"大师"开始向河床的深处摸去。没多久，税带着兴奋的声音从远处传来了，他终于在雪地里依稀找到了我们来时的印记。

在他的引导下，两台车驶进了峡谷边一片巨大的鹅卵石阵。这是一次从未有过的"高原雪地鹅卵石越野体验"。汽车在鹅卵石上倾斜着，扭曲着，蹦跳着，如果油门小了，车会被卡住；油门大了，人就会在车内像失重般地飞行。汽车每颠一下，我就会心惊肉跳一次，因为寒冷状态下的钢材都会变脆，我真担心钢板经不住这最后的折腾。

出来后才发现，进山时根本没有经历"鹅卵石芭蕾"的这一"乐章"，但居然万幸走了出去。更为万幸的是，我们没有去碰那条充满凶险的河流。

刚击手相庆，糟糕的事又来了，显示油量的红色指针已经开始指向最后一格。我们虽然在诺木洪已经灌满油箱，但由于在雪地频繁地使用四驱和低速爬行，加上暴风雪造成的迷路，油料消耗超过了预计。

到现在我们还没有看到能走出去的迹象。为了节油，于是，我摘掉四驱，下坡用空挡，虽然在雪地和下坡都挂空挡是违反野外探险操作规程的。

随着海拔的降低，风雪越来越小。在一些地方，还残留着我们来时的车辙印。到了凌晨1点，我们终于看见遥远的天际有一个微弱的灯光，虽然像一支点燃的蜡烛放在天边，但我们知道，那个方位是诺木洪。

凭着杨勇丰富的野外经验和运气，我们终于在燃料即将耗尽的最后时刻，爬上了那条救星般的公路。在诺木洪的小旅馆里，惊诧的老板问我们是怎么出来的？他说，这是诺木洪13年来最大的暴风雪。去年，有5个勘测队员在同样的情况下最终冻死在狼崖一带。至今想来我都觉得脖子后面冒凉气！

好容易返到西宁，我们在一个小饭馆里吃饭，电视里正在播报新闻，画面上，新疆的一列客车翻倒在戈壁滩上……播音员说，这是10多年以来发生在西北地区最大的暴风降温天气……阿弥陀佛！

我和税"大师"在西宁和杨勇、卡门分手，卡门乘飞机回北京，我和税经西宁、兰州、西安返回。杨勇独自一人单车赶往黄河源，要完成最后的扫尾考察。

3月7日19:25分收到杨勇发来的短信："刚到黄河尖扎县，今天被陷冰沟，独救3小时"……

黄河，请等着我们，我们来啦！

藏传佛教寺院览胜

丹巴羌寨

丹巴羌寨碉楼

东谷寺

丹巴寺院

帮布寺

西群寺

哲蚌寺

东谷寺

白塔寺

2

沉默的冰川

引言

冰川絮语

冰川——一个神秘又遥远的名字。她和地球的名字一样古老。

不久前科学家已经发现了 6.5 亿年前形成的冰川沉积岩，当时赤道的海平面高度上也存在着冰川，地球大部分面积都被冰雪覆盖，科学家把那个时代称为"雪球地球"。

在过去的 120 万年内地球上曾发生过四次明显的大冰期。其中，末次大冰期被称为"玉木冰期"，发生在距今 1.1 万~7 万年前; 这在地址年代表中，只是一个瞬间，在宇宙的纪年表前，人类显得如此稚嫩。目前地球上五大洲分布着数不清的冰川，它们承接着海洋的暖湿气流而降下的水汽，水汽循环之间化作融水又化作无数条江河滋润着大地。冰川与地球、与人类的生存息息相关。

中国的青藏高原，以晶莹的冰雪世界傲然屹立在地球之巅。这个号称世界第三极的地方，除了神秘的宗教氛围，更是生态的高地，它的一举一动都牵动着这个世界的神经。在这个脆弱的地壳上面是恢宏的高山峻岭、雪山冰川，从那里发育成长的大江大河，一路向东、向南，哺育着沿岸的子民，号称中华水塔。它对于全中国乃至亚洲东部、南部的生态安全和可持续发展具有至关重要的意义。但它的地壳下面却是异常活跃，频繁的地震、剧烈的板块运动，使得这个水塔极其脆弱，生态学者王方辰形象地比喻说，整个青藏高原像一个漂浮在杯子里的鸡蛋壳。

地球上到达过冰川的人绝对是极少数。能够走进坐落在青藏高原的高海拔冰川，如格拉丹东冰川的，更是少之又少。想抵达冰川（指高纬度冰川）是没有路的，在那里很难判断距离远近。19 世纪最著名的俄国探险家和博学家普尔热瓦尔斯基，曾经深入柴达木盆地，登上了巴颜喀拉山脉，成为挺进黄河和

青藏高原

藏民的笑容里没有我们想象的那种世俗，面对漫漫朝圣路，他们的信念使人动容

长江上游的欧洲第一人。普尔热瓦尔斯基发现了罗布泊，这被后世称为一次重大地理发现。他还在西藏发现并猎获了野马（后来以他的名字命名为新疆普氏野马）。他的探险业绩在世界探险史上早已彪炳史册。普氏有几个关于探险的经典语录："如果任何事情都要考虑得万无一失的话，那我们什么时候也到不了青海，到不了罗布泊，甚至现在也到不了柴达木。在我们这样的旅行当中，有一点是明确的，那就是无论遇到什么艰难险阻，也要毫不犹豫地往前闯"。普氏还说："我要重新奔向荒漠，在那里，有绝对的自由和我热爱的事业，在那里比结婚住在华丽的殿堂里要幸福一百倍"。这些话在百年之后仍然激励着一代代的探险家前仆后继。

雪域高原颇具神秘庄重的色彩

心中有信仰，脸上有笑容

罗布泊大峡谷，罗布泊在一万年里，剧烈地干涸和充盈了 7 次，遭遇 7 次生死轮回，而此回罗布泊之死是永久性的

阿玛尼卿冰川的巨大冰舌旁经幡舞动，藏民们无数美好的祝愿都依托在这里。阿尼玛卿 —— 黄河之源，文明之源

格拉丹东冰川的潺潺融水

在西藏，普尔热瓦尔斯基面对荒野曾感叹："道路！在那片土地上，只有野牦牛、野驴和羚羊踏出来的道路。事实上，路得自己走出来。"他在试图穿越这片荒原去西藏时，与外界失联了 3 个月。中国的当地驻军表示不可能去寻找他们，因为"从青海去西藏虽有交通路线，但与其说是路线，不如说是方向更为准确。每个方向都无人居住，荒草遍野，只有蒙古人和唐古特人携带帐篷之类从一处迁至另一处在该地区游牧。在这一带行路，除了砂石、荒野，高海拔，连草都难以生长。高山、大河，每天所到之处，既无大路，又无小径"。的确，在荒野，只有方向，没有道路，普氏的描述十分确切。当然，普热尔瓦尔斯基是沙俄军官，沙俄对他探索地的资源与文化觊觎已久，普氏把勘测新疆当作为国建功的通道。但是他的探险精神和动机激发了不少中国的科学家誓死探索中国西北雪域荒漠之地。"就算死在罗布泊，也要用肉身为罗布泊增加一点中国的有机质。"彭加木的这句话，竟然一语成谶。在没有道路，只有方向的荒野之地，精神和信念便是唯一的支撑！

第一次见到冰川是随考察队进入格拉丹东。在格拉丹东广阔的原野中，汽车在冰川融水带下的砾石上艰难地爬行。在远处地平线优美的轮廓上，出现一个遥远的金字塔，在夕阳下闪烁着金色的光芒。当冰川的真身慢慢升腾在你的视野的时候，人的灵魂似乎因被她摄走而停滞。你会不由自主地膜拜她，走近她。那种旷世非凡的气场笼罩周遭，令人不禁屏息凝神；她外表巍峨壮丽，内涵却端庄圣洁，无与伦比的视觉和情感的冲击让那时的我禁不住匍匐在她脚下，泪流满面，长跪不起。仰望冰川，实在找不到更合适的辞藻来描述冰川的美，或许"冰清玉洁"这四个字唯有冰川才配得上拥有。

格拉丹东，三江源的核心，位于地球最高的地质断块北部，平均海拔在 5000 米以上。高海拔让这里保留了无数的雪峰和冰川，蓄养的水源孕育了三条大河的源头——长江水量的 25%、黄河水量的 49%、澜沧江水量的 15% 都来自这一地区，是名副其实的中华水塔。高海拔也让这里气候严寒，空气稀薄，人的心肺功能都要遭受严峻的挑战。除了少数生命力极强的牧民在山脚下寻找那为数不多的牧草，这里几乎是人类的生命禁区。

税晓洁多次进入冰川考察

在格拉丹东冰川，你可以看到冰川的潺潺融水，顺着倾斜的大地流向远方，汇成长江、黄河……你还可以直接观察到水汽循环的过程，蒸发与降雨就在你的面前，周边阳光灿烂，冰川顶端中心，降雨如瀑如注，地球上没有比这更神奇的气象活动了，她给中华水塔注入了生生不息的活力……

人类生存的源泉就在眼前，面对如此灿烂的景观，你如何能不心生感激之情，怎么能不顶礼膜拜！

仰望阿尼玛卿冰川，这座黄河源区最大的冰川，壮丽而恢弘。如果你抵近，会看到她布满尘埃的身躯，由于特殊的地理位置，大气中的污染物随着季风和气流经过她的时候，无情地落在她的身上，荼毒着母亲河的乳汁……面对她，作为人类的一份子，你会生出一种回天无力的自责！

即使没有人类活动的干预，冰川也一直在发生变化，就像地球的历史依然在不断地改写。在我们的常识中，许多应该是这样的，但现实却是那样。7 月在格拉丹东的主峰下，5400 米的高度上，这里除了几只经常出现的大熊外，苍蝇的嗡嗡声打破了荒原的寂静。

《珠峰冰川消融发出危险信号》一文的作者苏珊娜·戈登伯格随科研人员在巴基斯坦一侧对珠峰进行了一次次考察，在这一过程中，她发现气候变暖的迹象不容忽视。她写道："气候变化的证据随处可见：树木的生长沿着山坡逐渐向上迁移，家蝇在 5000 米的地方飞舞，雨季在不该来的时候到来等等。"她还认为：将这些变化付诸文字，做出结论性的论断则无比困难。如，哪个冰川正在融化，融化的速度有多快等等。让坐在计算机前的人们了解的唯一的方法就是抵近冰川，走进她的怀抱，直接观察她的细微变化。因为她的每一个细微变化都会影响到东南亚乃至全球的人类生存活动。

冰川之古老，荒野之沉静，江源之未来，难以一言蔽之。

税晓洁是我国为数不多且多次抵达冰川考察的作家之一，足迹遍布青藏高原，从雅鲁藏布江到格拉丹东又到新疆大漠，写下并拍摄了大量鲜为人知的文字和图片。以下第 5~9 章即是精选出来的相关冰川的文稿，以飨读者。

太阳落下，层云翻滚，雪峰之顶似孕育明珠的珍蚌启口，又如宝盒开启明珠光芒四射

第 5 章

沉默的冰川

如果不是因为自己要"徒步长江"必须寻找长江源，而长江源头深藏于唐古拉山脉最高峰格拉丹东雪山西南坡的姜古迪如冰川。那么，冰川，对于我仍只是地理学上一个遥远的名词而已，很可能根本也不会在意。

　　直到多年以后，我才真正认识到，冰川其实与我们每个人的日常生活都息息相关。

　　我常常会想起初次看见格拉丹东那个下午，情景总是历历在目。1996年10月的一个黄昏，离开青藏公路已经好几天的我们又被风雪和陷车折磨了一整天，筋疲力尽。我喘着粗气刚搭好帐篷准备宿营，天竟然一下子放晴了。向导达尔吉大哥烧火做饭，我背了个相机爬向不远处的一个山坡。还没到山顶，视线尽头就突然闪出了金黄的金字塔尖状的山体，格拉丹东就在我最没有准备的时候出现了。再往上爬，雪峰的大部分清清楚楚呈现在眼前。没容我怎么愣神，随着太阳和云彩的变幻，格拉丹东就玩起了色彩：金红、火红、深红、嫣红、鲜红、淡红、粉红、橘红、酒红、玫红、绯红、桃红、紫红、洋红、品红，

格拉丹东的晚霞颇有视觉冲击力

灿烂的笑容、鲜红的头巾，还有怀抱里安详睡眠的婴儿在"无人 藏毯和藏靴都出自白蒂之手
区"强烈撼动着到访者的心灵

应有尽有，完全超出常识，感觉比色谱还丰富，能想出的关于颜色的词语全用上也不够……看得人真是
一愣一愣的，非亲历难以体会，语言真的难以形容。

　　最神奇的是，随着太阳下落，雪山以上开始被大片大片的乌云笼罩，只有山尖周围不大的一块亮亮
的透出天空，却从一片深红变着变着变成了一片雪白，山脚下的冰川像一块水晶般的多棱镜，显得更为
神奇。洁白的雪山和白色的背景，竟然也是和谐到让人无话可说。前后也就不超过半个小时的样子，眼
前的格拉丹东雪山完全超出我在内地所见的一切风景。那天，遥望雪峰，竟然有了想跪拜的冲动，从那时
开始，直到死去，我都将不会忘记那座金字塔般的雪山光芒四射的种种细节，那是一种难以抵挡的诱惑，
我无法说清楚那种感受，只能用这《百年孤独》的句式开头。

　　这时有点明白了雪山的魅力，这么纯净的东西最能唤醒人内心最柔软的那么一团情愫。

　　几天后，我终于走进了格拉丹东雪山下的岗陇强玛冰川。使我们惊奇的是，这两户牧民的家，怎么
就能在距岗陇强玛冰川几公里的地方生息？这里海拔 5000 多米，曾长期被称作"无人区"。资料记载：
该地区地势高耸，平均海拔 4500 米以上，气候寒冷缺氧，空气稀薄，含氧量只有内地的 50%~60%。
这里一年只有冬夏两季，年平均气温为 − 4.4℃，极端低温为 −45.2℃。常年大风，平均 3.5 米 / 秒，
大时有 40 米 / 秒，大风天每年达 130 天，当地人称："六月雪，七月冰，八月封山，九月冬，一年四
季刮大风。"

　　1976 年，长办江源考察队在姜根迪如冰川下，也看到四顶黑色帐篷，那里也生活着多位藏族同胞。
类似的情况，我们在海拔 5590 米的雅鲁藏布江源头杰马央宗冰川下也看到过，那里也是当地牧民的家园。
长久以来，我们屡屡被媒体和探险家所误导，城市人难以抵达的很多这样的地方，就被渲染成"无人区"，
其实，只要认真找找诚实的科学家们的考察报告，答案很清楚的。

　　这两户牧民的表情都不是很生动，刚一见面，很难感觉到他们对外人是否热情，连好奇都说不上，

从两户牧民帐篷看岗陇强玛冰川，触手可及

而且一般不笑。我们想，这大概是长期在缺乏同人群交往联系的环境中生活，不需要太多的交际能力的原因吧……一切都在自然而然地进行，进了帐篷，照例没有客套，我们先喝起了香喷喷的酥油茶。眼前的事实让我们惊叹：坐在两顶黑色的牦牛毛织就的帐篷里，抬眼就是冰川，高原的能见度极好，岗陇强玛冰川看起来触手可及。

冰川融水将汇入长江，奔向大海。在这里，母亲的乳汁滋养了她最初的子民。

不仅如此，在冰川下地势更低的一块台地，他们还建造了两间土房子作为永久定居点。

44岁的男主人玛，梳着两条长辫子，穿着妻子白蒂缝制的藏袍，他把我们让进帐篷，喝了一会酥油茶，就拿起一团羊毛缠在腰间，熟练地边走边捻毛线，去找他13岁放羊的独生子索南达杰去了。

帐篷里弥漫着酥油茶的浓香，白蒂又从牛角里倒出当天挤下的鲜奶，盛情招待我们。这天正巧白蒂在做奶渣，她将鲜奶上的一层油脂捞起，将剩下的鲜奶在火上慢慢熬，熬干水分后奶渣就做成了。向导达尔吉大哥说，奶渣是藏族人的"巧克力"。最好的点心，让我们尝尝。还未晒干的奶渣吃到嘴里酸酸的，软软的，十分可口。

羊肉快煮好的时候，索南达杰也随着父亲回来了，玛腰间的那团羊毛也早已捻成了毛线。牧区藏民的铺盖，大多由男人先捻成线绳，再由女人编织出来，织一条藏毯得花4个多月的时间。毯子紧凑厚实，

两家孩子如同兄弟姐妹，他们是这片雪域未来的主人　两户牧民和他们的牛羊让高原极地充满生机

御寒极佳，而织毯的工具也不过就是些长短、大小、粗细、扁圆不等的木棒。牧区藏民们常穿的色泽艳丽、独具特色的藏靴也是由女人手工做的。多用牛皮做靴底，羊毛绳织靴面，五彩灯芯绒布做靴筒，前后得花两个月左右。白蒂一年至少要做 4 双这样的靴子。

白蒂身边围着两个小姑娘，8 岁的达娃是邻居泽玛家的小女儿，她和白蒂 6 岁的小女儿改桑才珠亲如姐妹，开始，我们一直以为她俩是一家人。毕竟两家的帐篷相隔只 10 米左右，两顶帐篷的牦牛绳也相互交错。两家的男孩子也形同兄弟，一同放牧，一起玩耍。

我们又到泽玛家坐了一会。泽玛见我们是远道而来的客人，忙跑到玛家抱来一只羊腿，他的大女儿岗琪熟练地将羊腿分割成块，放到铝锅里去煮。4 年前，择玛的妻子去世了，16 岁的大女儿岗琪担起了一切家务。捡牛粪、打酥油茶、煮饭、缝衣、织毯子，有时还帮 12 岁的弟弟嘎凯到山上放牧牛羊。

第二天早上，我们准备离开时，岗琪背来了一塑料壶冰水，看着我们用香皂在手上抹来抹去，弄出许多泡泡，她好奇地笑了起来。我们这才发觉岗琪小妹妹笑起来真美。

泽玛是这"无人区"里我们见到的三户人家中唯一能勉强听懂我们说话的人。谈话中，我们发现，长久与世隔绝的生活已使他们对数字没有多少概念。去年的一场大雪，冻死了这三户人家一半以上的牛羊，但今年水草丰美，牛羊增加了一些。他们希望自己的牛羊越来越多。他们一般很少去卖掉自己的牛羊，牛羊对于他们，不仅仅是食物和财富，更是他们的光荣和梦想。他们的生活用具几乎都是就地取材，一半以上来自心爱的牛羊身上。纺出来的牦牛毛线用途很广，可以做衣服、鞋子、绳索和帐篷，用这些牦牛毛线织一顶帐篷，大约需要 4 个月时间。

在这四季如冬的地方，严酷的自然条件，造就了他们独特的生活方式。泽玛一家说，下次我们再来，他送我们每人一双牦牛毛织出来的鞋子。

告别他们时，我总忘不了刚上高原时躺在帐篷里，脑袋疼痛得要爆炸，胸口像压了一块巨石的那种感觉。后脑深处还仿佛有根粗粗的钢针不停地搅动，疼得人几乎想把脑袋揪掉；前胸后背也像各压着一块巨石，闷得人能真切得感觉到每一次呼吸；胸部明显地感到吸进来的空气不足以使之扩张，每收缩一下也要使出浑身的力量；而身体又是软软的，没几分力气；脑袋好象空空的又仿佛塞满了东西，不知道该想什么不该想什么；一切都灰蒙蒙的，眼前罩着一团雾……准确地说，这是一种半清醒状态，意念在支撑着意识在工作，而体力又难以维持这种工作，这就是典型的高原反应。

在这片空旷的高寒之地，他们以最简单的生活方式生存着。我们不知道该对他们说些什么，其实，他们是代表着人类，对地球上最高寒的陆地，对人类所能生存的极限条件，进行着顽强的挑战。

在地球上的大部分地方，雪山是冰川之母，雪山孕育了冰川。因为难以贴近，冰川对于大多数人，还是个遥远而神秘的东西。

何谓冰川？科学上的严格定义是：冰川是高寒地区降雪经过粒雪化，密实变质成为冰川冰，达到一定厚度并能在重力作用下缓慢流动的自然冰体。

冰川覆盖了人类赖以生存的地球上约11%陆地面积。目前全世界有超过1627.7万平方公里的现代冰川，这些现代冰川主要分布在南极大陆与格陵兰岛上，海拔较高的高原与山地仅分布一些面积较小的山地冰川，这些冰川形成了极地、高纬度地区、高海拔高原与山地特有的自然景观。

地球上受冰影响的部分称为"冰冻圈"。冰冻圈是地球表层和气候系统的重要组成部分，包括冰川、积雪、冻土以及海冰、湖冰与河冰等，其中享有"大陆温度计"之美誉的冰川对气候变化十分敏感。

冰川也是极其重要的淡水资源，海冰面积每年波动较大，大约覆盖了洋面的7.3%。冻土、寒冻风化岩屑和苔原等统称为"冰缘现象"。高大山体以及残留的古夷平面是现代冰川发育的依托，季风、西风以及局地环流在高山区形成的有效降水是冰川发育的物质基础。

中国是中低纬度地带现代冰川最为发育的国家，现代冰川主要分布在青藏高原及其周边山地、天山、阿尔泰山等地区。

新疆友谊峰喀纳斯冰川

中国科学家自 1978 年开始，前后历时 20 多年，于 2002 年完成分区《中国冰川目录》12 卷 23 册，使中国成为世界各冰川大国中唯一全面完成冰川编目的国家；2006 年开始，中国开展了第二次冰川编目，并于 2014 年发布了更新成果。

中国冰川类型有冰原、冰帽、山谷冰川、冰斗冰川、悬冰川等。其中面积与储量所占比重较大的为山谷冰川；分布最广、数量最多的为冰斗冰川与悬冰川。

截至 2014 年 12 月的统计显示：中国境内有现代冰川 48571 条，总面积约 51840 平方公里。而目前仅有川西贡嘎山的海螺沟冰川、云南玉龙雪山的白水河 1 号冰川、新疆天山博格达峰的扇形分流冰川等屈指可数的几条被保护性地开发成为旅游景区。

青海西藏交界处、长江源头冰川格拉丹东

第 6 章

再进格拉丹东·姜古迪如冰川的平衡线

2006 年 9 月 1 日，考察队在姜古迪如南侧冰川前活动时，向导次仁扎西在冰舌前的一块巨石表面发现了一层金粉，真正的金子，亮晶晶的，灿烂夺目，应该也是冰川后退留下的痕迹。

我们这天的主要任务是爬南北两侧冰川间的一座高山。从高点直观地拍摄冰川。离开冰舌向上，远看并不高峻的山体其实很陡峭。海拔已经是 5800 米以上，眼前的景色也要比昨日开阔很多，越爬越高，脚下的沱沱河网状水系越来越清楚，一直爬到了雪线以上，GPS 测定的数据已经达到海拔 6000 米。

在这个高度，南北两侧的冰川都能看得很清楚。冰川作用于自然界，形成独特的景观。这时我们能够很清楚地看到，这条山地冰川分为积累区与消融区两大部分。其分界线，科学家称为平衡线。

平衡线高度（Equilibrium-Line Altitude，ELA）处的年积累量与年消融量处于动态平衡，通常所说的平衡线是指冰川零平衡线多年间变化的平均值。

平衡线以上部分为冰川积累区，也是整个冰川的补给区，年积累量大于年消融量；平衡线以下年积累量小于年消融量，为冰川的消融区，以融化为主。一般而言，随着高度的降低，消融增强，冰川的流速也逐渐减弱，最后无力前进而停顿下来，停顿处即为冰川的末端，也称为冰舌。

冰川冰通过不断地运动，将积累区（粒雪盆）逐年累积的冰雪输送到消融区以完成冰川的物质循环。某个地区能否发育冰川，取决于所在区域诸多自然因素的组合，其中气候、地势、地形是冰川发育的三个决定性因素，尤以气候影响最大。

气候是某个地区能否发育冰川的充要条件。在气候因素中，对冰川发育影响最大的是平衡线所在高度处的气温（夏季 6 ~ 8 月平均气温）与降水（固态降水，主要指降雪）。固态降水决定冰川的积累，高于 0℃的气温决定消融，两者共同决定冰川平衡线的高度。中国西部山区现代冰川平衡线处的年平均气温约在 -15 ~ 4℃，夏季 6 ~ 8 月变化 -2.5 ~ 4.2℃之间。

下山的时候，大家觉得对面的一个高坡也许角度更好，打算下到河谷再爬山的时候，却是太阳已经西下，只好向营地的方向走。这时，我们的位置在南北两侧冰川之间，要返回营地，就必须过南侧冰川下的河流。没想到，水已经大到难以涉水而过。只好绕来绕去，寻找河水分岔较多的地方，结果鞋子还是湿透了。

目前，人类赖以生存的淡水资源约 80%，储存在冰川和冰盖上。在地球漫长的历史中，气候变化深刻影响着人类的生存与发展，在地球环境的各个方面都留下了深深的印记。人类正生活在延续 200 多万年的第四纪中，冰期与间冰期旋回是第四纪最基本的气候特征，其变幅之大、频率之高、影响之深，远远超出我们大多数人的想象。

虽然中国冰川面积仅占全球冰川总面积约 0.4%，但却占亚洲山地冰川面积约 47.8%，是中低纬度冰川最发育的国家。这些冰川是中国巨大的高山固体水库，特别是在干旱、半干旱的内陆区，冰川占有特别重要的地位，是维系绿洲生存与发展的基础。

中国现代冰川主要分布在西部海拔 3000 米以上的高山区，北起阿尔泰山，南迄喜马拉雅山，西自帕米尔高原，东至四川西北部的雪宝顶，共 14 条山脉都有冰川分布。所有冰川中，面积大于 100 平方公里的大冰川共 33 条。位于羌塘高原东部的普若岗日冰原面积最大，达 422.85 平方公里。

尽管喜马拉雅山的珠穆朗玛峰是世界最高峰（海拔 8844.43 米），而且附近还有海拔 8000 米以上高峰 4 座。但由于山体陡峻狭窄，在面积达 5000 平方公里的高峰区仅发育 1600 平方公里的现代冰川，其中最大的绒布冰川也仅有 85.4 平方公里，未能进入面积超过 100 平方公里的大冰川之列。

姜古迪如冰川的冰舌

喀纳斯冰川

第 7 章

喀纳斯冰川

2009 年，盛夏时节，一天之中，我穿着短袖体恤飞过中国南北地理分界线秦岭，从西安折向西北，到乌鲁木齐仍继续往北，转了三班飞机到达中国西北之北的喀纳斯，我有一种时空错位的不真实感。这是我第一次进入新疆。不幸走了空中，没有摄影大片中的美妙光影，也难体会边塞古诗的豪情：眩窗下满目焦黄，深深浅浅，斑斑点点，其荒凉状，只能让我想起放大版的可可西里。从碧绿的喀纳斯湖继续向北，到达洁白冰川环绕的阿尔泰山最高峰——海拔 4374 米的友谊峰，我已经换上了羽绒服。

在雄鸡状的中国版图上，喀纳斯位于鸡尾最漂亮的羽毛尖，分别与哈萨克斯坦、俄罗斯、蒙古接壤，地接四国，以喀纳斯湖为中心，总面积达 10030 平方公里，地跨阿尔泰地区布尔津、哈巴河两县。这里地处素以千里戈壁闻名的准噶尔盆地北缘，森林密布，草场繁茂，却与干旱荒漠一体相连。神奇美景中，喀纳斯湖是这片巨大的寒温带原始泰加林中最璀璨的明珠。在喀纳斯湖北岸，我们弃船登岸，换马进入丛林，溯布尔津河逆流而上，经过几天的艰难跋涉终于到达河源处友谊峰的冰川。

冰川隔壁的山坡绿草茵茵，繁花如星，牛羊闲适地在水草丰美的山野享受美食

喀纳斯冰川融水汇入布尔津河，布尔津河是额尔齐斯河一条重要的支流，喀纳斯冰川融水最终通过我国唯一流入北冰洋的河流——额尔齐斯河注入北冰洋。

友谊峰地区最大的冰川，与我想象中差异很大。远看起来灰土土的。与我在长江源头格拉丹东所见的奶油蛋糕般冰川的形状截然不同。

走到近前，才看清楚两条灰白色的冰带其实原本是一个冰川，远看时中间隔开的那部分，只是冰川搬运而来的巨石和砂砾，下面主要内容还是冰。

就在沙石带和左侧较纯净的冰带交界的地方，汹涌的水流从一个巨大的冰洞里喷薄而出。水量很大，流得轰轰隆隆。这就是布尔津河的源头，也是喀纳斯湖生生不息的水源。

源头之水直接从巨大的冰洞里汹涌而出，在洞里就是水量很大的河。这与我所见过的其他几条源出冰川的大河如雅鲁藏布江源、长江源、怒江源的反差极大。在这巨大的冰洞旁边，我们测量海拔数据为

喀纳斯冰川巨大的冰洞

2475 米。而在 2005 年出版的《简明中国冰川目录》中，关于这个冰川的记载是："喀纳斯冰川是由两支冰流组成的复式山谷冰川，长 10.8 公里，面积 30.12 平方公里，是额尔齐斯河流域最大的冰川，冰川末端海拔 2416 米，是中国末端下伸最低的冰川。"

两个数据比较，说明近些年来，喀纳斯冰川退缩了几十米。在此之前，1980 年测量友谊峰地区的冰川时，发现自 1959 年进行航空拍摄以来，所测量的 5 条冰川中的 4 条均在退缩，其中喀纳斯冰川后退 424 米，年平均后退 20 米，唯有哈拉斯河源 22 号冰川稍有前进（20 米）。这是由于哈拉斯河侧向侵蚀作用使该冰川末端变陡而引起的局部滑动，不能作为该地区冰川前进的例证。

冰舌端消融的冰雪水汇集成格拉丹东雪山嘎纳钦玛曲源

在遥远的青藏高原腹地，同一本书也记载道：1969 年至 1986 年的 17 年间，长江正源格拉丹东雪山姜古迪如冰川南支、北支冰川分别退缩了 154 米和 125 米。

绕过冰洞爬上冰川，越往前走，颜色越纯洁，冰川越漂亮。冰川下面有冰洞里面的河，冰川上面也有大大小小的河。河深处，便形成竖向的冰洞，哗哗啦啦。脚下的冰川舒缓而浩大。前方视线尽头是一个金字塔状的雪峰。

左侧，是陡峻的山体。右边，冰川一直伸到山体之上的雪线，悬挂起来，融入一片白色世界。面对山峰上挂下来的悬冰川，让我想起云南梅里雪山和藏东南加拉白垒雪山中的海洋冰川。在长长的冰舌上，走着走着，远处冰川的层层褶皱，仿佛又让我回到了长江源头的冰川。

在我国，依据发育条件及其物理特质，冰川一般分为三种类型：一是海洋性冰川即温型冰川，主要分布在西藏东南部和横断山区，平衡线高度上年降水量可达 1000~3000 毫米；二是亚大陆性或亚极地性冰川，主要分布在阿尔泰山、喜马拉雅山中西段北坡及喀喇昆仑山北坡，平衡线高度上年降水量可达500~1000毫米；三是极大陆型或极地冰川，主要分布在中昆仑山、西昆仑山、羌塘高原、帕米尔高原东部、唐古拉山西部和祁连山西部，平衡线高度上年降水量可达200~500毫米。

踏踏实实地沿着这个巨大的冰川走几个小时，我有一种奇异的感觉。这是一种前所未有的体验。之前在西藏、青海、四川、云南等地所见的冰川，大都只能旁边看看，在高海拔地区，还每每气喘如牛。记得为看长江源的两条冰川，我们在中间的山脊爬了一天，也只能看到冰川一部。而在喀纳斯冰川，没有高原反应，没有头疼气喘，慢慢走着就是。

额尔齐斯河流域是中国纬度最高的冰川分布区，根据1964年航测地形图的测算，这里共发育了冰川403条，冰川面积289.29平方公里。布尔津河主源也就是喀纳斯冰川所在的友谊峰一带，集中了整个阿尔泰山面积大于10平方公里的3条冰川。

天气照例忽阴忽晴，下午5点钟，大队人马合影留念后先行下撤。队伍里的冰川学家、博士生导师中科院寒区旱区环境与工程研究所天山冰川观测试验站站长李忠勤研究员放心不下他两个去采雪样的学生赵井东和王飞腾，与另一个博士李慧林站在无遮无掩的冰面上等待。

搞冰川研究是个苦差事，这个冰川还算好，海拔很低，我们站立的两条冰流汇集的地方海拔还不到3000米，不缺氧。天气好的时候，与高海拔冰川相比，在这里看风景还算一种享受。

我就观感请教李站长："能不能说这个冰川新陈代谢很快？"

"你这倒是个新说法。概括而言，这个冰川有冰温高、运动速度快的特点。以冷季补充为主，暖季消融较强。是很有特点的一个冰川，非常值得仔细研究。"

李站长与三个博士生这次带了很多器材采集样品，进一步的实验室研究将会揭开一些谜底。他们所在的天山冰川观测试验站，是我国唯一以冰川和冰川作用区为主要观测、试验、研究对象的野外台站。天山站始建于1959年，是在施雅

采集长江新源最初的源头水

昂贵的关注——新疆一号冰川最后的归宿。图为冰川脚下的监视器

风院士的倡导和组织下建成的。之前仅一年，1958 年以施雅风为首的中国科学院高山冰雪利用研究队对祁连山冰川的考察，开创了中国的冰川研究。

目前，在 4 个冰川发育较多的国家（中国、美国、俄罗斯、加拿大）中，中国是第一个建有大型冰川数据库的国家。

在全世界，科学意义上的冰川研究，也只有 100 多年的历史，19 世纪中期世纪之前，较早研究第四纪冰川的学者是 J.L.R. Agassiz，1840 年，他在阿尔卑斯的 Unteraar 冰川建站，观测冰川冰的结构、运动、沉积以及冰川与气候之间的关系，创造了终碛、侧碛、中碛等名词，明确了冰川对漂砾的搬运作用，最近地质时期瑞士全境几乎都被冰川覆盖。

之后，他应邀研究苏格兰高地争论多年的特殊地形与沉积问题，肯定那些特殊地形系古冰川所成。1846 年他转向北美洲开展研究，他登岸后即发现基岩上的冰川擦痕和刻槽，首先指明是北美大冰盖的遗迹。Agassiz 所提出的冰川学说是当时最引人注目的、最大的科学成就之一。

20 世纪上半期中国战乱和经济困难，仅有少数接受西方高等教育的学者艰苦地支撑着大学与科研机构，当时条件下很难进行高山冰川考察。但老一辈著名地质学家李四光宣布在中国东部若干山区发现

黄河源一号冰川相连的雪线所剩无几

第四纪冰川遗迹，以庐山为中心建立起来的中国第四纪冰川假说，即鄱阳、大姑、庐山、大理四次"冰期"，被多人追随，但同时也被多人质疑。

1958 年中国科学院启动了祁连山冰川考察研究，在我国冰川学科开拓者、奠基人施雅风先生的组织与领导下，上百人的研究团队开赴祁连山，由此拉开了中国现代冰川与第四纪冰川系统研究的序幕，中国冰川学研究的科学事业从此踏上征程。

德国学者 M.Kuhle 的青藏高原大冰盖假说在 20 世纪 80—90 年代喧闹一时，吸引了很多学者专门来高原考察研究。我国学者郑本兴在国际会议上首先指出 Kuhle 论述不合实际，施雅风多次撰文评论青藏高原大冰盖问题，对 Kuhle 观测中的错误进行了论述，特别指出平衡线下降值计算不当是冰盖假说错误的根源。1991 年有关部门组织了有 17 个国家和地区近 90 人参加的循青藏公路和中—尼公路路线考察，一致认为 Kuhle 大冰盖假说不能成立，摒弃了 Kuhle 大冰盖错误假说。

现有的研究资料表明：青藏高原及周边山地，无论是现代冰川还是第四纪冰川都是以高大山地为依托而发育的，青藏高原在第四纪期间没有发育过覆盖整个高原的统一大冰盖。山地抬升与全球性冰期气候的耦合是导致青藏高原及其周边山地、天山、阿尔泰山等地区冰川发育的根本原因。

中国的冰川地区北起阿尔泰山，南抵云南玉龙山，跨越约 22 个经度；东起四川雪宝顶，西到帕米尔高原，横贯约 30 个经度。2002 年出版的、多达 12 卷的《中国冰川目录》统计表明，中国共有冰川 46298 条，面积达 59406 平方千米，冰川储量 5590 立方千米，折合水储量 50310 亿立方米。经科学家依据冰川目录资料计算，获得中国冰川融水径流为 616 亿立方米。1978 年，中科院兰州冰川冻土研究所承担了中国冰川编目的任务，施雅风院士率领科研人员历时 24 年，在大量野外考察的基础上完成，据此出版的《中国冰川目录》可谓中国地学界划时代基础资料编纂项目，是世界上唯一按照国际冰川编目规范提出的 40 多项参数完成的冰川编目。2005 年《简明中国冰川目录》出版面市，系《中国冰川目录》12 卷 22 册的综合简明体。2006 年，中科院寒区旱区环境与工程研究所等单位开展了中国第二次冰川编目，利用 2006 年至 2010 年间的遥感影像，对中国西部冰川分布状况进行了一次系统更新。统计表明中国西部目前有冰川 48571 条，总面积 51840 平方公里，估算冰川储量为 4494 立方千米。

2002 年第一次中国冰川编目所依据的是 20 世纪 50 年代末到 80 年代初拍摄的航空相片以及相应的大比例航测地形图，主要反映航摄年份的冰川状态。此后，冰川又发生了不同程度的变化，全球气候变暖，大多数冰川有萎缩的趋势。详见 247 页内容。

从 20 世纪 90 年代至今，随着可对冰川地形进行直接定年的测年技术的发展与应用，第四纪冰川研究已进入了以技术定年为特征的新阶段。无论在中国还是在国际上，有关第四纪冰川与环境变化的新发现都层出不穷，已有的理论与观点被不断改进。

冰川的生长发育与气候条件密切相关，受气候的变化而变化，对水资源和气候监测等研究方面具有重要的意义。冰川沉积、冰川雪线和冰川末端变化等数据，是冰川学家揭示气候环境演化的主要证据。科学家从冰碛地层的地质证据中确认了在地质历史时期，地球曾出现过几次大的冰期，从挪威雪线一万多年来的变化，恢复出了同期这一地区的气候变化历史等。

但上述仅仅是研究的一个基础，随着科技的进步，人们越来越认识到冰川不仅是地球气候变化的敏感指示器，而且也是揭示过去地球变化的良好记录器，随着科技的进步，越来越多的新手段使得人们的认识可以进一步细化。

从冰川到营地，我们其实是在穿越喀纳斯冰川最新形成的一系列冰碛垄。科学家研究认为，其形成年代可能是 16 世纪初，它是全球气候转冷时的产物。

在喀纳斯，这样的大型冰碛垄一共有 3 处。另外两次强烈的气候变化导致的冰川运动所留下的巨大冰碛垄，形成了两个我们来时所见的白湖和喀纳斯湖：一个位于白湖下方海拔 1700 米处；

下一处，位于喀纳斯湖出口处，海拔 1400 米。大约在 1 万年以前，全球进入间冰期，极地冰盖和山地冰川大量融化，海平面上升，大约此时，喀纳斯湖形成。大约在 6000 年前，温度比现在高 2~3℃。海平面也较现代高 1~3 米。可能就是在这个时期，巨大的冰川退缩后，白湖形成了。

更早的时候，从历史演变的角度看，2 万年前的末次冰盛时期，世界陆地表面的 30% 以上为冰川所覆盖，海平面比现代低 130 米左右。在中国，当时的海岸线距现在的长江口以东 6000 公里处，渤海、黄海的全部，东海和南海的大部分都是陆地。

冰川其实也是流动的河。照目前的趋势下去，也许有一天，冰川会退出喀纳斯，甚至友谊峰也可能再无冰雪。然而，也有另一种可能，是冰雪重新覆盖，覆盖白湖、覆盖喀纳斯湖。

目前，全球变暖是一个热门话题。其实，这很值得关注，但不必忧虑，更不必恐慌。

冰川的退缩，究竟多大程度上和人类活动有关？尚是一个值得探讨的话题。就全球而言，人类用温度计等仪器观测气温的时间不到 200 年，之前气候变化的情况，都来自于间接复原。在这方面，欧洲的文献依据远不如中国，复原的精确性和代表性也不如中国。

冰川退缩形成的白湖

第 8 章

我们所不知道的冰川气候

大自然是否还有着我们所不了解的秩序，如同现在人们已知的一年四季的交替，有着更大的、大季节一般的规律？

　　竺可桢先生曾说：20世纪初期，奥地利的汉恩（J. Hann）教授认为在人类历史时期，世界气候并无变动，这种唯心主义的论断已被我国历史记录所否定。在世界上，古气候学这门学科好像到了20世纪60年代才引起地球物理科学家的注意。当时曾举行过三次古气候学的世界会议。在这几次会议上提出的文章，多半是关于地质时代的气候，只有少数讨论到历史时代的气候。无疑，这是由于在西方和东方国家中，在历史时期缺乏天文学、气象学和地球物理学现象的可靠记载。在这方面，只有我国的材料最丰富。在我国的许多古文献中，有着台风、洪水、旱灾、冰冻等一系列自然灾害的记载，以及太阳黑子、极光和彗星等不平常的现象的记录。

　　在中国的历史文件中，有丰富的气象学和物候学的记载。除历代官方史书记载外，很多地区的地理志（方志）以及个人日记和旅行报告都有记载，可惜都非常分散。本篇文章，只能就手边的材料进行初步的分析，希望能够把近5000年来气候变化的主要趋势写出一个简单扼要的轮廓。

　　根据手边材料的性质，近5000年的时间可分为四个时期：第一，考古时期。大约公元前3000年

至公元前 1100 年，当时没有文字记载（刻在甲骨上的例外）。第二，物候时期。公元前 1100 年到公元 1400 年，当时有对于物候的文字记载，但无详细的区域报告。第三，方志时期。从公元 1400 年到 1900 年，在我国大半地区有当地记录并施加修改的方志。第四，仪器观测时期。

竺可桢先生 20 世纪 70 年代在《中国近五千年来气候变迁的初步研究》中得出下列初步性结论：

（1）在我国近五千年中的最初 2000 年（即从原始氏族时代的仰韶文化时期到奴隶社会的安阳殷墟文化时期），大部分时间的年平均温度高于现在 2℃左右。1 月温度大约比现在高 3~5℃。

（2）在那以后，有一系列的上下摆动，其最低温度在公元前 1000 年、公元 400 年、1200 年和 1700 年，摆动的范围为 1~2℃。

（3）在每一个 400~800 年的期间里，可以分出 50~100 年为周期的小循环，温度升降范围是 0.5~1℃。

（4）上述循环中，任何最冷的时期，似乎都是从东亚太平洋海岸开始，寒冷波动向西传播到欧洲和非洲的大西洋海岸，同时也有从北向南传播的趋势。

第 9 章

中国科学家眼中的冰川

2012 年 8 月，我在兰州中国科学院寒区旱区环境与工程研究所冰冻圈国家重点实验室参与了第一届"中国第四纪冰川与环境变化"研讨会。虽然这是一个有院士参加的会议，但却是我见过的最简朴也最有效率的会议。

除了中午盒饭端到会场，与会者在原位用半小时吃完，会议就几乎一直没停，争论很激烈，一些信息也很有趣。

中国科学院设立的冰川冻土研究机构——中国科学院兰州冰川冻土研究所是我国研究冰川的专业机构（1999 年，中国科学院的兰州冰川冻土研究所、兰州沙漠研究所和兰州高原大气物理研究所整合为寒区旱区环境与工程研究所），从 1958 年祁连山现代冰川考察开始，与有关大学学者合作，经过几代人近 50 年的艰辛努力，已在第四纪冰川研究方面取得了很多重要成就。

李四光先生首倡中国第四纪冰川研究，但他建立的以庐山为代表的第四纪冰川假说存在争论。中国东部地区第四纪冰川研究的争议由来已久，从冰川沉积学、古气候学、古环境学等研究成果来看，李四光先生及其追随者关于中国东部中低山地泛冰川论假说存在重大的失误。

施雅风等学者在《中国东部第四纪冰川与环境问题》专著中，进行了有理有据的分析，本着"吾爱吾师，吾尤爱真理"的科学精神，对东部第四纪冰川与环境问题进行了彻底的澄清，否定了我国东部中低山地泛冰川论的错误假说，指出：庐山混杂泥砾堆积实为泥石流沉积、庐山大坳凹坡与王家坡谷地非冰川成因、泥石流期之庐山非冰期之庐山。

他们指出，从冰川的发育条件、古气候记录、古生物分布等事实已经表明中国东部中低山地不可能发育第四纪冰川，现有的研究资料显示：中国东部地区仅有贺兰山、太白山、长白山与台湾高山存在确切的末次冰期冰川作用地形，其余山地均是各种地质地貌现象的误判。20 世纪 80 年代末至今，韩同林先生认为中国东部南起海南，北至内蒙古等广大区域海成、水成、风成等多种成因形成的臼状地形称为"冰

"中国第四纪冰川与环境变化"研讨会现场

臼"，当作冰川遗迹，且作为大冰盖发育的证据，在中国第四纪冰川研究领域造成一定程度的混乱，使初步涉足第四纪冰川研究的学者不知所措。新闻媒体不慎重地跟风报道、加上地方旅游部门的推风助浪，给不明就里的游客与读者传播了大量的错误信息。

针对所谓"冰臼（Moulin）"是大冰盖存在的证据展开论述，施雅风等学者在"中国第四纪冰川与环境变化"研讨会中指出"Moulin"专指冰川冰热融作用形成的冰面负地形，与下覆基岩基本没有关系。故"冰臼"是第四纪"泛冰盖论"证据的观点也失去了立论根本。根据花岗岩地区"冰臼"多发性的特点，针对性地提出所谓"冰臼"多为花岗岩"负球状风化"的成因解释。早更新世时期青藏高原大冰盖论的观点，是一系列地形地貌误判、张冠李戴的解释结果。

在第四纪冰期与间冰期气候旋回中，留下了丰富的古冰川作用地形。有些地形因形成时间久远，仅有部分残存，辨认有一定难度。因冰川与泥石流等都是分选性很差的混杂堆积，很容易出现误判，现在看来，李四光先生以庐山为典型地区建立的东部"第四纪冰川"演化序列存在重大失误，实质是对泥石流沉积的误判。类似的还有韩同林先生提出的"冰臼"与早更新世冰盖等对地质地貌的误用或误判。在中国第四纪冰川与环境变化研究的初期，施雅风先生也曾对新疆著名的博格达峰西北坡的天池堰塞体（即天池大坝）作了误判。1959年施雅风先生初次考察时认为是末次冰盛期的终碛垄。后来周廷儒先生指出天池堰塞体是就近的火山岩滑坡堆积所成，并非来自博格达峰的冰碛。其后施雅风再次考察研究纠正了初期的误判。

近期，科学家应用宇宙成因核素（Cosmogenic Radionuclide，CRN）10Be测年技术（一种同位素测年技术）对天池堰塞体进行了定年，结合地貌学与沉积学确定是近冰阶（Lateglacial），大约是12 ka（时间单位，1000年）前来自天池西北侧的火山岩滑坡堆积，与冰川作用无关。因此，观察必须全面，对成因上的多种可能性，必须审慎比较，排除先入为主的片面性，以免判断失误。

在自然认知的长河里，地球科学在第四纪冰川与现代冰川研究领域里还有大量现今未知，还有待深入研究的工作。可以肯定的是有待探知的未知比我们已知的多得多。

我国完成第二次冰川编目 西部冰川萎缩 18%

2014 年 12 月 13 日 19:27 新华网

新华网北京 12 月 13 日电（记者吴晶晶）中国科学院寒区旱区环境与工程研究所 13 日在京发布《中国第二次冰川编目》。研究显示，中国西部冰川总体呈现萎缩态势，面积缩小了 18% 左右。

冰川是气候变化最敏感、最直接的信息载体。我国于 1978 年至 2002 年开展了第一次冰川编目工作，以上世纪 50 到 80 年代的航摄地形图和航空相片为主要数据源，总计编制 46377 条冰川的目录，总面积 59425 平方公里，估计冰储量约 5600 立方千米。

近几十年来，全球气候的变暖导致世界各地的冰川纷纷表现出退缩状态，我国西部的冰川也发生了显著的变化。2006 年科技部设立了《中国冰川资源及其变化调查》项目。在其资助下，中科院寒区旱区环境与工程研究所等单位开展了中国第二次冰川编目，利用 2006 年至 2010 年间的遥感影像，对中国西部冰川分布现状进行一次系统更新。

统计表明中国西部目前有冰川 48571 条，总面积 51840 平方公里，估算冰川储量为 4494 立方千米。通过两次冰川编目对比，发现自上世纪 50 年代中后期以来，中国西部冰川总体呈现萎缩态势，面积缩小了 18% 左右，年均面积缩小 243.7 平方公里／年。中国阿尔泰山和冈底斯山的冰川退缩最显著，冰川面积分别缩小了 37.2% 和 32.7%；喜马拉雅山、唐古拉山、天山、帕米尔高原、横断山、念青唐古拉山和祁连山的冰川变化幅度居中，冰川面积缩小 21% 到 27.2%；喀喇昆仑山、阿尔金山、羌塘高原和昆仑山则缩小 8.4% 到 11.3%。

从冰川面积年均缩小比率来看，青藏高原南部冈底斯山东段及以南喜马拉雅山区、喜马拉雅山西段印度河河源区等是中国西部冰川面积萎缩速度最快的地区，年均萎缩幅度高达每年 2.2%。羌塘高原是冰川面积萎缩幅度最小的区域，年均面积缩小比例为每年 0.2% 左右。

饮马渡秋水，
水寒风似刀。
平沙日未没，
黯黯见临洮。

3

新
疆
问
水

阿尔金山的风蚀地貌景

第 10 章

从柴达木向阿尔金

10.1 沿那棱格勒河西进,目标——阿尔金山 // 252

10.2 睡在昆仑山美玉流淌的河滩 // 254

10.3 从河谷沟壑进入阿尔金山自然保护区 // 258

10.4 阿尔金山不寂寞 // 262

10.5 乌鲁克苏河畔,陆风汽车钢板断裂 // 265

10.6 冲击车尔臣河 // 267

10.1　沿那棱格勒河西进，目标——阿尔金山

打开新疆地图，从青海柴达木到祁漫塔格山之间是一片橙黄色，那是一片浩瀚的荒漠，没有绿色，没有路径，没有可参照的坐标，唯一可以借鉴的是向西的方向和那条时隐时现的那棱格勒河。中国治理荒漠化基金会考察队在队长杨勇的带领下向南斜插，越过可可西里一角，一直向西。

离开热泵站不久，那棱格勒河出现在我们的眼前。那棱格勒河在这里展现出一个巨大的河床，干涸的河床两侧是沙砾的世界，中间是激流飞溅的河水。

我们在那棱格勒河 5 号桥下拐进，沿河滩上一条小径开始了西行。过河前用 GPS 定位，这里离乌图美仁 10 公里。

那棱格勒河水亿万年的冲刷形成了深切的峡谷，两侧为平坦的山原面，黄水在峡谷里夺路奔走，水如洪流，雄浑而壮观。沿河道向西，切过著名的那棱格勒沙丘，浩瀚无垠的沙漠和遥遥的雪山展现在车队的前方，令人振奋。陆风车得心应手地在沙丘里盘旋跋涉，我操纵着方向盘正在感受荒野的纯净，赞叹地球上还有如此寂寥的净土，谁知绕过一个沙丘，一个井架突兀地出现在眼前，真是大煞风景。驶进一看，是钻井队找矿留下的。后来在不可能出现人烟的地方，又遇到几个钻井队，

从柴达木向阿尔金

有私人的也有官方的，但不论是私人的还是官方的，背后都是受雇于私人老板。在金钱的驱使下，地球将再难有净土。

在那棱格勒河附近就有着整座黑色的山，那是露出地面的煤。大自然的造化也许深有用意，把最后的资源全部藏在人迹罕至的高原和戈壁，但即使这样也难以抵御人类的需求和欲望。

海拔高度一直在提醒，向西的路程一路向上。翻越一个 4000 米的山口，狭窄而惊险，山口处，玛尼堆上经幡在风中飘扬。我想起曾经写过的那首歌：……带上我的祝愿，走进离白云最近的地方，虔诚祈祷永恒的幸福，看经幡在风中飘扬……

这不是条常规意义的路，这只是一条杨勇概念中的"路"。车队在他的带领下，爬过陡峭的山崖，越过卵石累累的河滩，穿过狭窄的由岩石形成的天然甬道。那甬道窄的不能够再窄，似乎一块砖头都很难挤进去。我们在沙丘里陷车，又在沙丘上自救，就这样互相牵拉着越过了昆仑山。

面对眼前的财富和未来的生态，抉择对任何人来说都是艰难的。

在大漠深处遇到了寻找矿藏的打井队

10.2　睡在昆仑山美玉流淌的河滩

　　造物主的神奇无处不在。在昆仑山的一侧，各啬得连植被都不长，荒凉得像月球一般，黄昏时分，我们越过一个山口，这里似乎是一个气候的分水岭，开始发现地面出现一些苔藓植被，随后开始发现有少量沼泽和水洼出现，接着看见四五只野驴风驰电掣般从车的一侧掠过，再后来，藏原羚陆陆续续的出现在视线里，最吸引眼球的是一群野骆驼在遥远的山边出现了一下，然后就不见踪影，给人留下一抹想象的空间。

　　晚上 8 点扎营在那棱格勒河畔。河对岸是一片连绵的金黄色沙丘，夕阳如金，涂抹在山丘的边缘与宽阔的河面上，气势雄伟而壮观。这里的地貌特征受蒙古西风带影响，因此常年刮西北风，所以沙丘走向明显的向东倾斜。因受昆仑山的阻挡，来自海洋的（南风）无法逾越，这里雨水少而干旱。河对岸（右侧）的沙丘多呈现为固定型沙丘。

　　早上，晨曦初现，一群骆驼（约 29 只）出现在不远的山脚下。我们端着相机和摄像机从各自角度亦步亦趋地向驼群移动，力图抵近拍摄到再清楚一些。在距离它们大约 30 米的地方，驼群发现人们的逼近，有些轻微骚动，驼群开始移动，为首的打着响鼻，似乎是在警告自己的同类或者是发出某种信号。于是我们停下，坐在地上仔细端详起这些体魄雄伟的家伙。我们拿不准这些骆驼是牧民散养的还是野生的，环顾四周几十里也没有见到一家牧民。骆驼群里中除了一两个有驼峰外，其他的几乎看不到我们想象中壮硕的驼峰，干瘪的驼峰有的歪斜在一侧，像个干瘪的面口袋，有的背上光秃秃的干脆什么都没有。王玮玲边走边拍，慢慢接近了驼群，一头小骆驼居然背着驼群自己走到王玮玲身边，很友善地和王玮玲打着招呼，友好地对视着，甚至伸出鼻子嗅着她，真是一副人与自然和谐感人的画面。也许骆驼对人也有着先天的识别能力，知道什么人友善，什么人危险。当我往前一凑，驼群就骚动和退却。自己一身迷彩伪装，还以为有着和野生动物打成一片的善良愿望和机会，但骆驼们就是不吃这一套，打着响鼻，一脸警惕，我进它们退。看着王玮玲与骆驼们的一片融洽，俺们只好咽下口水作罢，兴许这家伙就喜欢年轻女人艳丽的外表。

　　拔寨起营，我们继续沿那棱格勒河而上。出发不久，见右侧一个钻塔孤零零地歪倒在远处的沙丘后面，我们驶进一看，原来是一个被

沙丘中的车队

废弃的钻塔，塔身已经锈蚀，半截已经埋在了黄沙里。塔尖斜着伸向辽阔的苍天，无言地诉说着自己的悲凉。

　　沿着河谷一直走到实在没有可能再走的时候，我们又迷失在荒野中。杨勇冒险涉水向对岸驶去，即将登陆的时候陷在河里。这时，看见远方雪山脚下有一顶绿色的帐篷，出现一个黑色的人影，我们不断地招手，那个人影也看见了我们。杨勇爬上岸与那人会合，原来是一个找玉的勘探队。杨勇向那位探矿的人打听到了出路，回来还顺手捡了一块毛坯的山玉。自古以来，玉石界有一种"玉出昆仑"之说，昆仑山由新疆、西藏进入青海，在青海就有3000多公里长，其间藏有丰富的原生玉矿带，沿途河滩山地常见不少散落其间的山玉，因车载重量的限制和对生态的尊敬，对此我们没有过多的关注。

　　因为河水实在浑浊，只得启用备用的矿泉水做饭。晚上抹黑扎营，早上醒来，晨曦漫天，环顾四周，五彩缤纷，原来我们就睡在美玉流淌的河滩上。

　　根据探矿人的指引，过河肯定是无路可走。我们把杨勇陷在河里的车倒着拖上岸，调头驶上了一条显然是开矿人所修建的沙土小道。这条小道的尽头是一个三岔路，一条通往新疆的省道，一条通往一个矿区，我们向矿区移动，不到二里地，一幢现代化的小楼出现在路的左侧。这幢小楼在城市算不得什么了不起的建筑，但出现在荒漠之间，不得不让人有点称奇。一顶帐篷出现在对面，一块横幅裹在帐篷上，被大风吹得哗啦作响。走近一看才看清楚是可可西里生态保护站的字样（实际更像是这个矿区的守卫者）。帐篷里，一个中年汉子正在收拾锅碗瓢盆准备做饭，我们向他要求进去看一下，汉子正忙着，随口答应说，快去快回，不许逗留……

　　通往矿区的路正在维修，汽车绕开路面，从桥下涉水而过，伴着路边被开采出来尚未粉碎的硕大矿

昆仑山下的和谐

昆仑山下的驼群

可可西里与阿尔金山交界不远处的露天铜矿　　　　　　　　　远处是新疆境内的布格达坂峰的冰川

石向矿区腹地驶去。迎面而来的汽车大多是百十万一台的"北方奔驰"重型卡车，车身上写着"××矿业"，足显企业实力之雄厚。我们两台车冒着凛冽的寒风沿着建在山崖上泥淖的矿山小路上慢慢地攀爬，一直爬到了4700米的主峰。远处新疆境内的布格达坂峰的冰川在阳光下发出白森森的光芒，西风带搬运来的黄沙正在向东蔓延。俯瞰山下，这是座露天开采的铜矿，挖掘机顺着山腰正在一层层地剥离山体，莹绿色的矿石被一车车拉到山下的洗矿车间，然后进入财富的大物流程序之中……

　　沿途下来发现众多勘探队的帐篷星罗棋布般出现，钻塔上的红旗猎猎作响，公路上尘土飞扬，机器轰鸣，不是在拓宽就是在扩建。也许西部沉睡了太久，也许西部太需要财富，这些都无可厚非，但地处西昆仑的这些资源矿区所处的地质环境太脆弱，随着冰川的不断消融和地表径流的减少，洗矿使得地下水大量超采，面对眼前的财富和未来的生态，良心的抉择对任何人来说或许都是艰难的。

　　返回的时候，我们在"可可西里生态保护站"门前那个豪华的小楼前驻足，那是某个矿业大亨的接待中心，里面栽种热带的椰子树，头顶巨大的玻璃窗下，垂钓着吊兰之类植物，整个建筑像个巨大的蔬菜大棚。我们多么希望可以在这里洗个澡冲刷一下早已疲惫不堪的身子。我和周宇拿着介绍信找到这个中心的负责人说，想在这里打个尖，歇息一天，那中心负责人有着垄断行业特有的财大气粗的派头，根本不看递过来的介绍信，不屑地说，你给再多钱我们也不接待，我们这里只接待领导人和……说完招呼也不打便转身离去，就好像我们不存在。虽然恨得牙痒，但在门口恶狗的吠声中，我们只得愤愤离开。

　　晚上，我们寻到一个洼地搭起帐篷。夜，奇冷，月光如银，远处的布格达坂峰雪山反射着星星点点的白光。GPS显示我们已经进入新疆30余公里。离公路不远，拖着烟尘的大卡车的轰鸣到晚上10点多才停止，早上5点多，轰鸣声复又开始。这些亿万年形成的资源在人类现代化的手段下，不要多久就会榨取始尽。也许在不远的将来，我们除了留给子孙一堆钞票外就剩下这个千疮百孔的地球了。

　　早上起来，周宇说，他晚上梦见几个维吾尔族女人在帐篷附近，走出帐篷一看，发现原来我们睡在一片维吾尔族人的墓地里。

阿尔金阿雅克库湖畔小景

10.3　从河谷沟壑进入阿尔金山自然保护区

在这里引用队友王玮玲的日记选段做导语：7：30，天晴。在老杨处购米菜——8：20 离开热泵站赶往营地——10：00 庆华矿基地（离出发地 160 公里）——12：15 到达布格达坂营地（离出发地 276 公里，周往沙漠方向去未归，蒋寻之迷向，营帐未拆——13：34，与河并行上行西北，杨车离河上坡，路岔口多，方向不对，冲坡而下，颠簸于沟壑纵横茫茫草滩。幸终回至近河的小道——16：00 进入阿尔金山自然保护区（距布格达坂营地 50 公里），实为昆仑山区域，北为祁漫塔格山。于山间小盆草地而行，多小旋风、藏野驴、少居民——18：00 祁漫塔格山乡依协帕克湖中心站（幸杨勇没留意，否则无手续进出拜访，定要惹出不少麻烦）。湖畔水草茂盛，湖之南侧可见昆仑雪峰与连绵沙丘相依——20：00 到达核心区，小山一毛不长，但夕阳下风化的岩石形态各异，几乎同一高度的山峰呈褐色和土黄色，陡峭——20：20 扎营于乱石下，无水源，矿泉水做饭，人几近断水，仅剩前两天在热泵站灌在壶中的水。自山口共行 234 公里……

第一天的行程用"颠簸于沟壑纵横茫茫草滩"实在是贴切。这是一个没有任何路径和路标的向西的"大方向之旅"，地图和 GPS 在这里都是一片空白，我们不知道阿尔金山的关卡在哪里，也不知道我们会沿着河走到什么地方，但我们相信杨勇在野外超出常人的地形判断力，只是标定大方向，边走边看，走到哪儿算哪儿。

下午，当我们顶着烈日，从沙漠的洼地里筋疲力尽地爬出来时，终于看见皮提勒克河出现在车队的左侧。右侧的祁漫塔格山黑色皱褶的山体凝重地耸立在我们面前。无数个小型龙卷风在谷心地带打着旋，又在旋转中消失，美妙且诡异。

沿那棱格勒河谷向阿尔金山进发

沿河床爬上荒草甸子进入阿尔金

终于发现一块木质路牌，书写：阿尔金山自然保护区。这块简陋的"招牌"实在与这个地球上圣洁的地方不相匹配，我们下车伫立，用自己的虔诚向这块土地膜拜。

　　木牌后面是铁丝网圈起的地界，从铁丝网沿着模糊的小径开进去，意味着我们已经正式进入阿尔金山保护区了。

　　祁漫塔格山下的草原保持着原始的静态，似乎世界从开始就是这般模样。行不了三五里，就看见了一群绅士般的藏野驴，它们矫健的身影疾驶而过，卷起漫天的黄尘。我们惊扰了它们，多少有些内疚，因为它们才是这块土地真正的主人。

　　在核心区，我们看到一个宣传牌，写着：人与自然需要和谐相处。看到这些字眼真的有些欣慰。不记得哪个一个哲人说过，什么时候人类能够了解地球上其他动物和植物的喜乐和情感，这才是真正意义上的和谐……

　　在阿牙克库木湖畔，一座有些艳丽的建筑出现我们的视线里，根据路牌的指向，那座建筑是祈漫塔格山乡依协帕克湖中心站。为了稳妥起见，我们还是停车观察，发现保护站的院子里黑影幢幢，难以辨认。我们决定到保护站了解情况，正驱车前往，几个高大的黑影从院子里冲了出来。原来这是一群壮硕的藏野驴，它们在保护区办公室里正"行使"着驴的主权。野驴见到汽车没有显出什么惊奇和恐惧，竟然昂着高傲的头颅与我们在草原上开始了越野赛。看着它们矫健奔驰的身影自我们的面前绝尘而去，真是一件很美妙的事情。

　　沿着沙土小道，我们行驶在静谧的昆仑山腹地，阳光穿透云层在山体上变幻着奇妙的色彩。在阿尔金山自然保护区核心区，我们看到，这里几乎同一高度的山峰呈褐色或土黄色，陡峭巍峨，岩石形态各异，有似虎长啸，有似骆驼跋涉，有似神龟而卧，林林总总，神奇莫测。我们在一堆嶙峋的怪石下面选择了扎营点，不远处是阿牙克库木湖，湖畔水草茂盛，湖之南侧可见昆仑雪峰与连绵沙丘相依。老蒋对阿牙克库木湖是盐湖还是淡水湖持有疑问，决定自己带着水桶去看看。这两天在炎热的气候下跋涉，做饭和日常饮水已经消耗不少储备的矿泉水，如果能够找到淡水那是最好不过。望山跑死马，望水也能跑死马，直到天色彻底黑了下来，正当我们带着灯具要出发寻找蒋时，老蒋回来了，沮丧的说是咸水。检查公里表与 GPS 对照，这一天我们居然在荒滩河谷里跑了 234 公里。

辽阔壮丽的阿尔金山下奔跑的野驴群

阿尔金山地貌

阿尔金山奇特的半沙漠半岩石的山脉

10.4　阿尔金山不寂寞

　　第二天早上，爬上山坡拍摄湖面，见水色灰调，盐碱度极高的河滩上白茫一片。正走在一段沙土路上，突见一排管道横铺在路中间，大惑：这阿尔金山自然保护区腹地怎会有如此东西？下车观测，发现管道一直延伸到山坳里，依稀可以看见厂房的一角，估计应该是矿山的抽水和排水系统。再仔细看地面，有重型车的车辙和疑似洒落的矿粉等物质。在利益的魔棒下，阿尔金山深处也不寂寞。

　　顺河谷爬到祈漫塔格山垭子山口（海拔 4522 米）处，此地为两大宽谷的分水岭，北行往若羌上国道，南绕湖可进阿尔金自然保护区无人区下到且末。在垭子口遇到一辆丰田车迎面驶来，见面打招呼，原来是一位来自河南的矿老板，老板很热情，也不忌讳自己开矿老板的身份。他得知杨勇准备绕湖考察走且末，

翻越祈漫塔格山垭子山口海拔 4522 米

摇头说很危险，并且告诉我们，去年一个来自湖南的勘探队，四个人带着一台车进去，还有海事卫星电话，在有人救援的情况下，结果还是一死三伤。我们和矿老板亲切握手告别，似他乡遇故知之感。分手前，老板交代我们，遇到检查站的人，就说是 x 总的朋友，没有人会刁难你们的……我一边感谢一边叹息，在当下，财富后面的力量远超过被我们视如珍宝的那张薄薄的"介绍信"。

几人协商衡量后，杨勇决定还是绕湖西去，因为要考察的河流都在那里。于是调头回返，从阿牙克库木湖北畔，沿山前洪积扇横切而行。路况极糟，车子起伏如海浪中颠簸。

此时的湖面平静、水色清蓝，精于天文的王玮玲指着天空云层出现的锋面景象，告诉我们，云是东暖（云）西冷（晴）……收音机里播出台风"莫拉克"正在福建登陆的消息。

阿尔金山强壮的野驴群

阿尔金阿雅克库姆湖上的七彩佛光

　　15：40 左右，车队终于弃湖上山。此地山色优美褐红带白，犹如盆景雕琢一般，我们先穿峡谷，再出山见平川，好胜的野驴成群与车赛跑。17：00，遇到两个牧民，我们准备的维吾尔族问候语"热哈迈提"还在酝酿，那边牧民流利的汉语问候"你好"就已经出口，弄得我们一阵哑然。18：00，越过 5400 米的分水岭，下山后，见一宽阔的主河道，但不见有水，连水渍的痕迹都没有，估计干涸的时间已经很久。没有水的河床就是河流的坟场，猎猎的高原风刮过头顶，我们在河边肃立，向它致敬，带去我们向大自然的敬意。

　　黄昏将近，风大而凛冽，温度开始持续下降，耳朵冻得生疼。在一山口后侧，寻得一稍微避风之地，在呼啦啦的大风中开始艰难地搭起帐篷。大厨杨勇见有小溪流，觅之一盆，红虫甚多，虽蛋白质丰富，终不敢拿肚子冒险，仍以不多的矿泉水做饭。晚上 10 时许，见远处有车灯闪烁，隐约听到汽车声，众队员赶紧熄灯灭火，隐于帐中，做防护准备。地处南疆的阿尔金山腹地，警惕性断然不敢松懈。凌晨 2：00 马达声又将近，队友老蒋在帐中大喊，怕有贼人逼近，笔者提刀急跃出，见车灯遥遥远去，遂进账纳头便睡。

10.5 乌鲁克苏河畔，陆风汽车钢板断裂

早上钻出睡袋，见车内温度表显示为零度。手冻耳冻，提笔写字直哆嗦。登高远眺，发现在离我们宿营地不远的地方，还有另外一条公路，一辆重型卡车轰隆隆地开了过来，看样子是走了夜路才赶到这里，车身上照例是 XX 矿山。在财富的重压下，脆弱的生态还能承受多久？世界第三极的地上和地下蕴藏着丰富的资源，不知给它们带来的是福是祸。

这一天很是不顺，路况糟糕至极，平地多为沙地，陷车频繁。爬山时山地又是坑坑洼洼，折腾得杨勇的头车钢板断裂了，抛锚在赤日炎炎的阿尔金山。好在不是主钢板，我们用铁丝缠住后继续前进。但这样一来，速度就大减，车行速为 14 公里 / 小时。终于有闲暇时间把身边美景好个端详：南望昆仑木孜塔格雪峰，北眺阿尔金山雪峰群。草已枯黄，夕阳下透着苍劲荒凉的美，巨大的洪积扇连绵成片，如入洪荒时代。东南方向已见阿其克库勒湖，感知渐近且末。黄昏时分，乌鲁克苏河出现在视野，应该是已进入塔里木河流域。19：00 杨帆因多天、单调而枯燥的景观累至困，歇片刻后，已不见前车影，狂追。我等在一块高地上挥旗呐喊，方喊得前车归来。漫野荒原，离散的后果不堪设想。当晚宿于乌鲁克苏河畔，晚霞如火，寒风飕飕，河水冰冷。这天虽磕磕绊绊也行了 140 公里。

这是进入阿尔金山的第 3 天，虽然已经已经走了 470 多公里，但距离我们的补给站——且末尚有 150 多公里（图上显示仅供参考）。各车的油都仅剩一格多（约 20 来升），由于钢板的断裂和路况的艰难，加上对前方路况的不明，使得人疑窦丛生。这个时候真是体会到了什么叫"摸着石头过河"。

阿尔金山地区很多干河床成了行车的大路

在阿尔金山腹地越野车断了钢板

揣着梦想奔阿尔金

出发，早安阿尔金山！

鬼斧神工的阿尔金山岩石

　　早上掀帘出帐，乌鲁克苏河静如处子，远处阿尔金山雪峰肃立，拂晓的光芒轻抚着草地，草地上只有一种像稻荏般的植物，独自承受着雨露的滋养。漫步河畔，湿润的草地上有着藏野驴等偶蹄类动物凌乱的脚印。也许是受到我们的惊扰，这些动物藏到了我们不知晓的地方。当我们离开以后，这里才是它们的乐园，高原是属于它们的。

　　这里是山玉和山流水的产地，稍加仔细观察，玉石俯身即拾。真是美玉遍地，叫人目不暇接，把玩在手，温润有泽。这些软玉亿万年来沉睡于斯，与君有缘而见面，实在有一种穿越时空的缘分。中国历来把玉作为吉祥与美丽的替身，也是气节的化身。玉，不但是一个饰物，更多是一种文化现象。但它的存在也给昆仑山带来了很大的后患，找玉矿和开发玉矿已经成为一个产业，它给昆仑山的植被和生态带来的恶果显而易见。

　　进入阿尔金山的第 4 天，我们拔营沿河下游方向爬坡西行，途中遇到驾驶手扶拖拉机的维吾尔族采金人轰鸣而去。溪流渐多，我们埋头溪水一阵狂饮，再取出所有的容器灌装淡水以备急需。

小知识
　　山流水是指原生玉矿石经过风化崩落，并经洪水冲刷搬运到河流中上游的玉石，特点是棱角稍有磨圆，大多有美丽的皮色。

10.6　冲击车尔臣河

　　这一天对摄像师周宇来说真是个倒霉的日子。因为不停地涉水过河，身兼救援工作的周宇在一次下河后，鬼使神差地没有及时换上鞋子，在赤足随同杨勇拍摄河床的时候踩到了一个破碎的酒瓶子，如尖刀般的玻璃碴直刺脚背，险些穿透，血如泉涌。这个概率实在离奇，方圆万把平方公里的荒野渺无人烟，踩在这个酒瓶子的概率就像陨石落在头上一样的中了头彩。于是几位临时医护齐上阵，王玮玲取出从广州带来的急救箱，清洗、消毒、包扎有条不紊，显示出一个专业团队的素质。不幸的是伤口里的碎玻璃屑没有能够清除干净，途中感染化脓，到了且末又到医院处理，那是后话。

　　15：26 小路止于车尔臣河急流前，河水正是暴涨时，汹涌澎湃。河对岸一辆北京吉普的残骸四脚朝天躺在河滩上，在阴沉的天幕下显出一种不祥的预兆。我等沿河寻找，企图找到一个相对浅滩的地方渡河。我们还没有返回，杨勇已经发动汽车，轰然下河强渡，车身很快被激流冲得摇晃起来，更加倒霉的是车在水中熄火，几乎瘫于水中，河水很快漫进驾驶室。周宇只得把受伤的脚高高地抬放到驾驶台上，另一只手还举着摄像机坚持拍摄。站在岸上的我们只有祷告了。奇迹还是发生了，在几乎不可能的状态下，汽车在水中重新发动，一阵抖动后，竟然爬上了岸！随后杨帆和笔者吸取头车的教训，寻得上游一角，利用水势的力量把车顺利地开了过来。过河后路况变好。

　　18：30 行至一探矿营地，前往搭讪，得知他们是来自东北的探矿队，见其装备整齐，人员素质不

车尔臣河突发洪水，考察队冒险通过　　　　　　　　车尔臣河畔废弃车的残骸，疑是盗猎者所弃

装备精良、配备六驱卡车的不知名探矿队进入阿尔金山　　摄影师周宇"遇埋伏"，血流如注

似农民勘探队，细探究，为首的人说他们是国营单位的勘探队，因为没有活干，被新疆老板请来探矿。说这话时，他似乎有些不好意思。此时，一阵香味飘来，弄得条件反射般地吞咽起口水来。管事的说他们也是才从现场会合，准备会餐。侧目而视，另外一个帐篷里炊事员正在做菜，做好的菜摆放在长条桌上，特别是那油炸花生米的色泽和香味刺激着视觉和味觉，他们如果有挽留我们共进晚餐的意思，哪怕是一句客气话，我就会欣然落座……但期待中的"邀请"最终没有出现，我们还得咽着口水继续前行，过了很久，花生米的香味似乎还在嘴边萦绕。

20：00 寻得水源区扎营。后有两拨进山采金的人也相继在我们一侧扎营，看他们的装备很是了得，六驱大卡车，带着维吾尔族司机和向导。奇怪的是为首的几个都穿着中国石油的橙色工作服，凑过去一打听，他们却不是中国石油的人，具体是哪个企业哪个老板，他们讳莫如深。在新疆，中国石油公司是老大，穿他们的工作服有诸多特权和便利之处，其功能相当于内地的收费站穿着仿制的警服，有时可以起到鱼目混珠的目的……晚上两队的帐篷扎在一起，锅碗瓢盆一起叮当作响，算是进山来最热闹的一天。当然那边的饭菜质量之高与我们不可同日而语，随风飘来的香味使得大家咬牙切齿，一致"羡慕嫉妒恨"……那天我们行进了 112 公里。

9：40 出发，沿阿尔金山干谷西行。峡谷狭陡幽弯，呈红褐色，视觉充斥着灼热感。

11：00 遇骆驼群，驼峰全无，虽然面对干渴的大地，但仍然仰着高傲的头颅，不惧人车。碧空蓝天，沙漠骆驼，使这里有撒哈拉沙漠般的风情。

12：30 上坡沙土道，浮土厚而松。我开车企图绕开浮土，却深陷更加厚的浮土之中，下车自救，一脚踩下，浮土至膝盖，扑面飞扬，满车皆土。杨帆在后拖拽，良久脱困，鼻子耳朵足塞有半斤阿尔金的尘土……

之后翻越数座高深大峡谷，垂直落差高度多在千米。一会爬上高高的云端，再折下峡谷幽幽的深渊，左右盘旋俯冲。除了注视路面外，还要不断地看着油表。报警指示灯停止闪烁的时候，我们还没有看到走出峡谷的迹象，我开始做着各种假设和预案，开始计算着徒步出去的距离，粮食储备……

黄色的报警灯似乎凝固在那里，人的思绪也凝固了。就这样机械地开着，不断地涉水爬坡，一副信

冲出阿尔金

好似撒哈拉沙漠中的阿尔金山骆驼

天由命的坦然心态，不知道过了多长时间，也不知道走了多少路程，一个无人住的检查站门前歪倒的牌子提示着，我们已经走出阿尔金山！眼前一片黄沙漫漫的景象，这里是塔克拉玛干沙漠。当我们迎着漫天的黄沙，穿过一条废弃的沙漠公路，走到且末县城边上的加油站加完油后一计算，除去加的油，到加油站前油箱里的剩余燃油还不到 2 升。

　　再见，阿尔金山。

沿着河谷走出阿尔金山

不断萎缩的博斯腾湖还在为旅游业"贡献"着自己最后的力量

第 11 章

博斯腾湖不能承受之重

2009 年 8 月下旬，考察队到达库尔勒市东北方向的博斯腾湖区。南疆归来一路风尘蓬头垢面，满眼的沙漠荒原、干涸的河流水库、喝咸水的棉田、饥渴的果园胡杨林，企盼淡水的呼喊犹在耳畔回响，就是做梦也是大漠戈壁的沙尘，那时我们就知道了博斯腾湖的重要地位，干涸中有多少人在惦记着分你一杯羹啊！

走出沙漠荒原的人才能领会水和绿色的可贵。未到博湖已是满眼的绿色，路边的西瓜水果令人心怡气爽、精神振奋。待到博湖水面一游，穿梭于苇荡湖汊，湖风拂面浪花激肤，望蓝天白云水禽，万木霜天竞自由，顿觉一身疲劳尽消。

湖的西岸，一间铺着红砖只有茅草顶篷的旅游餐厅被我们选中，它免去了我们苦外帐的烦琐。餐厅东、西、北三面镂空，仅南面设墙，数十把轻质的白色塑料靠背椅叠放在"屋"的西侧，几张同样材质的圆桌散放在砖地上，留给了我们相当宽余的地方设帐，当然无法插地钉，队长他们可以住三四人的大帐篷设在了"屋外"，周边是停靠的三辆越野车。在经过景区管理人员的同意后我们支灶设营。

天色渐晚山水失色，两辆轿车从餐厅旁驶进伸向湖面的渡船码头，那是夜间的捕鱼者。在几盏头灯的照耀下杨大厨烹制着晚饭，这是他一天中最为惬意的时刻：葱姜蒜、郫县豆瓣、盐酱油，一会儿工夫他就可以炒出可口的川菜，然后是一声川江号子：开饭喽！这位在家连裤头都不洗的甩手掌柜却酷爱野炊，自得其乐不容他人替代。

苇草中的蚊子如期而至。先是几只，群体迅速扩大，成群的在头灯下袭击鲜活的肌肤，菜锅旁掌灯的先后逃走，仅剩厨子一人喃喃自语着操练："我咋个没感觉呦！"杨大厨一手拿铲一手胡搂着如蜂般妨碍视线的蚊虫，这种杂沓的蚊子一直伴随着晚饭的全程。从未见过如此猖獗、前仆后继嗜血如命的

临近博湖的路边西瓜水旺甘甜，令人心怡气爽、精神振奋

蚊子，涂了几种驱蚊剂也无济于事，以至于多数人忘记了那晚吃的什么菜何种味道，但有一点可以肯定：吃了不少蚊子——那也是肉呀！

天彻底黑了，没有月光，即便有恐怕也没了拍摄博湖皓月的心境。那两辆轿车先后离去，有一辆在此停伫，问其收获如何，答曰：水边蚊子太厉害了！黑暗中望去，那人居然头戴养蜂专用的面罩，如此有备而来又落荒而逃可见博湖蚊子了得！和许多地方一样，天黑透了蚊虫就会少一些，真令人匪夷所思：难道蚊子吃饭也扎堆儿吗？

总算入帐了。拉好帐篷拉链，头灯细查可能进入的蚊子，然后抚摩着痒痛渐消的肌肤，摊开账本记下今日的行程和发生的事情，钻入睡袋进入梦乡。风是午夜时分刮起的。先是徐徐的，继而加强，时紧时松越发猛烈了。那风自东北方掠湖面横扫而来，无遮无拦，杨帆驶动车辆，将三辆车尽量靠拢试图阻挡风势，车灯射出滚滚的黄沙和慌乱的人影；绳索拴在车上拽紧了帐篷，石头压住篷角，杨八爷、苍狼在南墙略背风一隅设帐，并用板儿砖压实四角，砸紧地钉，苟且睡个回笼觉。约莫半小时后沙地、餐厅已不见人影，唯有肆虐无忌的湖风统治着黑夜。不知又有多少沙尘填进了博湖，博湖最终的消失应该始于东北终于西南吧？

风不知何时停的，鱼肚泛白时已全无了它的踪迹，昨晚的事像梦魇般的毫无把柄。旭日跃出湖面，柔柔的橘红浸染湖水苇荡，早起的水禽翱翔天际，沐浴在祥和美丽的博斯腾湖的晨曦之中。我们灰头土脸地钻出帐篷，来不及清整撒满细尘的睡袋物件就急忙跑去拍摄转眼即逝的朝阳。

中天山脚下，源于巴音布鲁克草原的开都河沿途纳百川之水，自西向东注入博斯腾湖，博斯腾犹如一块蓝色的宝石镶嵌在荒漠沙丘之中。博湖舒展着柔曼的臂膀，荡起万顷波涛，湖风掠过芦苇，惊起一

博斯腾湖有中国最大的野生睡莲群落

博斯腾湖与沙漠的对话   高大的白杨是新疆永远的风景

滩鸥鹭。湖光潋滟远山壮美，睡莲浮萍舟舸游弋，沙丘环绕更显一泓池水的妩媚，盎然的生机令沙丘妒忌。博斯腾湖有 972 平方公里的水域，是中国最大的内陆淡水湖泊，是国内最大的芦苇产地，以其命名的县全国仅此一份，博湖县就依偎在她的臂弯里。博湖敞开着博大的胸怀接纳着那些携家带口饥渴难耐的小动物，滋润着沿岸数不清的植物，并给予它们生存栖息之地……博斯腾湖每年还输水孔雀河救济塔里木的胡杨林，浇灌南疆干渴的农田，让绿色再现，给人们以希望。

　　而后的绕湖考察又让我们心存忧虑，也许天地造就了塔里木盆地，阿尔金、昆仑山、天山众多的河流都向心状地流进了盆地和沙漠的腹地蒸发消失，水资源就是这样不均地分布，沙漠的包围紧逼，上游水源的减少和输出的增加已使博湖不堪重负，水面逐年退缩，周边的沙漠不断向湖心推进，加上人类管理不善和过度移民开垦荒地种植棉花之类的作物，我们毫不怀疑：今天的罗布泊、台特玛就是博斯腾湖的明天！

　　我们在库尔勒农二师 31、32、33、34、35、36 团的走访中，看到了这样的生活现状，这是一个挂满库尔勒香梨的职工宅院，年轻的安徽籍女职工告诉我们她们用水的状况："团里每 5、10 或 20 天给每户自来水管道输送筷子般粗细的少量淡水，也仅够做饭擦身之用，除做饭饮用外，我们都掺和地下的咸水，他们甚至发明了一种简易的设备，就是在自来水龙头上，安装一个吸水器，启动后可以把残存在水管里的水一滴不剩地给吸出来。这真是一种令人悲哀的发明。兵团种植的库尔勒香梨每年仅浇灌两次，今年博湖水下来的很少，第二次就免了，所以今年的香梨个小斑点极多，往年香梨落地即碎，你们看看现在这个模样……今年的棉花收获在望，再不浇一次水，棉桃将自行脱落，一年的辛苦全将落空，我们已经放弃库尔勒梨，全力保棉花。可生活需要水呀！再没有水我们只能选择离开这块土地了。"水，在这里已经成为生存的主旋律。

博湖湿地的红柳

靠博湖滋养的甘美瓜果

博斯腾湖畔的沙雕

素有"落地一滩水、入嘴一口水"的库尔勒梨，因缺水梨核干瘪、失去了商业价值

我们在博斯腾湖边看到，湖边为旅游设置的遮阳篷每年都向湖心推进 200~300 米，退缩留下的子湖多数已经干涸，有些已变为卤盐场，漫滩最深不过六七米！

我们在博湖游泳场采访了工作人员，工作人员指着立在沙滩上孤零零的一块巨石对我们说，那是中国游泳运动员张健 2007 年 8 月 25 日率领横渡队横渡博湖时入水的地方，从入水纪念碑到现在的湖岸线，足足后退 200 米。

西汉张骞出使西域给汉武帝的奏议中称博斯腾湖为"秦海"，他认为博斯腾湖是秦汉天下的陆地大海。《西汉　河水注》称博斯腾湖为"西海"，武帝封张骞为"博望侯"，博望——博览、博湖，传承华夏文明之博大。可以想象博斯腾湖当时出现在张骞的眼前应该是何等的浩荡。

我们在博斯腾湖东泵站看到了这样的资料：博斯腾湖东泵站，位于博斯腾湖西南角，距库尔勒市 64 公里。东泵站工程是塔里木河流域综合治理项目的三个标志性工程之一。工程主要任务是：第一，每年向塔里木河下游输送 2 亿立方米生态用水及向塔河下游垦区输送 2.5 亿立方米生产、生活和生态用水，改善塔里木河下游的生态环境，提高孔雀河灌区用水保证率；第二，加快博斯腾湖水体循环，降低湖水矿化度，防止向咸水湖转化；第三，在开都河丰水年时，提高博斯腾湖的调控能力，有效控制博斯腾湖的最高水位，提高博斯腾湖的防洪能力……

东泵站的工作人员告诉我们，现在开都河上游加大开发力度，库尔勒的工业发展迅猛，注入博湖的

博斯腾湖与沙漠的对话

中国游泳运动员张健带领横渡队 2007 年入水纪念碑显示，湖岸线已经退至 200 米以外

因水的困境而抛荒（弃种）的棉田不算少数　　　　　　　　　　　　　　　　博斯腾湖东泵站

水量剧减，加上气候变暖，降雨减少，自身的蒸发量加大，湖岸线不断退缩。泵站不可以超越博湖泵水底线往下游的孔雀河输水，但现在下游都在喊渴，自己也是巧妇难为无米之炊……

　　博斯腾湖局部地区仍然在干涸。在我们走过的，发源于阿尔金山的车尔臣河干枯了，2100千米、号称国内最长的内陆河塔里木河今年也断流了1100千米，它和车尔臣河的交汇处——台特玛湖仅剩下一汪咸水。不要被地图上蓝色的斑点所欺骗，那些湖泊水库十有八九已经干涸而徒有虚名。在新疆境内，曾经面积浩瀚的罗布泊、台特玛湖、艾丁湖都已经不再有水，如今，只有博斯腾湖是整个中亚地区唯一的淡水生态系统。不难推断，在沙漠的进逼和日益加剧的蒸发下，博湖难以坚守太久。

　　我们想象，假如张骞老先生有幸再次走过博湖，他老人家对皇上的奏折上断然不会再写上"浩荡"两字。

　　博湖已经不能承受之重！

局部地区仍然在干涸的博斯腾湖　　　　　　　　竖立在博湖的张骞出使西域雕塑

留给我们记忆的是布满盐碱壳的台特玛湖

第 12 章

从塔克拉玛干到天山

12.1　胡杨与红柳的礼赞 // 280

12.2　沙漠公路——荒漠中的绿丝带 // 285

12.3　策勒河峡谷——地球下陷的地方 // 288

12.4　玉龙喀什——挖地球祖坟的地方 // 290

12.5　最后的台特玛人 // 295

12.6　塔里木河上争夺的"明珠"——胜利水库 // 298

12.1　胡杨与红柳的礼赞

小知识

胡杨，荒漠生态中特型植物。它毅力坚强：抗旱耐热，抗寒耐风沙，可以生存在盐碱和贫瘠的土地上。只要地下 10 多米的地方有水分，她们便会汲取并储存到自己的躯体里，再慢慢地吸收、供给。

从 2009 年 6 月开始，中国治理荒漠化基金会科学考察队穿越高原、沼泽，从青藏高原进入新疆，对中国西部水源地进行了 4 个多月的考察，当考察队从漫天黄沙的阿尔金山峡谷里冲出来，出现在南疆且末加油站的时候，每辆车的油箱里的残油还不足 2 升。

8 月 24 日的库尔勒，炎热的空气里有一种不安的因素在骚动。乌鲁木齐"7·5"事件投下的阴影仍然笼罩着库尔勒。没有正当的消息渠道，但各种小道消息满天飞。

23 日上午，我们与库尔勒汽车运动协会的两个负责人见面，详尽地了解了我们即将抵达的南疆地区的情况，两位朋友告诉我们，眼前遇到的困难也许是他们解决不了的问题，沙漠与炎热还不是主要问题，我们面临的更大问题是复杂莫测的社会因素，当我们提出是否帮助找两个向导时，两个朋友异口同声地说，现在就是给再多的钱也没有人给你们带路。可见"7·5"事件的后遗症有多么严重。我们遗憾地表示了理解。

晚上我们在库尔勒召开了一个简短的会议，对是否继续南疆的考察做着最后的决定，经过一番讨论后，全体还是决定继续前行，如果放弃了这段（和田河、车尔臣河、塔里木河等）最有价值的考察，那么整个西北水资源考察计划都无法圆满。我们从思想上、组织上和物质上都做了一些准备，决定继续向

濒临死亡与重生之间的胡杨林

库尔勒汽车运动协会的秘书长在为考察队和田路线出谋划策

大漠中的罗布泊峡谷和峡谷中神秘的壁画

前进入南疆。尽管前方无数的挑战考验着这支队伍,我们还是毅然离开库尔勒,先向东北到和田,再往南进入塔里木盆地,穿越塔克拉玛干沙漠。

33万平方公里的塔克拉玛干,是中国最大的沙漠,位于塔里木盆地。盆地内60%的土地被塔克拉玛干沙漠占据。这是地球上最荒凉的角落之一。

地质工作者用碳14测定沙漠中贝类化石的年龄,证实这里是距今2800万年前地中海的海滩。更加让人感到震惊的是,它们生活的水塘距今才2000多年,也就是说,在2000年前,这里应该是水草茂盛,绿洲荡漾,人类繁衍生存的地方,短短2000年,在地质年代上也就是白驹过隙,水边的绿洲早已消失了踪迹,这不禁使人扼腕感叹。

胡杨下的生机

胡杨美丽的种子，等待着风的使者　　罗布泊大漠中著名的据说是从未干涸过的"鹰泉"　　沙漠中死而不倒的胡杨

自海水呼啸而去，这里就变成了地球上离海洋最远的地方，从新疆首府乌鲁木齐出发，向西要越过6900公里的大陆才能到达大西洋，东距太平洋2500公里，南距印度洋2200公里，北距北冰洋3400公里。大漠苍苍，早已闻不到海洋湿润的气息，这里已是典型的内陆。

途中我们看见胡杨在河流已经消失的两岸形成稀疏的天然林带，仿佛是河床的守护神。水，远离了，但胡杨却在坚守。树，永远是水的衍生物，但胡杨的生存能力已经超过同类的太多，在如此恶劣的气候条件下，仍然顽强地生存着，它毫无悬念地获得了"荒漠河岸树种"的桂冠。

胡杨，在维吾尔语中叫"托乎拉克"，意为"最美丽的树"，维吾尔语中，也被称为柴火。初次在干涸的河道边，见到成片的胡杨时，我都感到震撼：它突兀地出现在荒芜寂静的沙漠里，给人一种生命的感召。沧桑嶙峋的树干上是柔顺的枝条，枝条的末端是圆阔金黄的叶，粗大的根系如老人苍劲的大手，牢牢地抓在沙地上，枝伸向蔚蓝的天空，在风中摇曳，展示着顽强的生命力。它永远用那"生一千年不死，死一千年不倒，倒一千年不朽"的胡杨精神，诠释着生的美丽，死的不朽。

爬上沙丘，极目远眺，沙漠淹没着大地上的一切，古堡、栈道、驿站，还有岁月的辉煌，都被掩埋在厚重的沙漠下。漫天的黄沙和狂风沆瀣一气，撕扯着胡杨的身躯，但沙漠的狂风从来也没有使坚强的胡杨退缩过。哪怕是被狂风拦腰折断，那高傲的胡杨也要保持挺立的姿势。胡杨倔强得犹如一位勇士，

塔克拉玛干沙漠中的胡杨有着固沙的生态作用　　有胡杨林的地方就会有人类生存的空间

塔里木河胡杨林深处的人家

胡杨林始终是塔里木河忠诚的卫士

昂扬地讲述着风沙掩埋的历史，注视着地质的演化与变迁。

这些胡杨是塔里木河最后的树。它们静静地矗立在黄沙肆虐的大漠中，与黄色的沙漠构成一道炫丽的风景。

很幸运，我恰好拍摄到了开花的胡杨，刚刚苏醒的胡杨要抓紧时间开花。它期待一场大风把它带到湿润的河畔，对于胡杨来说，风是生命和爱情的使者，虽然这种美好的愿望大多会落空，只有极少幸运者可以随风飘落到易于生根发芽的地方，它们是带着希望而生，带着希望而死，胡杨的种子有着一种悲情的色彩。

塔里木河下游，胡杨林就像沙漠中的绿岛，是人和动物唯一的生存之地。在岁月的长河中，胡杨追逐着河水，人们拥着胡杨林，在沙漠中生生不息。这里的居民逐水而居，在胡杨林的庇护下放牧栖息。假如胡杨林不再能够保护这片土地，他们的命运将和他们的前辈一样，唯有继续迁徙。

胡杨，阅尽了亿万年间的海陆变迁，如今，它正在面对新的灾难。生命之源——水，日益干涸，使得这片世界上最大的胡杨林走向衰败，而胡杨林的未来正是这片土地的未来。

其实胡杨的生命并不像我们想象的那样可以千年不死。胡杨 60~65 年进入成熟期，100 年左右就开始出现顶部的枯死，植物学家说，在水分条件好的地方，胡杨的寿命是 100~400 年。至于千年不死

胡杨的这种狰狞和扭曲的形态使它看起来更加沧桑

大漠苍苍，西风烈烈，这样高大的胡杨是不多见的

和千年不倒之说，那是对胡杨气节的礼赞。

胡杨的身躯多是嶙峋扭曲，为什么会长成如此的形状，那是在一代代的干旱中，为了生命的延续，它必须改变自己去适应干渴的大地，也必须放弃生命中值得骄傲的身段，以扭曲甚至狰狞的姿态顽强地取得生存的空间，这种扭曲透着一种悲壮和生的智慧。

除了有嶙峋的造型和"千年不死""千年不倒"的气节外，我还发现胡杨的另外一个现象：大凡傲然而死却又依然耸立的胡杨附近，大多簇拥着大丛鲜艳的红柳。它们共同用娇艳的身躯抵御着风沙，抵挡着灼热的阳光，直到它巨大的身躯在某一天轰然倒下，被呼啸的大风撕成碎片，被沙漠掩埋。红柳始终用艳丽守护着胡杨的沧桑，这是一种万物之间的致敬，一种礼赞。正是：胡杨悲风，大漠苍凉；红柳侠义，穹庐可鉴。

小知识

塔里木，中亚腹地一座亘古沙漠，在九色鹿般流淌并汇聚成塔里木河的九条河流的两岸，生长着200多万亩原生和次生胡杨林，成为干旱与绿色的分界，成为人类与自然争夺地盘的高地。塔里木盆地胡杨林是世界上最大的一片胡杨林，也是世界上最后的胡杨林。

红柳是胡杨林的忠实伴侣，那是一种礼赞

在不断的陷车中艰难穿越塔克拉玛干沙漠

12.2　沙漠公路——荒漠中的绿丝带

我们沿着干涸的塔里木河床两侧行驶，从胡杨林残骸里驶出，爬上了世界上最长的沙漠公路——塔克拉玛干沙漠公路。从阿克牙斯克乡踏上沙漠公路，一路往南，中午在路边打尖、补胎、加油，杨勇给每台车都加满油，看来肯定是要去南疆。

这条沙漠公路是塔克拉玛干石油指挥部修建的，沿途见到不少钻探队的营房和延伸至沙漠深处的公路。因为是专用公路所以并未编号，只是简称沙漠公路。过去北疆到南疆必须经库尔勒、库车绕道喀什，路上须花费几天的工夫，现在除过去的老路外又修建了和田至阿拉尔、民丰，且末至轮台的沙漠公路和若羌至库尔勒的218国道，大大缩短了旅程的辛苦，提高了运输效力。

在距塔中130公里的沙漠公路21号水井站，杨勇决定休息。

这真是一条伟大壮观的公路。443公里长的公路连绵在浩瀚的沙海之间，两侧种植着耐旱的红柳、榆树、沙拐子、梭梭树、胡杨、沙枣等植物。它的伟大不是建造这条公路的伟大，而是在于养护它的人。这是一群与沙海为伍的人，一群可敬的人。这条公路的存在还因为有这些沙漠植物的顽强守护，如果没有绿化带的存在，也就没有这条公路的存在。为了维护这些植物的存活，沿公路建造了110多个提灌站（这里叫井站），平均4.5公里一个。公路的两侧是林立的石油钻井架，足以显示这条公路的重要使命。

浩瀚的塔克拉玛干沙漠沙山绵延一望无际，这是一片没有生命的区域，没有一棵树一根草，满眼的单一色调使旅途极易疲劳，即便是从未见过沙漠的人，最

沙漠公路的设计养护简直是一件艺术品

沙漠公路的生命源泉——水泵站

塔克拉玛干沙漠公路的滴灌工程

沙漠公路 21 号提灌站的李氏夫妻，是他们创造着沙漠中的奇迹

黄玉仙拿出曾经路过这里的台湾旅行者为他们拍的照片给我们看

提灌站利用一切可以利用的地方用来储水

初的兴奋喜悦很快也会被窗外的景致消磨地昏昏欲睡。2003年，塔油指挥部斥巨资修建这条绿色长廊，2005年4月竣工投入使用，全线公路两侧近20米的地带铺设了数十根食指粗细的黑色胶管，管上有规矩的微孔，实际上就是滴灌管线，经过每4.5公里一个的水站抽水、输送微咸的水成就了一条沙漠中的绿丝带，居高远望：一条绿色长龙从南到北蜿蜒起伏横亘塔克拉玛干沙漠，给枯燥的沙漠增添了盎然的生机。

　　21号水井站由一对40多岁的四川内江夫妇承包，男主人李长青，女主人黄玉仙。女主人极为热情好客，尖亮的嗓门喋喋不休，这让原本就不爱讲普通话的川籍队长很是受用，递烟喝茶盘道，小小的水井站洋溢着川味的欢声笑语，我再一次领略了川人的强大。李氏夫妇告诉我们，这条线路所有的水井站塔都由塔油指挥部承包给了一位重庆人，老乡找老乡，重庆人尽数包给了川人。他们这个井站管理4.3公里，每年的3月中旬至10月28日是他们工作的时间，每天泵水12小时，保证滴灌到每棵树，俩人要确保4公里的红柳、沙枣、榆树、沙拐子、梭梭草等植物补植成活，上面经常不定期的抽查，不可有丝毫怠慢，稍有疏忽便有经济制裁。

　　每个站基本上都是夫妇俩，这样不寂寞也好彼此照顾、安心工作，经济上也不会生分，俩人工资每月2000元，没有保险，管住不管吃。在炎热的沙漠地区工作量是很大的。黄玉仙很健谈，她告诉我们，她有个女儿在家乡读书，两口子挣的钱刚够孩子读书和生活。谈起孩子，黄玉仙充满着幸福感，对自己目前的状态还算满足。

　　杨队长坐在一边，听女主人尽数道来自己的家底，这边队员们全都听得清清楚楚。我们听得出来，他们从早到晚非常辛苦，与西部许多地方的打工者一样，寂寞远胜于劳苦。

我们拿出肉菜，女人进屋张罗做饭。管够的面条还有川味十足的老干妈辣酱，拌着女人的絮叨声，弟兄们吃得肚歪腹胀，都到有信号的公路上遛食打电话去了。此地离塔中已经不远，过塔中往西沿315国道即进入和田地区的民丰县。那天晚上就睡在21号水井站门口狭窄的柏油路上。一天的暴晒，地热难消，关上帐篷闷热无比，拉开蚊帐怕虫子钻进来，酷热难熬，久久难眠。

那个夏季沙漠的夜晚真没有什么浪漫，帐篷搭在井站外，睡垫下灼烤难挨。那个晚上最大的实惠是享受了他们泵站抽上来的地下水，冲澡泡茶。水虽略显咸涩，但此时仍然感觉如甘露一般。

新的一天在子末时分悄然降临塔克拉玛干沙漠的腹地，沙漠公路的边上，睡着征尘倦困的考察队员。偶尔驶过的车辆划破大漠的宁静，大地在微微地颤抖……

第二天离开沙漠公路进入于田县城，街上很少看到汉人，街头卖水果的维吾尔人热情叫卖，那些哈密瓜、马奶子葡萄的确很是诱人，经费虽然拮据但我们还是买了一些葡萄，随手放进自己干渴的喉咙，那甘冽的味道让我思念至今。途经于田县城，见库尔班大叔和毛主席握手的雕塑耸立在中心广场。这是一个近似于传奇的故事，史料记载，当年这位维吾尔族大叔为了感谢毛主席带给新疆人民的幸福生活，特地带着自己种植的哈密瓜骑着毛驴进北京去见毛主席……这个童话般的故事在内地已经很少有年轻人知道了。

我们在于田一家四川人开的面馆里吃晚饭，顺便了解一下社情与风险。街道很平静，没有什么异常，但我们大家还是一致阻止了杨勇单车去看河的念头。谁知一不留神，他又租了一辆新疆人驾驶的机动平板车跑了出去，弄得在旅馆里等候的我们着实担心，直到他回来，我们悬着的心才算落地。

于田一瞥：羊群在大街上招摇过市的情景在南疆小城比比皆是　　毛主席与库尔班大叔历经数载的握手雕塑和于田县风雨与共　　南疆特色的"羊集市"

12.3 策勒河峡谷——地球下陷的地方

　　早上，草草吃了一碗面条，我们驱车离开于田县城往西，沿着策勒河走了约 100 多公里后，转向恰哈乡。一猛子扎进了塔里木河众多支流的发源地——西昆仑山。车过克里雅河不久，在一马平川的盆地里，策勒河突然下陷，深切出令人惊叹的宽阔峡谷。策勒河峡谷乍一看有着美国科罗拉多大峡谷般的雄浑，但不同的是，策勒河的峡谷下面是一片生机盎然的土地，黄色的土层构成了峡谷的原色调，夕阳浸润着峡谷里翡翠般的森林、湿地、村庄。远处，巍峨昆仑山的顶峰折射着金色的阳光，这是一副任何画家难以涂抹出的色彩，大自然之间传递着人类无法破译的密码，那种密码不仅仅只是美。我十分推崇范增先生对美的诠释：美是什么？它就是造化，就是自在之物，就是亘古不变的特质，不假言说的自然。

策勒河谷

大美无言，用在这里最恰当不过。地理书称：受塔里木河支流切割，山地河谷多呈峡谷形态，河流上游则为沿山脉走向的宽谷、盆地。公格尔、慕士塔格、慕士山等均有发育的现代冰川，融水汇成河流，是塔里木盆地荒漠绿洲的宝贵水源。策勒河即是这样一条深切于山谷、台地的短而湍急的河流。在苍茫单调的西昆仑山中，策勒河谷的绿洲显示着不息的生命，从古至今策勒河沿岸即是维吾尔等民族繁衍生息的丰腴宝地。

昆仑山古湖盆

策勒河谷中的雅丹地貌

和田市民族团结碑后方也是毛泽东和库尔班大叔的雕像，库大叔一直是民族和谐的代表符号。

另一个角度看策勒河谷

12.4 玉龙喀什——挖地球祖坟的地方

号称"亚洲脊柱"的莽莽昆仑，西起帕米尔高原，逶迤东行，止于四川西北横断山脉，全长2500千米。西昆仑宽150千米，平均海拔6000米左右，相对高出塔里木盆地4000~5000米。

继续往西，转入S216省道，经过隐于大山深处的和田监狱以及与其相邻的天然煤矿，就进入了和田河上游的玉龙喀什河谷地带。这里源于西昆仑的玉龙喀什、喀拉喀什河顺着山势跌宕奔突，挟裹着昆仑山的泥沙宝藏在和田墨玉县合流后称和田河。在塔里木盆地，当它挣扎着穿越塔克拉玛干沙漠投入母亲河——塔里木河怀抱的时候，一条鲜活的长龙已蜕变成了一条温顺萎缩的四脚蛇。

公路上经常遇到对汽车熟视无睹的羊群

亿万年的生存演变使昆仑山的蝗虫和岩石颜色已经浑然一体

昆仑山荒漠中盘羊的残骸

玉龙喀什河畔上游峡谷

昆仑山博大而凄凉，西昆仑雄居西域傲视南疆。2006 年夏秋季考察青海江源，笔者与伙伴在距格尔木 140 公里的温泉水库胎坏被困 3 日，那时就领略了犹如火星般荒寂的昆仑山。在那度日如年的 3 天使我们杜撰了不少从王母娘娘到瑶池仙女等一些与神话有关的故事。我们不禁诧异连旱獭和草原鼠都难以生存的蛮荒之地竟然有一支红光满面、武功高强的昆仑派，从而深悟武侠小说作者创作的心境：没有鹰一样的翅膀，没有超强的生存能力就休想走出昆仑山！

　　这条路车辆很少，一路蜿蜒下坡与左侧的玉龙喀什河相伴。这是一条在地缝中奔流的河流。数亿年的切割搬运造就了玉龙喀什河深陷陡峭峡谷 30~60 米的河床，很难看清它的全貌，只有在转弯抹角处可见它短促的身影。

　　此次考察原本计划漂流玉龙喀什，只是因为车少装备太多，临行前卸下了近乎原始的漂流装备，到了这里方知这是一条相当难以漂流的河流！湍急的雪山融水，毫无规律的连续弯道，陡立仅望一线天际的视野，乱石嶙峋的河床，少有宿营的滩地和难以施救的深邃峡谷都会使漂流高手望河却步，难怪 2007 年俄国人漂流该河折戟沉沙几遭灭顶之灾，造成了轰动一时的新闻。

　　我们沿着狭窄的县道在策勒河峡谷上下盘旋穿行其间，后与和田河的上游玉龙喀什河相遇。这里的峡谷更为深切，头顶上壁立千仞，狭小的天空视野里，乌云翻滚，湍急的河水在弯曲的河道里千回百转，白浪翻卷。当你正要感叹这是地球上荒凉寂寥的地方时，你突然发现，两岸却突兀地冒出，几辆挖掘机或推土机，在幽深的峡谷里吼叫着奋力挖掘。原来这是挖玉石料的工人。想来应该把他们划在赌徒的行列里，他们拿金钱在山川、河流、大地上开膛破肚地下着赌注。在和田河的下游我们看到

和田河上游峡谷中采玉的挖掘机

玉龙喀什河上游河谷被挖得面目全非

了被挖掘得面目全非、满目疮痍的河床，一些挖掘机还在挖地三尺般地挖着，像挖地球祖坟一样地挖着掘着……

昆仑山产玉，和田因玉而遐迩中外，和田玉中又以羊脂玉为珍品，被藏家奉为稀世瑰宝。在"普天之下莫非王土，率土之滨莫非王臣"的年代，黎民百姓不敢造次深山掘宝，把玩玉翠只是皇室显贵的营生。初到和田，已深深地感到玉在当地人心目中占据的位置。玉因其产地不同而分为山料和子料，人工开采的山料远不如经过万年水冲石磨的子料（子玉）值钱。

从西昆仑山腹地一路走来，时常看到河谷山腰中形单力薄的挖掘机、铲车在毫无植被的贫瘠的山上挖玉不止，及至玉龙喀什河冲出山谷河滩豁然开朗，更有数量众多的机器设备整日轰鸣在卵石堆砌的河滩上啃噬。和田市玉龙喀什河桥下星罗密布着各族拾玉者，河岸彩棚鳞次栉比的是玉石交易市场，方形

和田河畔的玉市场

塑料的器皿里浸泡着五颜六色的各种玉石，光洁油润透着水灵，更有携包游贩，与你擦肩而过甩下一句：
和田玉要吗？

适值周末，市中心广场正在组织各界群众参观一个展览，而它的周边街道的众多汉人开的玉石商店
似乎没有受到什么影响，依然开门迎客。在开发西部、全民致富的大旗下，靠山吃山，近水捕鱼，人们
几近癫狂，14亿人凝聚起"致富"的磁场、力量摧枯拉朽，所到之处资源荡然无存。媒体猎奇式的报
道又推波助澜了人们一夜暴富的侥幸心态，形成了几乎全民找玉的热潮，"挖地三尺也要给我找出来！"

格尔木规模宏大的玉矿石市场

被翻了个底朝天的和田河床采玉现场

雅丹地貌下被废弃的煤矿

和田河上游险峻的峡谷中也出现了采玉的挖掘机

和田市玉龙喀什河畔的"业余"拾玉者

这句《地道战》的经典台词便成为一些人找玉的口号。

　　记得在京曾看过央视某频道播出的一则维族老人锲而不舍寻玉的故事，老人荒山河谷中失而复得的上等羊脂玉最后被一位藏家千万元买走，千万元啊！那是穷困百姓几代人不能企及的数字，而这个老人实现了。在玉龙喀什河沿岸流传着许多类似的故事，它们都主客观地推动了民众寻玉的热情，从而加剧人为破坏，原本就脆弱的西昆仑山原始生态环境以难甚重负。我们希望媒体的报道决不能因猎奇好玩而忽视其可能造成的事与愿违的负面效应，媒体更应该记住自己的社会责任！

　　西部，中国的生态高原，最后的一片净土。那里资源丰富，蕴藏着人类许多的未知。无论是调水、开矿或是其他的重大工程的实施，都应建立在缜密的科学发展观基础之上，而非不择手段地盲目开发，因为我们毕竟受历史和生产力水平的约束，对复杂的自然界知其一二不知其三。现今的国人正被急功近利、浮躁所主使，玩儿着一场竭泽而渔的游戏。以量化 GDP 来考核业绩使地方官员鼠目寸光缺乏全局观念，有关部门对西部的开发更多的是在考虑错综复杂的利益集团关系，维护着相互的平衡，而并非从国家民族长远发展的角度上进行艰苦细致的科学调研、谏言纳策；然而东西部经济发展、生活水平的日益悬殊引发了诸多问题又使我们不得不正视、加快开发的力度。在政府迟疑、权衡利弊的分分秒秒，求富心切乱采滥伐现象丝毫没有停止蔓延。某些管理部门的疏漏无为、渎职腐败加速了生态环境的破坏，也许有一天当我们拿出真正行之有效的政策法规的时候，将面对的是一幅千疮百孔无法修复的生态烂摊子，病入膏肓为时已晚。哥本哈根全球气候大会无果而终，民众拯救地球的呼吁犹在耳畔，保护家园匹夫有责！保护地球政府要率先垂范！

　　否则，大自然的报应是迟早要来的！

12.5　最后的台特玛人

　　1876 年，俄国探险家普尔热瓦尔斯基乘船从水草丰茂、动物成群的塔里木河下游紊乱的河道前往罗布泊，途中经过了一个个外界人从未涉足过的、更不为人所知的罗布人渔村。当然普先生并不知道这群人就是被后人所称的"罗布人"。

　　这个渔村的罗布人都归属于驻扎在阿不旦的伯克（维吾尔语：统管、统领之意，是清代塔里木地区的地方长官）昆其康管。普先生在他的日记中详细记录了对阿不旦和那群罗布人的感受："一个守着陈旧的世外桃源、不知谁是皇帝、不关心与自己生活有关的世代厮守那片自己的水域、甘愿寂寞而又心安理得的人群。"普先生定义：阿不旦是一个"与塔里木社会脱节"的社会，一个远古时期的"活化石"。

　　车入巴州的若羌县，在 S218 线路旁罗布庄驻足。这只是历史沿革下来的地名，并没有村庄和人烟，却屹立着一尊古装老者的汉白玉雕像，红色底座镶嵌着黑色大理石面上以隶书写着"台特玛湖"。这是耗资近千万的台特玛湖观测站，一排相当不错的水泥、砖结构的房屋灰漆铁门紧锁，透过窗户望去，里面空空如也，崭新的高约 50 米的瞭望塔在风中发出呼呼的声响，更增添了几分空寂荒凉的感觉。爬上铁塔远眺，S218 线西侧是一望无际的荒漠，西南远方，在夕阳的辉映下有一片如镜般的光斑，那是台特玛湖最后痕迹的光泽。

　　大自然造就了车尔臣河与塔里木河以及米兰、若羌、瓦什峡等诸多河流在此汇集，冲积出一片广阔的湖泊——台特玛湖。曾几何时这里碧波荡漾、物种繁多，眼下绿洲不现，满眼荒漠寂寥。次日当我们走近那汪咸水时，眼前的景象更是触目惊心：广袤的湖床上铺满犹如白萝卜丝样的盐碱，车轮碾过留下

眼下干涸的湖床很难使你想起昔日浩渺的台特玛湖

在古老的台特马湖床上留下了我们的车辙

南疆塔克拉玛干维吾尔族牧民的用水普遍艰难

胡杨身姿

两道清晰的车辙，一两只水鸟在最后的一汪咸水上空迎风盘旋，发出凄楚的鸣叫；一只老鼠的遗骸保持着向东奔逃的姿态，它似乎已知厄运将临但仍渴望逃出这死亡之海，却永远定格在这片白霜状的盐碱上面；湖风掠过，卷起阵阵细沙盐沫，泛着淡淡的盐碱腥味，联想起那尊最后的台特玛（以渔猎为生的罗布泊人）老人面东迎风而立的雕像，难道他也担心会像那只老鼠的命运而出走他乡？难道这位凄然出走的最后的台特玛老人会是我们人类最后的写照？

留给我们记忆的是布满盐碱壳的台特玛湖。再看那雕像背后铭文介绍：从 2000 年 5 月开始，连续实施了向塔里木河下游生态输水，使下游断流 30 余年的 360 公里河道重获水的滋润，水流到达台特玛湖。加之车尔臣河来水，曾形成了 200 余平方公里的湖面……台特玛湖生机再现。

空旷的观测站，荒凉的盐碱湖床，渴望生命的老鼠残骸，肆虐的湖风，愤然出走的台特玛老人，唯独不见生机再现的湖水……而这一切似乎都在无言地嘲讽……

现在的台特玛湖只是一个地理意义上的"湖"了！

12.6 塔里木河上争夺的"明珠"——胜利水库

　　胜利水库位于农一师所在地区，在新疆，建设兵团这个有着历史符号的半军事化的称呼一直在沿用。和田河在此汇入塔里木河。水面宽阔壮丽，周围有胡杨、红柳拱卫，其间还有不少湿地。

　　一位水库边开餐馆的老板告诉我说，胜利水库盛产螃蟹，去年这里的螃蟹曾经收获了 150 多吨，每斤卖到 60 元。由于螃蟹伤鱼太厉害，去年没有投蟹苗，今年就歉收。

　　水库的人告诉我们，胜利水库的放水权在塔里木河管理处，塔河管理处 5 年放一次水，以维持胡杨生命的最低底线。兵团则处于守着水库没水用的窘境，水源的奇缺与下游过量的土地开发形成对立的矛盾。水资源统一分配也是对水源无奈但合理的一种管理机制。这种资源之间的矛盾在许多地方如果处理不好就会演变成为社会矛盾，这是当局绕不过去的问题。

　　其实，在对待自然的问题上，古人极有智慧，2000 多年前，荀子就提出"明于天人之分"和"制天道而用之"的天道观，既否定认为天地自然有意志的天命论，又反对人在自然面前绝对消极无为的宿命论，强调人类应当而且能够积极地作用于自然，让自然造福人类。

夕阳下的胜利水库有着江南水乡的美色，这是塔里木河人的希望

兵团村落的门牌号码依然保留着
当年半军事化的特点

兵团古城队的咸渠水只能用来
洗碗

塔里木河的残留水是羊群争夺的
地方

这是兵团某部的人在干涸的水库下挖掘寻找水源

建设兵团已经很普遍地使用滴灌技术，但因为地下水下降加上供水的区域和时间限制，只有将淡水搭配咸水输送灌溉

红柳掩映中的兵团村落在荒漠中显示出生机　　　　塔里木河流域管理局的警示牌树立在干涸的塔里木河畔

　　新疆与内地的许多地方一样，水资源极度不平衡，在大河丰水期把汹涌澎湃的水蓄积在一处，在枯水期再有节制地调水，审时度势，因势利导，人类有着自己智慧的方法。

　　眼下兵团的几十万亩土地上的棉花正经历着前所未有的干旱。这时收音机里传来温家宝总理在内蒙古赤峰视察干旱的录音讲话："……政府不会让大家吃不到粮，3 年丰产，粮食没问题，负责解决人兽饮水问题……"一个国家的政府总理关注到了草民的"人兽饮水"问题，足见水的问题再也不是小事。

　　在离开阿拉尔市不远的地方，汽车的传动轴十字节发出破碎声，检查发现是十字节断裂。当机立断，遂返回阿拉尔市投入抢修。下一个目的地，我们要翻越天山，抵达天山一号冰川。

　　我为塔里木的未来祈祷！

小知识

　　大西海子水库是 20 世纪 60 年代末为尉犁县铁干里克垦区的 33、34、35 团开垦塔里木河中下游而拦截塔里木河水在平地上修筑的平原水库，30 多年来为周边的 3 个团场提供了垦荒、生产、生活用水。1972 年后，储蓄塔里木河水的大西海子水库到若羌段的 300 余公里下游河段开始断流、干涸，大片塔里木河"绿色走廊"的胡杨林面临毁灭，北方的库姆塔格沙漠和南方的塔克拉玛干沙漠的沙石开始相交，两大沙漠呈合拢趋势，大有阻断绿色走廊之势，生态严重恶化。

曾经的大西海子水库已经成为"大草原"

干涸的车尔臣河且末河段

第 13 章

且末——车尔臣河
消失的地方

13.1 且末 // 304

13.2 翻越天山 // 308

13.1 且末

　　且末是远离库尔勒 900 公里大漠边缘的一个小县，维吾尔族人口占总人口 90% 以上。县城外面四周黄沙漫漫，落日孤烟，但县城里面还是非常清净，街道也算整齐，两边的小商铺里播放着欢快的维吾尔族歌曲，卖音响的橱窗上贴着本土的歌星招贴画，广告上也多是维吾尔族文字，街上弥漫着烤羊肉那股独特的孜然香味，一股西亚的风情扑面而来。在这里举办过多次的环塔汽车拉力赛也使且末名声斐然。

　　且末是个历史悠久的地方，早在 7000 年以前，在车尔臣河流域就有人类活动，西域 36 国的小宛

且末街头：新疆处处"飞"烤饼（烤馕，一种新疆特有的烤饼）　卖刨冰的小女孩

且末卖烤鸡的妇女

且末街头掠影

国和且末国就在县境，古丝绸之路的驼铃声，在西风中摇曳了千年。马可·波罗称之为"且末省""大流沙"。遥想当年，金戈铁马，铁弓弯刀，"官军西出过楼兰，营幕傍临月窟寒。蒲海晓霞凝马尾，葱山夜雪扑旌竿。"唐代边塞诗人岑参写过6首《献封大夫 播仙镇歌》，这是其中的一首。播仙镇即现在的且末，作为西汉时期且末国和小宛国的故地，这一瀚海明珠自古以来就因盛产和阗（田）玉而享誉四海。

且末修车中的等待有点像街头"行为艺术"　　维吾尔族孩子阿伊古丽

车尔臣河消失后留下了一个泪滴般的圆

且末掠影

且末河流域也在车尔臣河流域，发源于昆仑山，流入台特玛湖。车尔臣河的水养育了羌人、匈奴人、吐蕃、维吾尔和汉族等众多民族，但一个世纪来无数开垦大军对西域开垦导致且末河再也没有流入过台特玛湖，而台特玛湖与罗布泊又是姐妹湖。随后，从且末到若羌的 400 公里土地成了一片荒芜的流沙之地，一棵胡杨也见不到了。

　　我们出城不远，就看见车尔臣河一头扎入干涸的河床，划了一个圆就消失了。

　　我们决定寻找消失的且末古城，因为古代且末消失的原因应该与古楼兰同出一辙。河流孕育了文明，文明也随着河流的消失而消失。"楼兰道的放弃，一定与足够的供水消失这个自然大变迁有关""不管引起变迁的直接原因是什么，变迁并不是突然降临到这个不幸的居址的。"（斯坦因：《路经楼兰》）历史和现实证实斯坦因说的是对的，依据在县城收集的资料，且末古城在县城西南约 6 公里的老车尔臣河岸台地上，海拔 1273 米，遗址地表无植被，已沙化，呈雅丹地貌。1985 年 9 月挖掘出的古代毛

织品和古尸遍及墓室，还有陶片弓箭，证明这是汉军屯田驻守城邑的遗址。

　　2009 年 8 月 16 日 11 时我们从县城出发。进入城外村子仿佛进了八卦阵，到处是瓜果田、葡萄园，小毛驴拉着维吾尔族大叔穿行其间，一副美不胜收的异域风光，这些村子太大，七绕八拐，半天出不来。等从村里突围爬上公路，杨勇的车传动轴又出了问题。无奈，只得放弃寻找古城的计划，再次将故障车拖回县城修理，请买买提厂长检修安装。一干人等待至黄昏天将黑时，终于离城。行至且末大桥时，杨勇的车再出状况。往西顺干涸河床拐进村里约 5 公里，宿营于塔提让乡光明四队山东乡亲老张家门前的稻场上。队员杨帆和周宇在路口等候买买提厂长从且末赶来修车。时间不等人，这一折腾，我们与且末古城遗址失之交臂。重新对自己的行程进行讨论，最后还是全体决定继续前行，因为这段（和田河、车尔臣河、塔里木河等）在我们整个西北水资源考察计划中最有价值。

13.2　翻越天山

　　考察冰川是我们计划中一项重要内容。我们走过世界上最长的沙漠公路——塔克拉玛干沙漠公路，并且两次穿越，经民丰、于田、和田、策勒大峡谷、阿拉尔市、天山雅丹地貌，到达库车。

　　从库车出来不久就遇到了麻烦，217国道全线封闭！经过与筑路公司的通融交涉，答应放行，但随后告诉我们，主干道已经完全封闭，只有走施工便道，但其多是沿悬崖峭壁而建，尤要注意安全……

　　从库车到乌鲁木齐的路上有个天格尔山，一号冰川位于其北坡，这段险要的路是必经之路。

　　狭窄的便道在施工车辆的碾压下，早已是泥泞不堪，车轮不断在泥坑里打滑，不时要涉过河床，爬过陡峭的弯道。在即将抵达大龙池的峡谷里，遇到了一个巨大的塌方，眼看天色已晚，挖掘机在那里有

考察队在炎热的沙漠里拖拽前行

遥看地球"裂缝"之间的库尔勒市

天山公路上羊群才是"主人"

翻越天山大阪

翻越天山大阪

天山大龙池

途中所遇的大型卡车负载着天山深
处的矿藏

一搭没一搭地挖着，着实让人焦急。幸好施工公司老板驾到，施工人员开始卖力，我们才得以在天黑之前通过这段地质条件险要的地段。之后，我们沿着库车河开始了艰难的翻越。到达2500米的大龙池附近时，灰暗的天空开始下起了雨夹雪，寒气逼人。黑暗中我们抵达了大龙池森林公园，这里已经是位于阿克苏库车北部120公里的天山深处。在一家哈萨克族人开的小饭馆里煮了一锅面条，啃了几块硬梆梆的馕，就挤在哈萨克人家里的小屋里睡下。那个晚上雷电大风很是寒冷。也是我们从沙漠里出来后遇到久违的第一场大雨。

早上起床，我们又折回头转向昨晚路过不及惠顾的大龙池，那个传说中有龙的地方。大龙池面积约0.6平方公里，湖面高程2300多米，湖水澄碧，湖中水草丛生，微风起处恰似有游龙潜游。库车大龙池与博格达天池成因一样，同属冰蚀—冰碛湖。

从大龙池出发，一路仍然是在大峡谷里穿行盘桓，在穿越110多公里后，我们进入到巴音布鲁克草原，这个被评为中国十大最美草原之首的地方，此时被笼罩在一片雨雾之中，不见其容。终于在越过4200米的达坂，一路下坡，走到坡的底端时，来到了一号冰川的大门。一号冰川，严格说来应该叫"天山一号冰川"。

一号冰川是乌鲁木齐河的源头，位于乌鲁木齐市区西南120余公里处的天格尔山中，海拔3740～4480米，雪线平均高度为4055米，其周围是二、三、四、五等编号冰川，大小有76条现代冰川，最大的是天格尔峰北坡的一号冰川，它是世界上离大都市最近的冰川。它不但是亚洲干旱—半干旱区冰川的代表，也是中国观测研究现代冰川和古冰川遗迹的最佳地点，同时又是乌鲁木齐重要的水源地和气候的"风向标"。停车伫立，望见远处的一号冰川在灰色的天幕下更显得苍凉无比，铅灰色的冰

雄伟的天山大坂

冰川脚下哈萨克人家的奶茶不便宜

川在晦暗的天空下，孑然傲立。

脚下是暗红色的石头，杨勇说这是一个冰斗的遗迹，若干年前这里原本是冰川覆盖的地方。我们在山脚下一个哈萨克的帐篷里用过一壶奶茶，不经意间我又啃了一块长了绿毛的馕。之后，我便沿着山坡向冰川爬去，山上刮着呼呼的寒风，携带着冰川的寒意，苍穹下是厚厚的烟色的云，像打翻了的颜料罐又凝固在那里。冰川退缩的痕迹不要专家指点就可以明显可见，各时期的冰川堆积物层层叠叠。

1959年，中国科学院兰州冰川冻土研究所在乌鲁木齐河的源头，天山山脉天格尔山中建立了天山冰川研究站，"一号冰川"名字中的"一号"即是由当年的研究编号而来。

一号冰川属双支冰斗——山谷冰川，长2.4公里，平均宽度500米，面积1.85平方公里，最大厚度140米，年均运动速度约5米，底部海拔高度为3740米。

由于这里现代冰川类集中，冰川地貌和沉积物非常典型，古冰川遗迹保存完整清晰，所以一号冰川有"冰川活化石"之誉，成为我国观测研究现代冰川和古冰川遗迹的最佳地点。这里冰川冲积地貌非常明显，对于进行地质科学考察和旅游的客人，可以从这里直观地探察到乌鲁木齐河亿万年间发育的过程。

由于它是离城市最近的冰川，给旅游业带来了众多商机的同时，也给它带来了厄运。随着市场经济的繁荣，水市场的兴起，不少人看准了这一时机，不断开发新产品，于是以天山冰川为原料的饮料纷纷上市。这几年，在一号冰川已建立起了多家冰川水饮料企业，人工采集大量的冰川水作为饮料上市，这势必使冰川因失去生态平衡而萎缩。

新疆天山一号冰川

一号冰川脚下融化的雪水滋润着新疆大地

昂贵的关注——新疆一号冰川最后的归宿

爬到山顶，眼前的冰川果然令人瞠目，从图片上可以看到，冰川分为两支，中间是断开的。

观测表明，自20世纪50年代以来，受气候变暖等因素的影响，一号冰川一直处于萎缩状态。原本为一体的东、西两支冰舌在1993年完全分离，成为独立的两支冰川。从1958年到2004年，冰川平均厚度减薄了12米，损失体积达2000多万立方米；一号冰川的面积从1962年到2006年减少了14%，即27万立方米，并呈加速减小趋势。

近年来一号冰川的消融速度明显加快，变薄了；后峡建起的厂矿如水泥厂、发电厂、电石厂等排放的气体加剧了温室效应。根据观测模式，冰川加剧消融的趋势是长期的，人为因素和温室效应会有叠加作用。

一号冰川是乌鲁木齐市民饮用水水源乌鲁木齐河的源头，新疆的冰川占到中国冰川面积的40%～50%，也是维系我国干旱地区生态平衡的重要命脉，为了人类的将来，关注水资源问题，加强立法对冰川实施保护是十分必要和紧迫的工作。我认为对冰川保护最直接有效的办法就是尽可能减少人类到那里活动。

现在的冰川研究所在这里安装了摄像头，24小时检测冰川的动向，体现了人类科学的自省态度和正在日益觉醒的生态意识。并且政府撤销了旅游景点，规定了汽车不得开进，采取对游客限量进入等措施，希望这些政策能起到亡羊补牢的作用。

但愿冰川常在，与人类共存！

一号冰川保护站

一号冰川脚下似乎商机无限

天山深处的冷却塔与骆驼

柴达木盆地的一座近似朽坏的木桥被压得吱吱响，笔者驾车小心通过

第 14 章

柴达木的绿洲

14.1　柴达木的原始记忆 // 316

14.2　柴达木河畔沟里村，一家正在服丧的藏民 // 319

14.3　向冬给措纳行进，壁虎一般的行程 // 321

14.4　七彩圣湖冬给措纳 // 322

14.5　迷失柴达木河 // 325

14.6　香日德，柴达木的翡翠 // 327

14.7　荒漠遭犬追，夜渡大河床 // 330

14.1　柴达木的原始记忆

　　中国西部的柴达木盆地在人们的记忆与视野中，几乎囊括了荒凉寂寞的全部元素。柴达木，我是第二次进入了，第一次是在 2007 年的冬季。

　　2007 年冬，我和杨勇各自驾驶一台车，在格拉丹东和可可西里完成了一系列冬季考察任务后，沿着诺木洪河与昆仑山系布尔汉布达山曲折起伏的山坳，前往玛多的黄河源。

　　当我顺着诺木洪河崎岖坎坷的河滩往玛多高地行进时，视线里是满目疮痍的河滩，湍急浑浊的诺木

柴达木盆地腹地纵横的沟壑地貌

洪河夹带着冰雪在狭窄的河道里呼啸而过，乌云笼罩着铁锈般的山头，沧海桑田的变化留下的不仅是洪荒，而且更有一种悲凉。

我们时而贴着山腰盘旋，时而在冰河里跋涉。古河床高达数十米的切割剖面上，镶嵌着历史的年轮。百十斤的巨大鹅卵石遍布干涸的河床，构成荒漠峡谷一道奇特的景象，仿佛这里已经不是地球。我们浑然不知，一场来自蒙古高原和西伯利亚的强冷空气正在头顶上形成。第二天，一场暴风雪袭来，我们在能见度不到 5 米的荒野中摸索着前行，在一个断崖前，我们只得放弃到玛多的计划，改为后

戈壁风化地貌

撤逃命，不知掉进雪坑里多少次也不知自救了多少次，在凌晨的时候又见到了诺木洪的闪烁的灯光，虽然那个灯光如遥远天际的星星一般。我们算是捡回了几条命。2007 年的遭遇让我们深深地把柴达木盆地的凶险印在了脑海。

2009 年这次，即将离开格尔木的前一天下午，发生了一场超级沙尘暴。飞沙走石，我们被堵在一个小餐馆里，目睹着天昏地暗下一个城市被肆虐的惨相，老板说，多年没有见到这样大的沙尘暴了。那种大自然暴怒的淫威，给我们留下了很深的印象，似乎是对即将进入柴达木的我们的某种警告。

考察队在柴达木干涸的河床中行进

柴达木盆地北部托素湖北岸的风化湖滩

柴达木盆地腹心地带：柴达木河下游的盐碱滩

柴达木查日德绿洲

14.2　柴达木河畔沟里村，一家正在服丧的藏民

2009 年 7 月 31 日，是修车后离开格尔木的第一天，开着修好的汽车，有一种逃脱的快感，在沙漠公路上一路狂奔。第一站是距离格尔木 100 多公里的大格勒乡查那村，它不单是戈壁滩上少有的绿洲之一，还是青稞、大蒜、枸杞种植业很发达的乡镇，我们是要看这个乡的灌溉用水使用情况。

从格尔木至西宁的公路拐上通向查那村的村级公路，车行驶在钻天杨拱卫着的林荫大道里。两边的戈壁滩不少是固定性沙丘和少量的移动沙丘，绿色在戈壁中更显得像翡翠一样珍贵。

在进入查那村前，我们看到了那种随处可见的拱门，上面写着：新农村示范村。也是政府"百企联百村"活动之项目。一块匾上记载着格尔木某矿业有限公司签订农家院落专项整治共建共约，共投资 250 万元，每户投入 2 万元，统一用空心砖建设新围墙，统一建造新大门的业绩。显然这项投资使得这个村落布局井然。

2009 年 8 月，我们离开格尔木，沿着一条沿柴达木河而上的沙土公路北上，两旁是香加乡的一片绿洲。路边的田野里生长着小麦和枸杞，强烈的阳光下，小麦碧绿一片，枸杞红火映天，这里的小麦比内地平原的小麦显得瘦小，但据说这里的小麦曾经创造过亩产的吉尼斯纪录。虽然地处戈壁边缘，但这里的人们似乎感觉不到水源的危机。从昆仑山源源不断下来的雪水河，滋润着这里的土地，这里的灌溉方式有许多承袭着原始的生产方式。此时绿色的青稞正当丰硕之时，在高原的夏日下，充满着生命的张力。这种绿洲的可贵在于被荒凉的包围之下，每一棵草都显得弥足珍贵，洋溢着人类与生态和谐相处的智慧。

天擦黑的时候，当红流滚滚的柴达木河被夕阳浸染得波光粼粼的时候，我们发现路边有一个独立的

枸杞一地火红

朱红色的柴达木河

一头扎进沟里村一家正在服丧的　柴达木上游河畔沟里村　　　　　杨勇向学识渊博的多杰喇
藏民家　　　　　　　　　　　　　　　　　　　　　　　　　　　嘛了解前方的路线

房子。目光越过这所房子，远处是已经在雾霭笼罩下的昆仑山，诡异而深邃。如继续前行，那宿营点恐怕是一个遥远的未知数，人困马乏，我们决定就在这家宿营。

这家门前居然摆着一副台球桌，风吹日晒，已经看不出原来的面貌，杨帆和那帮年轻人停车下来，立即找来球杆，在野地里开始了一场高原台球赛。这大概是最具特色的高原荒野台球赛。

院子里，一个妇女正在院子中间焚烧着什么东西，看那女人模样和诡异的氛围，好像是在祭奠什么。女人见到生人，转身钻入屋内做回避状，气氛怪怪的，这时一个年轻的喇嘛从屋里出来，服饰讲究，细皮白肉，颇有仪态。喇嘛说得一口流利的普通话，拿着一个很先进的手机，自报家门说自己叫多杰，被这家人请来做法事的，原来这个家里的主人叫才桑吉，前几天出车祸去世。多杰喇嘛很健谈，他称自己常年住在北京研习佛教、伊斯兰教、基督教，融贯中西，闲暇之际，游历于佛学院和寺庙之间，交流讲习诸如此类。不时也到穷乡僻壤为穷人做超度法事。我们无意撞到正在服丧的藏胞家里宿营，虽有点自感晦气但又有些无奈，多杰告诫说，在此期间有不少要注意的事项。比如，不要向女主人发问，在服丧期间，她们是不可以和外人说话的，想起我们进来以后，不断地向女主人嘘寒问暖，而女主人仓皇回避的窘境，弄得大家一时如履薄冰，生怕触犯了藏族兄弟的习俗戒律。死亡文化的本质是生存文化，从一个民族的死亡文化中可以读到这个民族的生存哲学。藏族面对逝去的亲人少有哀伤，一切都是从容和淡定。

多杰不愧为上知天文下知地理的现代喇嘛，他告诉我们今年柴达木盆地雨水尤其充沛，此时收音机里正在播报平原地区暴雨的消息。主人家和我们遇到的其他藏族兄弟一样，把家里最好的床位让给我们。但弥漫在屋里浓烈的羊膻味实在不敢恭维，我不得不时地逃出去缓口气。

第二天早上，当阳光还未爬上房后的山头时，我习惯地起来在四周转圈。沿着目的物转圈，是对一个目标多角度观察的很好方式，能把在匆忙之间忽略的许多细微、有趣的事物再仔细咀嚼一番。

早上的柴达木河弥漫着湿润的空气，河滩上的石头折射着晨曦五颜六色的光泽，造型和色彩拿到任何地方都会使奇石收藏家爱不释手，但面对着漫漫征途和车载重量的不足，我不得不摒弃这些私心杂念。

14.3　向冬给措纳行进，壁虎一般的行程

　　山体倾斜的沙土小路，汽车轰鸣着不断爬高，山体的西南面，是玛多的黄河源区。在山坳的顶端，我们看到了飘扬着的经幡和玛尼石，我们停车，献哈达并虔诚地祈祷。

　　这里是昆仑山，山口海拔 4405 米，就像是一个鼠害的分水岭。与山那边的黄河源区相比，这边基本上看不到鼠害。杨勇对鼠害外流区多内流区少的现象分析说，应该归咎到生态进化和环境退化两个方面的问题。

　　越过山坳，进入到一个漂亮的湿地。清澈的水下是漫漫的青草，柔柔地舒展着腰肢。这里已经接近冬给措拉湖，山路在这里慢慢浸润到水下，汽车挂上四驱缓缓地贴着山体向前蠕动，就像壁虎一样爬行。那种倾斜度，应该超过汽车设计师的初衷，坐在副驾位置的老蒋一手抓住头上的把手，一手端着摄像机压着身子拍摄。车内的气氛有些凝固，事后他说，这时有人在车外顺势踢上一脚，咱们翻下深沟必然无疑。捏着一把汗，越过了湿地与倾斜的山体，又进入到无数大坑组成的洼地，有时候车头几乎是 90 度垂直地扎下，又再 90 度垂直地爬上，下去看见地，上去看见天，距离宽窄都只有凭着感觉。

　　绕过湿地的山口，忽然发现不远处的草地上，平地起来一堆石片砌成的石墙，似乎是一座城郭的遗迹，站在高处可依稀看出四面城墙及城门的样子。左侧不远处有一块石碑，下马驻足，见上面书写：莫草德哇遗址。哦，这就是传说中的花石峡乡唐代吐蕃时期的遗址。根据史料，这里应该还有墓葬群，由于我们不是考古队，隔行如隔山，只能望着大山迷茫地拜了几拜。

　　莫草德哇数据：N35°21′507″，E98°18′25″，海拔 4082 米。

在河谷里突围

这堆片石就是著名的"莫草得哇遗址"

14.4　七彩圣湖冬给措纳

小知识

　　冬给措纳湖，面积22000公顷，海拔4300米，为青藏高原上的一个大型淡水湖，流入湖泊的主要河流经过的三角洲地区有大片沼泽地。湖泊水源来自发源于东南阿尼玛卿山（峰高5390米）的河流，湖的出水向西北流入柴达木盆地。主要植被为以帕米尔蒿草为优势种的高原草甸植被。这里也是斑头雁和鸥类、鸻类的主要繁殖地。地理坐标N35°21′349″，E98°20′987″。

　　沿着一条草原上依稀的小路前行，绕过一个小山包，我们远远看见了冬给措纳湖的宁静面容。她似乎是一块从天而落的翡翠，镶嵌在高原坦荡的大地上。

　　在接近湖畔的时候，我们遇到了提灌站的一个小伙子，叫班玛才让，22岁，带着他的妹妹在路边迎接我们。高原的人对陌生人的态度和我们内地待人的行为基本相反，多是把来人当做贵客。

　　在提灌站稍事休息，顺便也向才让了解到，提灌站属于香日德水务局，是它下属的一个水务所。冬给措纳湖地处玛多县，2002年，玛多县把这个湖的水资源卖给了都兰县，用以灌溉地处柴达木盆地的香日德绿洲。才让的工资一年为一万，是顶替自己父亲的职位。他的工作有两大项，一是冬季蓄水，二是春耕时节和夏季旱季放水。虽然方圆百十里荒无人烟，寂寞本该对这个年轻人是很大的折磨，但在他坦荡的笑脸上，我没有看到对这个工作的厌倦。

　　我们驱车顺着冬给措纳湖向湖中驶去。发源于阿尼玛卿山的冬给措拉静如处子，湖水无丝毫涟漪，

冬给措纳

考察队在柴达木戈壁荒漠寻找河流的源头

四周被布尔汗布达和布青山等山脉相拥。远处的雪山在夕阳下，变幻着绚丽的色彩，淡黄色的毛茸茸的水草像打碎的鸡蛋黄，洒落在湖岸边。一群鸥鸟正在湖中自己建造的巢中孵蛋，对我们的到来视而不见。当然，世界上再也没有比繁殖后代更伟大的事情。

湖水有咸涩的味道，湖中的悬浮物和寄生物也很多，远没有我们在山上看到的那般迷人。世界上任何好的东西都不要走得太近，就像油画一样，近看，全是色彩。

晚上，我们在提灌站里生火做饭，这里安装有太阳能和风力发电设备，还能看到电视节目，我们在这里总算充足了电。见到如此多的人在忙乎，兄妹二人很是高兴，跑进跑出的跟着搬桌子擦椅子。班玛才让指着墙上的奖状告诉我们，都是他妹妹得到的，那上面都是第一名之类的文字。妹妹不会汉话，只

柴达木河东源头冬给措纳湖，海拔 4150 米

香日德绿洲的血液之源——冬给措纳湖提灌站

考察队在柴达木河源区洪水中冒险过河

会对着人笑，但看得出是一个品学兼优的好孩子。

晚饭很丰盛，杨大厨施出好手艺，做得汤菜满钵，兄妹二人也吃得高高兴兴。

刚吃完饭，外面已是月黑风高之时，一阵马达声传来，是汽车的声音，不由使得自己一阵警觉。这荒山野岭会是什么人。随后来了两个人和班玛才让叽里咕噜说了半天藏话，看得出他们是认识的。我们问班玛才让，班玛才让说是县防疫站的人，我们礼节性地互相打了个招呼，我说，有什么事需要我们帮助？他们说，没有什么事情，只说是例行检查，说完就神色匆匆地走了。我们觉得这些人来去匆匆，着实可疑，但说不出原委。

那天晚上，屋外飘起了雨夹雪，寒风飕飕，我们挤在提灌站的厨房的地上，鼾声、磨牙声此起彼伏到天亮。

14.5　迷失柴达木河

　　根据"杨氏考察"的法则，基本上是不走回头路，除非是遇到了不可逾越的障碍。在寻找新的路线时，我们在雨中迷失了方向。

　　两台车在迷离的雨雾中，左突右突，不时爬上湿漉漉的山冈，再滑下卵石累累的深沟。在转了几个小时后，仍然未找到出去的路，杨勇于是记起他的法宝，再次进入河床，沿河床溯河而上，此时的危险在于，柴达木河流域的支流河水猛涨，深浅不一的河床随时会把我们陷在这个陌生的地方。浑浊的河水夹杂着雨水寒气迎面扑来，我们一条河一条沟地摸索着前行，在一个断桥下，我们几乎是从鹅卵石上爬过去。不断地涉水使得我们领教了汽车超凡的越野性能。

　　经过大约 6 个小时在河水与泥泞里的挣扎，我们终于摸上了大道，16 点抵达柴达木河畔的千瓦博水文站。这是柴达木上游的一个水文站，站长姓严，50 多岁，站里还有不少农民兄弟，他们坐站随意，看得出是水文站的常客。在站里，我们喝到了热水，同时也了解到了香日德绿洲的一些情况。严站长告诉我们，近年来，雨水明显增加，柴达木河水的径流量也在增加。原来在冬给措纳湖附近有一座农场，后来撤销了，现在的农民多是来自民和、乐都一带的移民。严站长还告诉我们，这里的矿产资源主要是盐晶矿等。洗矿产业也很多，是消耗水资源的大户。

　　严站长告诉杨勇一些柴达木河与乌苏郭勒河径流量的数据和降雨的数据。严站长说，原来在冬给措纳湖附近有个农场，最鼎盛的时期有 10 万人，也有一个水文站，但后来大多数人都转到格尔木一带，

冬给措纳湖中孵蛋的水鸟

造访千瓦博水文站　　　　　　　　　　　柴达木盆地的戈壁风化地貌

水文资料也就没有了，现在的农民多是东川的移民。更久远的水文数据这里也没有记录。

　　严站长听说我们昨天是从世宗加过来的，说："那个地方可是个危险的地方，暗河多，遍地沼泽地，据说当地一辆汽车抛锚在那里，回去喊人帮忙，待回来时，汽车已经不见了，被湿地吞噬了。"想起昨天的陷车，感觉是有那么点玄乎。

　　告别千瓦博水文站的同志，我们驱车驶向绿荫环绕的香日德。

考察队遇柴达木河涨洪水，岸崩威胁着汽车行进

14.6 香日德，柴达木的翡翠

　　香日德，蒙语的说法是"丰富之水"的意思。藏语的说法，是"树木繁多的地方"。在香日德大地上，分布着从托索河流下的众多支流，以香日德河为主滋养着这片瑰丽的土地。地处内陆的香日德绿洲的形成首先要得益于高空中稀有的太平洋水汽，在太平洋上空形成的水汽大多在抵达青藏高原前就被消损，但仍然有少量的水汽受东南季风的影响，使得祁连山东段、柴达木东部、大渡河流域等地每年有从500mm到700mm不等的降水。这些降水使香日德绿洲形成了现在的气候条件。

小知识

　　香日德，地处柴达木盆地东南山麓，布尔汗布达山脚下，平均海拔3000米，属温凉干旱半荒漠气候区，是典型的高原干燥大陆气候。这里的土壤是棕钙土和灰棕漠土，日照时间长，昼夜温差大，光温配合协调，适宜多种农作物的生长。

冬给措纳湖向香日德的引水渠

途中遭遇灭鼠疫的飞机，被喷洒一身消毒水

在香日德这片古老的土地上，昔日的氐羌人，用他们制作的骨犁翻地，用大型围栏饲养牲畜，他们还在这里冶铜器，也进行羊毛纺织和染色。

香日德，是古丝绸之路的一个重要驿站。当年的驼队，摇着不息的驼铃，踏出了一条绵延曲折、穿越荒原的古丝绸之路。在香日德镇周边还有一座至少有 1600 多年历史的古丝绸之路上的烽火台遗址。那高高的烽火台，像是一位历史老人，注视着这里的历史变迁。

20 世纪 20 年代以后，汉、回、蒙等民族陆续进入到香日德这片有诱惑力的土地上，给这片沉睡了千年的戈壁荒漠，带来了袅袅炊烟，带来了农耕文明。香日德镇曾经是柴达木盆地颇具规模的商贸集散中心。随着柴达木开发，这里逐步转向农业文明，为绿洲生态农业奠定了基石。

在 20 世纪 50 年代后期，香日德这片土地迎来了开发建设的热潮。从内地来的拓荒者，在这里大规模开荒，破坏了本来就十分脆弱的植被，沙漠化逐年严重。当风沙起来时，大片大片的沙丘流动起来，吞没畜圈，堵塞水渠，逼得人畜"搬家"，演化成了"沙进人退"的残酷现象。1961 年 5 月 30 日，一场 10 级沙尘暴持续时间长达 6 个小时，使香日德的万亩小麦受害。1970 年春，香日德又遭受了持续 8 个多小时的沙尘暴的袭击。

香日德人在他们自己的土地上开始了大规模的植树造林运动。这是一次纠错的行动，美好结果终于在现在凸现出来。资料如是说：森林覆盖率从过去的 0 达到 16%，降低风速 35% 以上，极大地改善和调节了香日德的小气候。现在温润的气候，使得灰褐色的山脊上又开始重现绿色的生机。我们多日间在荒漠中走得视觉疲乏，眼前的香日德绿洲像一块巨大的翡翠镶嵌在浩瀚的柴达木盆地。香日德的一名女警官曾经自豪地告诉我们，1978 年，香日德的一名农科人员在 3.9 亩试验田里种植春小麦，亩产达 2026 斤，创造了小麦单产的世界纪录（但据本地人说，这种高产小麦浆多，不好吃）。

香日德有许多很规范适用的干渠　　　　　　香日德扩张后的棉田严重缺水

　　香日德与西宁的距离是 560 公里，离格尔木 300 多公里。当你行进在青藏公路，翻过日月山后很长一段路程会看不到树木，到了夏日哈才能看到点点绿色，进入都兰县城，也会看到一片片树木，而真正看到绿洲景观的，唯有香日德绿洲。

　　晚上入住在香日德镇的"泰安宾馆"，宾馆外停着不少大型施工机械，一看就知道是奔矿产资源来的。我望着窗外，绿洲的尽头是幽深的远山，这些从大海中隆起的大山，无语地隐在黑夜中，它的怀抱里是沉睡在山脉下亿万年的岩石，只是因为含有人类需要的元素，就要被刨出来投入各种产业再而变成资本。人类在创造中毁灭着。打开电视，新闻联播正在播发新闻：青海海南州发生鼠疫，8 月 2 日 20 时，发生 12 例，一例死亡。发生地的兴海县离我们现在的地方不到 200 公里。联想到冬给措纳湖那个夜晚，那几个突然出现的卫生防疫人员，方知情况绝非简单。突然出现的鼠疫，又在我们前行的路上平添了一道阴影。

　　从香日德镇出来没多远，绿色的屏障一过，植被就开始变得稀疏，接着就看到了金黄的沙丘如海浪般地滚来。就在沙丘下的一个洼地，一个农民正在为自己的几分羸弱的棉花地放水，细细的水流正在漫灌着干涸得似乎要冒火的土地，发出滋滋的响声。打个招呼一聊，知道这位兄弟是山东来的。在后来以及到新疆一路所见的棉农中，山东的棉农要占很大一部分。这块棉田已经在绿色屏障以外，远离水源，不是个理想的庄稼地。我们发现，虽然缺水，但这里的灌溉方式仍然是漫灌为主，对水资源存在着很大的浪费，尽管这里的灌溉水每户每年要按每亩地上交 10 元。山东兄弟告诉我们这几分地是转包别人的，现在这里的土地很紧张，没办法就请推土机往沙丘外拓展。

　　有了挖掘机和推土机介入，农民对土地扩张的需求也在加速。机械化使得开荒变得更加容易，导致水源利用的迅速失控，使生产边界线推移到濒临荒漠化危险区的境地。农业向脆弱生态带扩张，结果使潜在荒漠化的土地演化为正在发展中的荒漠化土地。

14.7　荒漠遭犬追，夜渡大河床

　　离开绿洲香日德，顺着柴达木河向北，很快就进入到一片荒漠之间。在一堆骆驼刺的后面，发现一个耸立的井架，井架旁边是一辆卡车，写着"格尔木地区工程勘察院"的字样。我们的车一停，帐篷里就涌出来一群人，为首的居然是宜昌小溪塔的老乡，大漠深处遇到老乡，这个概率应该不大。老乡就是老乡，吩咐搬出凳子，取出好茶。老乡特别强调，他们的水可是 100 米以下打出来，比我们喝的柴达木河的水要甘冽多。我们边喝边聊，知道他们是勘察院的水资源调查队，他们的任务是常年观测柴达木盆地地下水的变化，在他们的活动中，体现了国家对水资源的重视以及巨大的投入。老乡告诉我们，打一个观测井，大约需要损耗 40 多个钻头，水浅的地方，打到 40 米左右就可以有水，但柴达木的地下水一般都在 150 米以下。盆地的乡亲们一般是打不起水井的。

　　老乡与他的部下听说我们要沿柴达木河水而上，一致摇头说，前方根本过不去，除了过小河外，其中一条大河，连他们的卡车都陷在里面，靠绞盘才脱险。但杨勇已经决定，我们必然要淌那条大河。见

考察队员在托素湖考察湖岸山体风化状况

柴达木荒漠

柴达木有着世界上最大的盐碱地，这个聚宝盆里蕴藏着丰富的钾肥和贵重金属锶

没有拦阻住我们，调查队的兄弟们给我们的水壶里灌满了龙井茶，一直目送我们消失在大漠深处。

汽车行驶在盐碱地上，被太阳晒得卷皮的地面，在车轮下发出嘎嘎的声响，似乎压在无数个天津大麻花上。残留在湿地上的水被太阳蒸发着，在空气中混合成淤泥和盐碱的怪味。车轮被沙地的阻力限制着自己的扭矩，加上不时的陷车，汽车过量地消耗着燃料。那天我们走得很辛苦，多次陷在沼泽地，还有一次险遭灭顶之灾。在沙海中好容易遇到一户牧民，我和杨勇前去问路又被藏獒狂追，幸得及时跳入车内而未遭"毒口"。

黄昏时分，我们发现自己被困在一个面积巨大且难以走出的铁丝网里，左突右转还是没有尽头。因为燃料紧张，我们只得掏出家伙，剪断了铁丝网，突了出去。当我们把铁丝网重新恢复，夜幕已经降临，眼前是一条泛着波光的大河，宽阔的河面，使人想起那首著名的歌曲：一条大河波浪宽……对岸有一户独立的民居，依稀可以看见两个妇女正进进出出地招呼牧归的牛羊，我们大声喊着：扎西德勒……老乡，这里的河水深不深啊……河水哗哗，也许是语言不通，也许是男女授受不亲，女牧民似乎充耳不闻，无奈，只好自己趟水摸深浅了。周宇戴着头灯摸着黑下了水，看着这个小伙子在河水里摇晃的身影出现在对岸，循着周宇在河里蹚出来的路，仍然是杨勇头车下水，轰鸣着顺利地爬到了对岸。为了给我们准确的指示河道，周宇站在河中心当起了活动路标，我瞄准站在河水里周宇的头灯利索地涉过了这条美丽却藏着凶险的大河。

这时已经接近 21 点，地图上那个叫"宗加房子"的地名，似乎已经离我们不远，但 GPS 给的方位却是南辕北辙。我们决定在这家牧民家打个尖，但无论我们如何说，对方就是不允许我们住在这里，就是搭

在戈壁深处竟然遇到了勘探队的湖北老乡

溯柴达木河而上

帐篷都不行，原因是家里没有男人。我们这几个胡子拉碴的家伙，她们揣摩着肯定不是好人。

不过，女牧民虽然拒绝了我们的要求，但还是给我们指了一条路，她说，在离这里不远的地方，还有一户人家，我们可以去那，那个家里有男人。于是，我们只好在野地里七绕八拐，终于在一个洼地看到了闪烁的星火。这是一家蒙古族牧民。门前的一根柱子下扑闪着两个绿幽幽的东西，走进一看原来是拴着一头硕大的骆驼。这个家从外面看，简直要和这土黄色的大地融在一体。里面还是不错的，一间会客的房间简直相当于一个小型企业的会议室。

王玮玲那天的笔记是这样记载的：7：50逃交警检查，早出发——8：30香巴村2991米，耕地从13万亩减至现6万亩——10：12拍水与羊——10：45往西北方向到达绿洲与半固定沙丘灌丛过渡地带，小碱滩——11：00探水队访谈——11：58柴达木湿地，黑颈鹤，牧场，香日德河洪水期，观堤岸坍塌中——13：00无路行绕回牧民处——14：00进入芦苇荡，遇骑马两女子。路断，回返，杨帆、徐车陷——14：50脱离沼泽地，西行，道时隐时现——16：00于小道中迷入人家围栏前，黑狗吼叫而出，杨、徐狂逃进车，众人捧腹……

香日德，柴达木盆地中的明珠，我衷心祝福你！

遇到两名蒙古族女骑手,她们阻止了我们:马都走不过,夜渡
你们别过去啦

受益于柴达木河的香日德绿洲

青稞

丰收的枸杞

青藏高原最环保的燃料

4

长河厚土

黄河源头牛头山即景，照片中的这条"小溪"就是黄河的发源地

第 15 章

黄河源头——我们
薄待的母亲

小知识

　　麻多（藏语，意为黄河源），是中华母亲河黄河的发源地，地处青海省玉树州曲麻莱县麻多乡境内。巨大的山川，奇丽的冰塔，涓涓的雪水，稀有的生物，她既是生命之源，又是文明之源。被称为亚洲脊柱的昆仑山三大支脉之一的巴颜喀拉山，横亘于南北两翼，形成万山错落，遥相呼应之势。黄河源头具有长盛不衰的人文影响力，对中华文明的形成起到了积淀的作用。

　　巴颜喀拉山口分水岭，一个山脊隔开了长江和黄河流域，一堆褐色的玛尼石静静地守望着亿万年的大地，玛尼堆上的风马旗在风中猎猎作响，仿佛是历史的战车从头上掠过，使人有些肃然。翻过山口，是天高云低的约古宗列盆地。

　　人们常说的黄河源是指龙羊峡水库以上的黄河流域范围。位于青藏高原的东北部，涉及青海、四川、甘肃三省的 6 个州、18 个县，总面积约 13.2 万平方公里。与横贯中国的黄河流域比起来，源头的面积显得那么微不足道。然而它的影响却是不容小觑，一举一动都足以牵动整个黄河流域的生态发展。

　　从曲麻莱出发，见到许多大大小小的河流，色吾曲、加巧曲、卡日曲，到源头的约索曲、约古宗列曲等等，这些河流和一些星罗棋布的湖盆构成了黄河的源区。约古宗列盆地源区流域散居着少数以放牧为生的牧民，黄昏时间两台车抵达到了源头的牛头山下，暮色中，远远看见几个影影绰绰的碑错落地耸立在半山腰。走近后看到是三个河源标志碑，其中两个有领导人的题词。

　　这里没有想象中的高大冰川，也没有大河的奔流咆哮，有的只是一片宁静、悠远、平和、大气与含蓄。

长江黄河分水岭巴颜喀拉山

黄河源头的三个纪念碑

两个泉眼，相隔几十米，潺潺的清水不断流出，稍后汇合，像一条闪亮的银丝线，蜿蜒飘向约古宗列盆地，在巴颜喀拉山下流经星宿海进入扎陵湖，由鄂陵湖东出继续向东，你无法想象这条银线就是下游汹涌咆哮的黄河。

　　牛头山遍地的鼠洞，是源头的一大景观，连泉眼里都寄居着几只鼠兔。黄河的第一口水，肯定是被鼠兔先品尝。早晨，首先映入眼帘的是满山数不清的鼠兔蹲在自己的洞口，沐浴着初升的阳光，十分壮观。据黄河第一小学的老师更青伊西讲，针对牛头山一带的鼠患，青海省政府曾投资 250 万元灭鼠（戏称"二百五行动"），结果只消灭了 1000 只老鼠，灭鼠一只平均耗资 200 元。还顺带着"消灭"了鼠

巴颜喀拉山下的色吾曲像一块朱红色的调色板　　　我们带着崇敬对被风蚀的碑文进行了简单的描绘修复

兔的天敌——老鹰、狐狸若干。这些人类自认聪明实则愚蠢的手段，听起来近乎荒唐，想起了有识之士的生物链理念，只有引进天敌加强生物链，方可持续发展。

历代描写黄河雄姿的名句甚多，比如"黄河之水天上来""黄河落天走东海""君不见黄河之水天上来，奔流到海不复回"等等，原以为是古人的浪漫，到了源头，才发现古人除了浪漫还有他们对生态的理解远不是我们所蠡测的。

黄河历来有两个名声，一个是母亲河，她浩浩荡荡的泥沙堆积出了一个又一个的平原，繁衍了黄河流域的数个民族。黄河除了带着创造地理的恢弘使命，还汇集着两岸的文化一路奔涌，在入海口与渤海拥抱，于是源远流长的黄河文化与博大遥远的海洋文化融为一体。在她的身后，孕育出了一座座历史文化名城，洛阳九朝古都，开封七朝古都，安阳五朝古都……我们若把中华民族的文化，定位为大河文化可谓实至名归。正因为有了大河文化的哺育，所以盛唐时的古都长安，才得以将中华民族的文化辐射到了海内外，可以说大河滋养了一代代的盛世文明。

说她是一条害河，也有据可查，从有文字记载开始，黄河的第一次泛滥，发生在公元前602年的周定王五年。从那时一直到1938年国民党扒花园口，2540年间，黄河共计溃决了1590次，大改道26次，

笔者灌水的泉眼就是伟大黄河的发源地　　黄河源头之黑颈鹤

黄河源区断壁残垣留下了人类活动过的痕迹

平均3年就有两次决口，100年就有一次大改道！清水变成了浊浪，静静地流淌变成了怒不可遏地挣扎，孕育变成了肆虐，母亲不时变成了暴君。世界江河之中，黄河大概是最暴虐的一条河。

几千年的周期性泛滥，使华北平原面目全非，湖泊淤平，城池丘陵沉沦，生灵涂炭。当年齐桓公大会诸侯的蔡丘安在？《水浒》所写的八百里蓼儿洼，也就是几千年来古人常与洞庭湖媲美的那个巨野泽又在哪里？就连宋朝世界级的百万人口的大都市东京汴梁，如今也湮没在十米黄土之下，更不用说各朝代又有多少人民性命财产都付之东流。世界上有哪个国家或民族，会像中国这般经受这样的一个河流的周期性毁灭呢？

黄河就是这样一条难以捉摸的怪河。它最特殊之处就在于它那可怕的泥沙，所谓"黄河斗水，泥居其七"，这在世界江河中是绝无仅有的。把它每年从黄土高原上冲刷下来的16亿吨泥沙，堆成一米见方的大堤，可以绕赤道27圈。几千年流淌下来，黄河就把一个贫瘠高原抛在上面，又把一个洪水肆虐的平原扔在下面。

从长江源头到黄河源头，比对比较清晰。长江有三个源头供水，南源当曲河从唐古拉山北侧融化经过沼泽地的涵养，汇流而出；正源沱沱河由格拉丹冬雪山融水汇出；北源楚马尔河由可可西里汇出。特点是由雪山冰川融水源源不断供水，经沼泽地涵养，有着丰富的水源储存。

黄河源头的百灵鸟

黄河源头的白臀鹿

黄河源区唐克景观

干涸碱化的湖盆

黄河源头第一家格曲家的下一代

黄河源头没有长江所拥有的优势，约古宗列盆地和星罗棋布的湖盆储存而汇出大小不等的河流，"天上来"的循环水调节，决定她的水源多寡。由于受气候的直接影响，湖泊萎缩得很快。黄河上游的河流、湖泊（玛多县的各条天然流径）主要是以降水补给为主。但由于近些年的连续干旱，河湖得不到及时的补给，而气温的上升又加剧了干旱的影响，流量越来越少，湖泊越来越小。我们看到的源头，降水在逐年减少。而处在下游的黄河山东段断水、断流的河段和时间在逐年增加。

曾经如星宿一般浩瀚的黄河湿地海子已消失得难见一斑。黄河源星宿海湿地在碑的下方二里之外，一堆玛尼堆和白塔在烈风中孤寂的耸立。

我的耳旁响起了《黄河颂》那句脍炙人口的开场白：

朋友，你到过黄河吗？你渡过黄河吗？你还记得河上的船夫，拼着性命和惊涛骇浪搏战的情景吗？……

陷车黄河源区

曾经如星宿一般浩瀚的黄河湿地的海子已消失得难见一斑（摄于黄河源星宿海湿地）

黄河源区扎鄂陵湖

啊，黄河！你伟大坚强！像一个巨人出现在亚洲平原之上……

用你那英雄的体魄筑成我们民族的屏障。你是中华民族的摇篮……

　　五千年的中国文化，从这里发源，中华民族的后代从这里繁衍，她是母亲，又是摇篮，我国现代著名诗人光未然写下的《黄河颂》几乎竭尽了所有美好的词汇渲染了黄河的魅力，黄河几乎承受了中华民族历代所有雄奇浪漫的赞美。如今，她的乳房已经干瘪了，乳汁已几近枯竭，摇篮已经成为忘却了记忆，只是在引吭高歌的时候我们在旋律里听到黄河这个遥远抽象的名字。

　　扪心自问，我们这些子孙到底为自己的母亲做了些什么，我们除了吮吸着她的乳汁，还在她的身上挥斧举刀，恣意改变她亿万年自由的风骨，在她身上倾倒着垃圾排泄着污水，侮辱着自己母亲高贵的尊严。

　　如今的黄河已经雄风不在，源区消失的湖盆、萎缩的河床、退化的草场、高耸的沙丘构成了一幅苍

考察队与黄河源希望小学的孩子
合影

黄河源区鄂陵湖

　向水而行——中国西部江河民间科考之旅

黄河源头开始形成规模的水系——约古宗列曲（曲：河水的意思，蒙古语）

凉的图画。

曾经孕育了中华文明的母亲河——黄河，正常年份每秒近千立方米的流量，而现在最低值时只有每秒 30 多立方米，怒吼咆哮的雄壮气势已风光不再，黄河山东河段断流已不再是新闻。涓涓细流的黄河全流域里能符合 I、II 类水质标准的仅有 8.2%，属于 III、IV、V 类标准的高达 91.8%。我们母亲的乳汁里漂流着氨、氮、总磷和挥发酚。

民族复兴之时不能任由母亲河衰老！

黄河，我们薄待的母亲！

黄河河源碑具体坐标为：E95°59′，N35°1′35″，海拔 4675 米。位于青海省玉树州曲麻莱县麻多乡玛曲曲果。"玛曲曲果"为藏语，即黄河源头之意。

巴颜喀拉山黄河与长江分水岭数据：N34°38′928″，E96°4′351″，海拔：4855 米。

约古宗列营地：N35°5′2″，E96°33′84″，海拔：4337 米。

牛头山黄河源头数据：N35°1′242″，E95°59′324″。

（此数据也许是 GPS 的因素，与官方公布的数据略有出入）

从杂多红土地向当曲进发

第16章

黄河之上——阿尼玛卿

16.1 阿尼玛卿——黄河流域的神山 // 350

16.2 圣火的仆役，挖虫草的甘肃人 // 354

16.3 源区沙漠化的忧思——回忆 2009 年雅娘沙漠探险 // 359

16.1　阿尼玛卿——黄河流域的神山

　　当杨勇开着那辆没有了刹车、却仍然满载，以乌龟爬行的速度，经过了别档失败撞山和扎胎等祸不单行、雪上加霜的事件后，提心吊胆中我们居然翻越巴颜喀拉山，进入约古宗列黄河流域。在荒野里行驶了500多公里后，这辆"三条腿的皮卡"终于抵达黄河源第一县城玛多。后来杨勇带队走墨脱，底盘挂坏机油漏光，他在藏民手里购得菜油若干替代机油，居然开出了险境，那是后话。在多年的高原考察中，这类事例太多，杨勇同志是中国当之无愧的高原汽车突发事件处理专家。玛多是个汽车配件奇缺的地方，修理工的水平也让我大开眼界。油管漏了吗？没关系，往手刹车油管里塞进塑料袋然后捆扎起；螺杆没有匹配的，在一个破工具箱里找了几个"大概齐"的螺杆装上……修理工做这些坦然淡定，显然他们经常这样对付，一切是权宜之计，但我们还是义无反顾地向阿尼玛卿冰川的玛沁县进发。

　　7月27日，从玛多出发向花石峡进发。花石峡距离玛多60多公里，是个三岔路上的小镇。现实中的花石峡，远没有它的名字好听。我们停车加油，随后走进在一家店面乌黑的饺子馆，饺子馆里的电视机里正在播放新闻，正是北京城市大水、格陵兰岛冰川融化的消息。面对盘中的饺子，饥饿的兄弟们几乎没有什么咀嚼动作，几盘饺子似乎都没有品尝到味道就下了肚。

　　往阿尼玛卿冰川有两个可以进去的线路，一个南线，离公路不远，一个北线，路途较为遥远，路况极差，但北线看到的冰川更为壮观。为了考察的需要和视觉的"壮观"，我们一般不会放弃这条艰难的路线。而杨勇绝对是地球上不走寻常路的少数人之一。

　　阿尼玛卿冰川是黄河源区第一大冰川，位于三江源地区，是青藏高原腹地，它包括青海玉树、果洛、黄南等藏族自治州，平均海拔4000米以上，总面积39.5万平方公里，是中国最大的自然保护区，

不走寻常路

也是长江、黄河和澜沧江等众多著名江河的发源地，每年向中下游供水 600 多亿立方米，养育了超过 6 亿人口，被誉为"中华水塔"当之无愧。

资料记载，位于青海省果洛藏族自治州玛沁县境内的阿尼玛卿山，主峰海拔 6282 米，该雪山又称玛积雪山或玛卿岗日，过去分布着 80 多条大小不一的冰川，是为黄河源头提供水量最多的雪山。阿尼玛卿的冰川占黄河源区冰川总量的 90%，这些数据已充分地说明了这座山对于这条河流的重要意义。我们说黄河是中华民族的母亲河，那阿尼玛卿冰川是黄河的母亲，这应该不算是我的妄言。

全球的气候变暖加速了冰川的融化，最明显的莫过于南北两极。冰川缓慢地融化，融化的冰水（淡水）一方面会影响洋流的变化，从而引起天气的巨变，台风、飓风频繁登陆；而另一方面会使海平面上升，淹没一些低洼的陆地。虽然气候专家不断发出警告，根据这个速度，中国的上海、泰国的曼谷都将被逐渐淹没……不过长久以来，这些细微的变化并没有引起人们的注意。在很多人的印象中，这些说辞只会出现在电脑和文字操纵下的预测报告中，或是环保人士"耸人听闻"的讲演中。离现实中的我们实在是太遥远了。

可是现在，全球性气候变暖、超级台风海啸、经久不散的雾霾……却真真切切地出现在我们的生活当中，影响着我们。2004 年 3 月 18 日，黄河源的重要冰川作用区阿尼玛卿山发生了历史上最大的一次"雪崩"。顷刻间，超过 2640 公顷的秋季草场被毁。更让考察人员惊叹的是，绿色的草场到处散落着黑色的岩石和砾石，那场面如同那里刚刚经历了一次火山喷发。然而，科研人员给出的结论更让人吃惊：那不是一场雪崩，而更像是一次冰崩——气温变暖导致冰川消融，因为不同部分的冰川的融化速度是不一样的，所以造成整条冰川的压力分布不均匀；加之，阿尼玛卿山西侧的陡峭地貌使冰川退化时的危险加剧，

远眺阿尼玛卿冰川

最终引发了冰崩。从草场上的残余来看，冰崩爆发的时候威力很大，冰川是直削下来的，很可能瞬间撕扯下了山体的某些部分。

阿尼玛卿冰川曾经是一条海洋性冰川，来自海洋的暖湿气流在这里降下丰厚的雨水，结成冰雪形成冰川，然后蒸发成为雨水往复循环，形成亿万年相对稳定的形态。后来由海洋性逐渐过渡到大陆性，经历了湿冷—干冷—干暖的演变过程，冰川面积渐次缩小。现在这种状况仍在发生变化。一项监测显示，自1966年以来，黄河源区的冰川退缩比例最大达到77%。近些年阿尼玛卿山冰川退化明显加快，边缘部分厚度非常稀薄，以阿尼玛卿山为例，这一区58条冰川在1969~2000年间，除了三条前进、两条没有明显变化以外，其余冰川普遍退缩。退幅最大的要算是耶和龙冰川，34年退缩了1950米。1969—2000年间黄河源因冰川退化而损失掉的水资源就有0.7亿立方米。全球气候持续变暖，也预示着黄河下游依赖黄河水的数亿人民将面临严重问题。

冰舌上布满砂砾

在黄河源区拆东墙补西墙地修理

经幡佛塔

阿尼玛卿冰舌

16.2　圣火的仆役，挖虫草的甘肃人

　　我们沿着从冰川流出的河沟向阿尼玛卿挺近，灰褐色的山峰下，冰川融水携带着灰色碎石凝固在 S 型古老的河床上，在接近阿尼玛卿北冰川的垭口，出现一个圆形的祭坛，祭坛上画着一只彩绘的老虎，一团熊熊的烈焰在坛口燃烧，在海拔近 5000 米的高度上，列列的北风压迫着火焰的角度，它像一个正在飞行的火炬，背衬着身后灰褐色的冰川，简直就是一坛圣火。

　　环顾苍穹，远处山峦起伏，眼前巨大的冰舌，像一块巨大的融化后又凝固的奶油，形态完美，由于流速快，导致冰面上布满砂砾。头顶上铅灰色的云翻卷着在头顶徘徊，那种感觉有点梦幻。据说人们很少看见阳光下的阿尼玛卿冰川，她总是在阴霾中隐藏着自己神秘的面容，但我们刚到山脚下，太阳刺破云层，瞬间云开雾散，令我们感动万分。我们正思忖，谁在这样的高寒地区为这坛圣火增添燃料？俯瞰山脚下，一个黑点慢慢正往上移动，近来一看，一个头戴帽子浑身黑乎乎的男人出现在眼前，高原强烈的紫外线把这个人的面貌改造得看不出实际年龄，他手里拿的都是些被风吹落到山下的稀缺的燃烧物。原来他就是这坛圣火的仆役。

　　寂寞的环境下，人们渴望交流，会变得健谈，人莫如此。尤其在这个寒风凛冽的冰川脚下。交谈中，我得知，这个黑乎乎的兄弟是甘肃人，独自来这里挖虫草。关于虫草，我早就知道这个东西背后许多血淋淋的故事。在川藏一带，为了占领有虫草的山头，双方大动干戈动刀动枪的事早就屡见不鲜。这样一

凝固的风景——阿尼玛卿冰舌

个人上山挖虫草的人，还真是第一次见到。接着这位兄弟告诉我，那样大规模的活动只是在虫草集中的几个地方，像这样偏远和资源相对少的地方，老板只是把山头买断，派几个人来挖就是了。他回头指了一下阿尼玛卿冰川下面的一个小山头说，这个山头是一个老板 50 万元买下的，也是他挖虫草的领地。

我实在惊诧金钱的触角，竟然伸到了阿尼玛卿，连黄河母亲脚下的地盘都能被盘租下来，是谁给他们这个租赁的权利，这帮挨千刀的家伙！

甘肃老乡告诉我，甘肃老家环境太差，没办法才到这里挖虫草，一起来了 3 个，走了两个。因为这里环境实在太差，寒冷潮湿，他没有别的办法，只有坚持……

他应该很久没有和外人这样畅快地谈话了，准确地说，应该是我们在听他说话，他有点兴奋，要带着我们到河里捡石头，他说冰川河里的石头很好看，聊得兴起，他带着我们去他住的山洞看看，山洞里的家当只有一床肮脏破旧的被子，一口锅架在石头上。当我们要给他照相的时候，他说，不慌照，他要洗个澡，换身干净衣服，请我们明天来给他照张相，给他家里寄去。我们答应了，分手时，他很是高兴，忙着要去洗澡，像是要迎接一个重大的仪式。

由于我们的宿营地距离甘肃老乡的山洞较远，第二天拔寨起营走的又是另外一个方向，没能兑现我们对他的承诺，想到甘肃老乡一定很早就从山洞出来，蹲在半山腰期待着我们去为他拍照的样子，至今

阿尼玛卿的圣火

六字真言下面的石洞就是甘肃老乡的"家"

左起一是邓天成，二是环境地质学家杨勇，右一是挖虫草的兄弟

想起，仍然愧疚不已，实在是欠了一笔良心债！

阿尼玛卿冰川下的河流前，一顶白色的帐篷，一群牦牛，几只狗，一匹马静静地伫立在冰川河畔……这一切都是摄影家眼中的难得的元素。

2004年，国家为实施保护三江源的工程项目，玛沁县先后有5万名藏族牧民作为黄河源区首批"生态移民"，搬离生态脆弱区，开始集中居住。尽管搬迁后住房、医疗、就学等条件有所改善，但对于世代"逐水草而居"的搬迁牧民来说，"生态移民"的身份，颠覆了他们世代相袭的传统生活方式，使他们一夜之间成为非农、非牧也非城镇居民的特殊社会群体，面临严重的生计难题和发展困境。当他们把卖牲畜的"老本"花光了，只得开始领取国家的粮食和生活补助以及困难补助过日子，而这些钱加起来还不足他们两头牛的价钱。于是牧民中的许多人又开始"重操旧业"，携家带口进入高原腹地放牧。

阿尼玛卿的牧民在春节也参与挖虫草，但那只是副业，他们最大的生计仍在草原上，他们唯一的技能就是放牧。其实牧民的生活方式很环保很生态，吃肉、喝奶、用燃料都来自牦牛，住帐篷，逐草而居，使草场得以自然恢复。冬季的放牧定居点也是土坯房，不用了，推倒又融入土地之中。在高原奔走几年，看到的牧民与生态的关系远不是那么耸人听闻，在荒芜巨大的高原上，牧民的放牧对生态的影响实在有限。如何将人与自然之间达到和谐一致，将牧民传统的生活方式、生产方式与生态保护科学地结合，而不是顾此失彼，才是政府和科学家急需解决的课题。

长江源头冰川暴风雪

若尔盖草原的牧民"定居点"

考察队在阿尼玛卿冰川下的晚餐

语言不通，笔者只好用杂志与藏民比划着交流

阿尼玛卿冰川下的牧民

阿尼玛卿的月色

为了分草到户而建造的草原围栏，是令动物难以躲避的恐怖之物

16.3 源区沙漠化的忧思——回忆 2009 年雅娘沙漠探险

　　土地沙漠化是当今世界所面临的最大的环境—社会经济问题之一。由于其危害的严重性和分布的广泛性，使之成为全球共同关注的热点。黄河源区位于青藏高原的东北部，特殊的地理位置决定了其生态环境非常脆弱。近年来在自然因素和人为不合理经济活动的共同作用下，区内生态环境退化加剧，表现为土地沙漠化，草场退化和水土流失加剧等。根据前人在软硬件系统支持下应用 GIS、遥感技术、野外调查和系统研究结果表明，到 2000 年，黄河源区的沙漠化面积已达 13434.8 平方公里，占整个研究区面积的 14.65%。沙漠化主要发生在高平原地区和北部的共和盆地，且以草场沙漠化为主，耕地沙漠化面积极少。

　　20 世纪 80 年代以来，青藏高原典型高寒湿地退化具有普遍性，湿地面积萎缩在 10% 以上。在长江源区，沼泽湿地退化最为严重，退缩幅度达到 29%，同时大约有 17.5% 的内流小湖泊干涸消失。黄河源区和若尔盖地区湿地系统空间分布格局的破碎化和岛屿化程度显著加剧。随着全球变暖，青藏高原上的多年冻土加速消融。这种变化的后果是蒸发量增加，土壤变干，冻土作为水分"储存器"的功能也在减弱。由绿色和平组织委托中国科学院寒区旱区环境与工程研究所做的黄河源区研究指出，在这 30 年间黄河源区气温上升了近 1℃。温度持续上升，水资源短缺与沙漠化加剧，直接对黄河流域的经济、社会和 13 亿人民带来深远的影响。未来的气候变化，有可能从黄河源头切断中国母亲河的血脉。

　　为考察黄河源区沙漠化状况，2009 年 6 月 23 日从玛多出发后在大野马岭的一条小路折向南，寻找黄河源区新出现的沙丘，那个传说中的雅娘沙漠。黄河源区的历史上曾经有 4000 多个湖泊，现

黄河乡热曲雅娘沙漠折射出黄河源区的生态状态

路边长着一些似大黄非大黄但很美丽的花 　　　　　　黄河源遇到转场的牧民

在仅剩大约 1000 多个。这也是以前的数据而已。源区到底是什么现状，杨勇喜欢直面现实。他从地图上看到一些这里有沙丘的信息。这可以算是黄河源区第一处成片的沙丘分布区，并且还处在流动扩展之中，向东在阿里玛沁山口已经可以看到了。东西宽 40 公里长，南北宽 30 公里，处在大野马滩和阿里玛沁河之间。在雅娘黄河桥上时，可以看到两岸分布有上百平方公里的星月形沙丘。这些沙丘高 10 米以上，属于流动性沙丘。根据风向和山脉走向，沙丘可能沿着黄河两岸向下延伸。路边长着一些不认识但很美丽的黄花，点缀着寂寞的高原。

　　我们终于越过不断陷车的沼泽，在一户帐篷前问到了大概方向，找到了我们要找的沙丘。18 时点左右，已经可以遥遥看见三个新月形沙丘——雅娘沙漠。

　　这些美丽的沙丘带着自己的生命密码，在大风的裹挟下飞落在这里。完成了自己的旅程，以完美的金字塔形态耸立在本该是湖水浩荡的黄河源区。沙丘中间隔着大片沼泽，夕阳下闪耀着金色的光泽。车轮在它下面划出优美的弧线。为了拜谒这座美丽的沙丘，我们在它的脚下沼泽里连陷 3 台车，自救一天一夜。在这个沙丘前有一个藏民的帐篷，袅袅炊烟在帐篷外若隐若现，给人温暖的感觉。几声犬吠，让探路的我们戛然止步，那些凶猛的藏獒不像内地的看门狗，不是弯个腰就可以吓走的。我们驾车越过沼泽抵达帐篷前，愤怒的藏獒似乎要把轮胎撕烂，在主人的呵斥下，那狗才不情愿地后退几步，但那架势还是要随时扑上来。

　　主人叫多吉，害着严重的眼病，眼睑周围烂稀稀的，红红的眼角流着泪水，使人一看就要条件反射地跟着要流眼泪。我们从备用药箱里取出红霉素软膏送给了他。

　　沙丘在夕阳下泛着金色的余晖，明暗错落，绵绵长长逶迤而去。我在寂静的大漠中嗅着荒野的气息。

　　考察中杨勇对源区沙漠化的特征做了简要的分析，指出盆地的沙漠化以地表粗化、沙丘活化和流沙入侵为主；而高平原地区的沙漠化主要是由于植被严重退化后形成裸地或"黑土滩型"退化草场。造成区内沙漠化强烈发展的原因是多方面的，包括地质构造背景，区域气候变化，还有大自然自身的搬沙运动，

黄河源头雅拉达则深山晚霞

黄河源区气象万千

冰川融水涓涓细流汇入远处的黄河

人类不合理的经济活动、鼠害、超载过牧等原因。

那天，杨勇一反在水源边扎营的惯例，非要在沙丘下扎营，这本是一大忌，但他很固执，非要在沙丘下睡觉，也许他要和沙漠对话，询问这些沙漠的故乡在哪里，它们还要往哪里？

"到别人不愿去的地方，走别人没有走过的路，通过直观的观察和知识积累，认识事物的来龙去脉，也经历别人没有的痛苦和喜悦"。这让杨勇觉得是一种超越自我的快乐，拓展了人生的空间，这种快乐也许只有少数和他搭档的伙伴才能体会到。所以，对他做的一些匪夷所思的事，就有了诠释。

24 日，各人喝稀饭一碗，离开沙丘启程，按计划返回玛多再折向扎陵湖，出发一小时不到，也就是离公路不到 500 米的地方，发生了意想不到的陷车。这真是一次罕见的陷车，杨勇驾驶的第一台陷车后，我开着第二台车前往救援，又陷了进去！第三台车随后赶到，接着也陷了进去！那次的陷车，我们使出了浑身解数，包括把沙漠救援的起重泵也用上了，在细雨飘洒、糯米般黏稠的泥地里，仍然是一筹莫展。

解数使尽，杨勇想起袁晓锦的车还在玛多县城，只有他的帕杰罗赶来，才有救起的可能，找到沙丘下的藏民多吉，请他用摩托车带我们到有手机信号的位置联系袁晓锦。当袁晓锦的车赶到，折腾到晚上 9 点，三台车才脱困。天色已晚，就地扎营，半夜大雨倾盆，帐篷中以鼾声对抗。计划随之后推。

沼泽地与河床陷车自救小知识

如果是车队，不可同时通过险要路段和有可能陷车的地段，保持可以互相施救的距离，河床陷车互救理想的工具当推绞盘，在没有绞盘和不适用拖拽的条件下，"猴爬竿"（大型起重千斤顶）与木板的配合是较理想的组合。

25 日从陷车地出发折回玛多，采购补充部分食品，随即向鄂陵湖进发。由于受气候的直接影响，黄河源区的湖泊萎缩得很快。黄河上游的河流、湖泊（玛多县的各条天然流径）主要是以冰雪融水补给为主。但由于近些年的连续干旱，河湖得不到及时的补给，而气温的上升又加剧了干旱的影响，河水流量越来越少，湖泊越来越小。干涸的湖盆似枯瞎眼窝一般，无力地诉说着已经遥远的过去。也许是自身的蒸发量所致，也许全球大气候变暖所为，1975 年玛多县城曾因为黄河水多为患而东迁 3 公里，几十年后的今天，玛多又要搬家，但这次不是因为水多，而是因为缺水。但愿这里不要成为第二个曲麻莱。

2003 年黄河源头鄂陵湖出水口历史上首次的断流，意味着整个黄河源头生态环境全面恶化。黄河的正源卡日曲，这些年也因为干旱经常断流，水量减少，已经没有水或很少有水流入扎陵湖和鄂陵湖。黄河源头正在逐年下移，还有水注入黄河的只有扎陵湖与鄂陵湖。而扎陵湖和鄂陵湖的水位近年来也正以每年大约 1 米的速度下降。自 1996 年 3—4 月扎陵湖、鄂陵湖之间的河段首次断流开始，之后的几年断流时有发生，并且逐次加剧。以前从万里黄河流经的第一县玛多县到鄂陵湖 60 公里的路程中，能经过 9 个湖泊，而如今一个都看不见了。

雅娘沙漠区，地理坐标 N34°30′87″，E98°28′64″，海拔 4232 米。

黄河源区雅娘沼泽频遇陷车

黄河源陷车时"猴爬竿"的作用

从黄河挖出来的沙石

第17章
黄河之下——走西口

17.1　偏关不偏 // 369

17.2　站在黄土高原上，你就明白黄河为什么是黄的 // 372

17.3　米脂，一个曾经出产"美丽婆姨"的地方 // 377

17.4　延河行 // 379

17.5　延长县，中国陆上打出第一口油井的地方 // 380

17.6　梦中的汾河 // 381

17.7　安泽县和谐典范——荀子 // 384

17.8　夜走太行山大峡谷——红旗渠精神犹存，水利工程已成
　　　旅游景区 // 386

17.9　太阳照在桑干河床上 // 388

17.10　大寨，在流逝的岁月中，过着平静的日子 // 391

在内蒙古自治区以外，"鄂尔多斯"这个名字对于人们而言，不是一座城市，也不是一个地区，而是一个品牌——以"温暖全世界"广告语深入人心的鄂尔多斯羊绒衫。

从高山大川下来，行驶在草原上的公路上，我们很快体验到了越野车的速度感。公路上大型的车辆车水马龙，装载矿石等重载车轰鸣着接踵而至。放眼窗外，全然没有想象中"风吹草低见牛羊"的草原景观。

鄂尔多斯围绕着著名的东旺油气田，有着一系列衍生的产业链，公路四通八达，路边的汽车维修、饭馆不计其数。天空中夹杂大量的粉尘，路两侧的草地蒙着一层厚厚的灰尘。无法联想，那个著名品牌的羊绒衫是从这里出来的。

从包头到陕西要经过鄂尔多斯高原向黄土高原的过渡地带，这里真是地理上一个美妙的景观，站在鄂尔多斯与黄土高原的分界线上，陡然下沉的大地伸向遥远的地平线，金色的草原逐渐稀疏，渐渐地消失在夕阳如金的黄土高原。

中国治理荒漠化基金会考察队越过鄂尔多斯草原，沿着过渡地带镶嵌在黄土褶皱层上的公路在陕北与山西接壤的黄河两岸游弋，我们考察的线路沿着黄河向下游进发。

汾河从源头到黄河口都是经过山西中部的主要城市经济带，城市工业产业布局密集，从 20 世纪

鄂尔多斯高原向黄土高原过渡地带

黄河偏关太极湾全景图，对岸是内蒙古准格尔旗，当年，蒙古铁骑就是从这里频频入关

80 年代初以来形成的煤炭开采洗选加工，煤化工、火电等以煤炭为主的产业链条，给汾河的生态系统压力很大。在这样的产业结构下，汾河流域的大气和水污染以及土地破坏都很严重，汾河目前水环境系统基本上丧失，除了沿岸一些城市比如太原引汾河水做城市水景观，其他河段河水几乎无法利用，河道仅仅起到了排污的功能，污水一直流入黄河。汾河本来是要给黄河贡献水的，现在不但做不到，反而还要从黄河提水来用。塑州的煤矿和工业用水以及太原的城市用水等，要从偏关县万家寨提黄河水来用。偏关的万家寨也是这次的目的地之一。

2009 年 10 月考察队从黄河西岸陕西省宜川县，向东越过黄河大桥进入山西省吉县，壶口瀑布坐落在两省之间，每个省都铆足劲做足着壶口风景区的文章，景区的大门都趋向高大宏伟，昭示着自己都是"母亲"正宗的代言人。

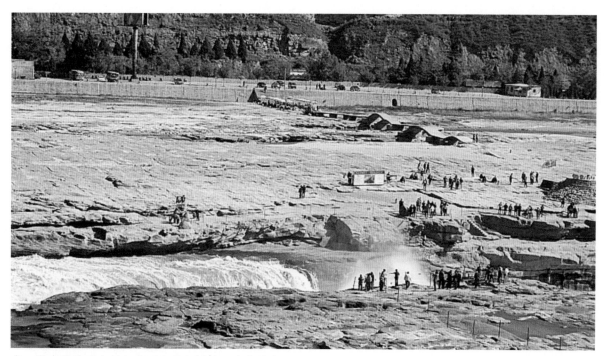

壶口瀑布是陕西宜川与山西吉县之间的一个大跌水

晋陕大峡谷红叶正当时

　　顺黄河折向北，溯黄河而上，进入了地理意义上的晋陕大峡谷，此时的晋陕大峡谷浸染秋色，枫叶染红万山，辽阔江天。

　　黄河从巴颜喀拉山起源，越草原，穿流沙，一路开沟凿谷，跌宕而来。在穿越河套平原之后，从鄂尔多斯高原奔涌而下，受到吕梁山脉的阻挡，在偏关县老牛湾辗转徘徊，几番冲突后，最终掉头南下，将左吕梁、右陕北甩在了身后。它深切于黄土高原之中，谷深皆在 100 米以上，谷底高程由 1000 米逐渐降至 400 米以下，河床最窄处如壶口者，仅 30~50 米。形成了北起河口、南至龙门，全长 725 公里、落差 607 米的晋陕大峡谷。

　　横跨在陕西、山西之间的大桥，左侧是山西吉县，右侧是陕西宜川。吉县的河滩上是从黄河挖出来的沙石，这是当地的产业之一。

　　由于黄土丘壑泥沙俱下，晋陕大峡谷河段的来沙量竟占全黄河的 56%，尽管它的流域面积仅及黄河的 15%。可以说黄河是在这里被浸染了。烟腾峡谷腾蛟，浊浪排空，黄河峡谷特有的风貌尽展眼前，其中又以禹门口以上的龙门峡最为壮观。"黄河西来决昆仑，咆哮万里触龙门"，李白的诗句点出了晋陕大峡谷在此达到最后的华彩篇章。

鄂尔多斯过渡带的陕西神木有点非洲草原的味道

一河隔两省，左侧是陕西宜川，右侧为山西吉县

偏关，一个从字义上就可以看出含义的地名：偏远的关卡。山西自古战事多，因此叫"关""堡""寨"的地方也就多了。这是山西与内蒙古交界的一个县城，北靠长城与内蒙古清水河县接壤，西临黄河与内蒙古准格尔旗隔河相望。黄河在这里静静地流过，弯曲幽深的河道像一道天堑。偏关古为边防重镇，土黄色连绵的远山上是数不清的烽火台以及明代长城的断壁残垣，这些烽火台的外部大多被风雨剥蚀，昔日雄风早已不复存在，但从它身上仍然可以嗅出历史的硝烟，依稀仿佛可以听见战马的嘶鸣和冷兵器的铿锵。当年的蒙古铁骑就是从这里呼啸而过，摧城掠池。残破的烽火台，还告诉我们另外一个史实，那就是这里曾经有一个温良恭俭让，处于守势的农耕民族，被一个强悍处于攻势的游牧民族时刻窥视和侵略的历史。

黄河从偏关万家寨镇老牛湾村入境，至天峰坪镇寺沟村出境。晋峡黄河大峡谷最著名的自然景观之一是在山西偏关县万家寨乡的黄河第一太极弯，黄河在这里大大地转了两个 S 形弯，河道狭窄，河谷深切，两岸石灰岩峭壁高达 100~150米，黄河两岸沟谷密布，沟谷多与黄河直交，在河口处形成高达数十米的悬谷。

偏关的古老烽火台

悬谷之上烽火台

黄河偏关的村庄里仍然随处可见这些古老的建筑符号，无言地守望着黄河

在太极弯下游 5 公里处就是万家寨水电站，由于地处偏远，人烟稀少，眼前的万家寨库面碧波荡漾，库区一片寂静，办公楼空无一人。我们在里面转了很久才找到一户人家了解了一些情况。

黄河万家寨水利枢纽工程位于黄河北干流托克托至龙口河段峡谷内，具有供水、发电、防洪、防凌等综合效益，是黄河中游规划开发的 8 个梯级中的第一个工程，也是山西省引黄入晋工程的起点。左岸隶属山西省偏关县，右岸隶属内蒙古自治区准格尔旗。

我们在万家寨水利枢纽看到的资料显示：万家寨工程建成后，水库运行采用"蓄清排浑"的运行方式，年供水量可达 14 亿立方米，向内蒙古准格尔旗供水 2.0 亿立方米，向山西平朔、大同供水 5.6 亿立方米，向太原供水 6.4 亿立方米。建成后可为以火电为主的华北电力系统提供调峰容量，对改善华北地区电网运行条件起到重要作用……

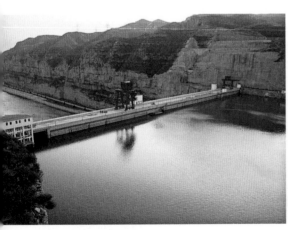

黄河万家寨水库

古老的县城也在拆迁的热潮之中，这是偏关老城已不多的老屋

走访山西万家寨黄河扬灌区的农民

在天旱时期这些数据只是"数字"而已。我们在万家寨调水枢纽看到龟裂的引水渠告诉我们，这里很久没有水流过了。

在下游不远的地方还有一个龙口水电站，黄河在这里被利用得淋漓尽致。值得一提的是万家寨地名是因为这里的一个古寨而得名，这个古村落的遗址尚在，在沿途看到的许多古堡残骸上不难看到，这些篆刻着精美史篇的古迹没有专门保护，我们忽略着自己祖先创造的物质文化，这些散落在黄土地里的历史碎片，正是华夏文明的根魄所在。

我们翻山越岭，在沟壑纵横的高原上行驶，不时与车身庞大的载重车擦肩而过。在常人看来不可能出现人烟的峡谷，硬是匪夷所思地出现大小不一的各种工厂，大多是与矿产资源有关的工厂。这些工厂在深山里肆无忌惮地排放着浓烟，使无风的峡谷里漂浮着难以散去的工业烟雾。

在工业化迅猛发展的今天，其实偏关也不偏。

民居房顶的烟筒林立，煤仍然是这里的主要燃料

偏关保存完好的文笔塔

17.2 站在黄土高原上，你就明白黄河为什么是黄的

夕阳如金，涂抹在沟壑万顷的黄土高原上，那是一种令人醉倒的美景。也许只有站在黄土高原上，你才明白黄河为什么是黄的了。那浩荡厚实的黄土，那些藏在沟沟梁梁下面的窑洞，那涂抹在门楣上喜庆的大红色，那些健壮的婆姨。整个民族都被这河、这黄土染成了金色。

亿万年来，黄土高原在蒙古强劲的西北风和雨水的冲刷下，形成了千姿百态的水蚀地貌，松糕般的黄土下藏着沟沟梁梁，延续着黄土文明。教科书告诉我们，这是世界上面积最大，厚度最厚的黄土地区。黄土高原区西起日月山，东至太行山，南靠秦岭，北抵阴山，涉及青海、甘肃、宁夏、内蒙古、陕西、山西、河南7省（区）50地（市），317个县（旗），面积64万平方公里。整个黄土高原区黄土覆盖厚度一般在100米以下，而陇东、陕北、晋西黄土层在100～200米之间，最厚在兰州，达300米以上。站

沟壑纵横的黄土高原

厚重的黄土地

厚实的黄土下有着丰富的含水层

古老的烽火台后面冒出现代化的烟雾

黄河畔的和曲农家

在黄土高原的腹地，你就会明白黄天厚土是多么的厚重。

更叫人称奇的是，无论多么厚实的黄土层下，仍然有着含水丰富的矿层，看似干涸得似乎会随时燃烧的黄土，说不定在那村庄后面就有一泓清泉在潺潺流出。在途中我们拍到许多十分典型的黄土高原剖面，几十米夯实的黄土下，是含水岩层，泉水恣意的流淌，给黄土高原注入着生命的活力。黄土高原，真个黄得璀璨，厚得敦实。

史料记载，当年的那个黄土高坡，不是今天这个模样，从陕西到河南这一带地方，平均温度比现在大约要高一二度。当时黄河流域一带温暖潮湿，竹林茂盛，距今 7000~4000 年间的全新世大暖期，正是世界四大文明古国兴起之时，眼下干旱贫瘠的黄土高坡，正是在那个时期孕育了华夏文明。西汉文学家司马相如在著名的辞赋《上林赋》中写道"荡荡乎八川分流，相背而异态"，描写了汉代上林苑的巨丽之美，以后就有了史书上"八水绕长安"的描述。这绝非妄言。在古代长安城里的 108 坊中，就有 35 坊拥有大面池塘。再加上遍布全城的池苑水榭，可以遥想，唐长安城端的是一番湖光山影，水泽泱泱的美景。

具有如此丰硕水资源的唐帝国都城，最终又怎么落得"黄尘漫天，弃城而迁都洛阳？"唐代诗人白居易在诗歌《卖炭翁》中的描述，或许无意中揭开了这次生态灾难的一角："卖炭翁，伐薪烧炭南山中。满面尘灰烟火色，两鬓苍苍十指黑……"描写了一位在秦岭山中砍薪伐木、烧制木炭的老人去长安城内卖炭谋生的情景。诗中点破两个问题，一是长安城里居住的百万人口过冬取暖是以木炭为主，二是木炭的来源来自南山，也就是现在的秦岭。年复一年的砍伐，导致渭河的水源地秦岭不堪重负，树木砍伐殆尽，水土流失，在生态灾难面前人类建造的文明与辉煌显得如此无力。

纵观历史上已经消失的都城与文明，有着异曲同工的特性，那就是水在，城在，水退，城退，文明

山西偏关县乡亲们用来接雨水的"承天露池"　　　流过河曲的黄河在这里是蓝色的

伴水而生，文明同样也伴水而死。长安如此，其他亦然。

晋陕大峡谷还是历史上"走西口"的必经之地，是历史上人口自然迁徙的见证，人文色彩厚重，信天游在这条古道上飘荡了千百年，这是一条深邃沧桑的文化走廊。

在晋陕大峡谷中段，吕梁山西麓，山西省临县境内，还有一个几乎被忘却的碛口古镇，它位于黄河与湫水河交汇处。黄河在这里陡然变窄，形成一段布满暗礁的河道，大量的商船在这里需要靠岸转运货物，造就了碛口这个重要的晋商码头。碛口是清代及民国初年联系华北与西北地区经济往来的重要商埠渡口，碛口从清代乾隆朝到 20 世纪 30 年代末有 200 多年的鼎盛时期，有"九曲黄河第一镇"之称，曾经繁荣一时，有古商道、陈家垣黄土高原等人文、自然景观。在这里不一一赘述。

山西是一个狭长的地带，县与县紧密相连，一天可以穿越几个县。不像在青藏高原，一个治多县就 5 万平方公里，几天才能走个边角。在不经意的时候我们进入了古县，公路上写着"天下第一牡丹县"的拱形牌坊提示了我们。现在几乎没有哪一个县不在自己的故土或者故址堆里找出一两个炫目的名堂，或是特产或是名人，连传说中的人物也都成为了本县土著，如女娲也成了甘肃某县的居民，夸父的出生地在山西某地，羿射九日的雕塑也赫然立在某县城广场……

古县的退耕还林使得人感到欣慰，古老的皇天厚土又变得生机盎然，沟沟梁梁错落有致地栽种着耐旱的核桃等树种，而且成活率很高。彰显着生活在黄土高原农耕人的智慧。我们在九仙镇幺店村走访了张老汉，他告诉我们，这是一个生态移民村，移民的原住址都在缺水的山旮旯里，水源奇缺，只好拼命地打井，那水井越打越深越难打，现在，政府给每家每人补助 4000 元，在高地建起了移民村，好在他们这里的庄稼是望天收的，不需灌溉。饮用水是从山下抽到简易的蓄水池里然后集中供水，再以自来水的形式出现在农民的厨房里。

黄河和曲的老村——黄河千年的守望

山西某县据说是古老传说中"羿射九日"羿的故里

考察队在山西古县做水源调查　　黄土高原山西古县的生态移民

17.3 米脂，一个曾经出产"美丽婆姨"的地方

进入到陕西的榆林，公路一侧，一条乌黑的河水蜿蜒流向榆林方向，比对地图才知道这条"黑河"原来是著名的无定河。无定河从寸草不生的毛乌素沙漠汩汩而出，在广袤的黄土高原上蜿蜒而行，穿绥德走米脂，经东南汇入黄河。它是今天已鲜为人知的河流，1000多年前它却是一条桀骜不驯、河床无定的险河，同时也一直被作为战争之河、伤心之河写入史册。千百年来南北两大族群在此征战厮杀，无定河边血流成河，尸骨遍野，千万将士命丧尘沙。

晚唐诗人陈陶的《陇西行》，再现了无定河边那段悲壮而凄凉的历史画面："誓扫匈奴不顾身，五千貂锦丧胡尘。可怜无定河边骨，犹是春闺梦里人"。

近代的无定河曾经出现在我们孩童时代的连环画里，那本连环画的名字好像是《无定河畔》，赤卫队、红缨枪、清澈的河水、厚实的芦苇荡以及牧童的画面已经留在久远的记忆中。眼前的无定河像我之前见到的无数条被"现代化"和谐了的河流一样，泛着暗淡的光泽裹着数不清的工业毒素穿州过府，流向母亲河——黄河。

晚上抵达陕北的米脂县城。这里是貂蝉和吕布的故乡。也就是说是古代美女帅哥的故乡，名震遐迩。"米脂的婆姨绥德的汉，瓦窑堡的石板清涧的炭。"正是这首流传久远的陕北民谣，将这片黄土坡上的人文与特产极简捷地勾勒出来，也给我们带来不少遐想。入夜的米脂县也是灯火辉煌，比想象中的模样要气派也很干净。在一个小馆子里我们点了几个小菜，发现这里的驴肉是主打菜，服务员是个小姑娘，一开口满屋子浓厚的陕北腔，嗓门高亢，听不大明白。吃完饭开车找住处，却遇到两个喝醉酒的人在路上拦杨勇的车，杨勇绕开他们后，两个醉酒的陕北好汉转又拦住了我的车，硬说前面的车把他的腿给蹭了，不依不饶，恰好出警的警车路过，醉酒好汉又升级说我们把他撞了，米脂的警察倒很是规矩，一副为民做主的模样，要我们一起到派出所处理。一个白白净净小警察上了我的车，一看就是一个受过教育的小伙子，他一上来就安慰我说，一看就知道你们是干什么的，这里的人都还是很厚道，我们这里的治安是很好的，不要和这几个醉酒的人生气云云。

到了派出所，一个年长的警官坐案升堂，醉酒的好汉喷着酒气抢先告状，那警官一番陕北话训斥很是到位："给我坐下！瞧你俩这熊样子，喝了二两猫尿就不知道自己姓啥子啦……"

我递上介绍信，警官看都不看，一副胸有成竹的样子。本来就无事，事情也就很快处理完了。遭遇了两个醉汉，原本是想领略米脂婆姨的雅兴云消雾散。

其实"婆姨"在陕北方言中指的不是姑娘、女孩，而是指媳妇。在街上你看不到想象中的"美女"，倒是健壮的米脂婆姨满眼皆是。陕北古时属"华夷杂处"之地，匈奴、突厥、鲜卑、蒙古族与中原汉族——其中还有不少发配、充军于此的江南富商大吏的后裔——上千年的时间里在此杂糅相处，孕育出了既有

当年驰骋战马的地方现在是车水马龙

内地汉人俊俏秀丽的容貌，又有"胡人"粗犷豪放性格的"边塞"女子。健硕、勤劳才是陕北劳动人民历史延续下来的审美标准，

米脂不光是出美女婆姨，还出"好汉"，因为在米脂的历史上还出过一条超级好汉，那就是在北京紫禁城金銮宝座上只坐了一天的大顺皇帝李自成。

在米脂没有见到想象中的"婆姨"，但两个醉酒的"好汉"却也给人留下了荒诞的记忆。

手头的拘谨决定了我们只能下榻在一个简陋的地方，那家小旅馆里的马桶锈迹斑斑，简直像是维多利亚时期的古董。好在有个淋浴，放水出来，淋在身上有黏滑之感，喝在嘴里有咸涩味道，显然是盐碱量过重的地下水。我知道，在这里有这样的水喝也是不易。

杨家岭的艺人表演者用当年的一些腰鼓招式与游人合影收取小费

延河人们的耕作手段仍然与人一样的古老质朴

　　出米脂顺延河向延安，车行在世界上最大的黄土高原之巅，脚下是深达百米的黄土。伫车远望，山荒岭秃，偶然间可见那半山腰间显露几间窑洞，在这里你才真正可以读懂什么叫"沟壑纵横"。

　　杨家岭这座延安的小村落，由于抗战时期共产党中央曾经驻扎于此，如今已经是一个"红色旅游"景区。由于景区的存在又带动了相关的产业，卖纪念品的、尘土飞扬跳腰鼓的、当导游的，熙熙攘攘很是热闹，这几年红色旅游的热潮真是有增无减。

　　我们跟着人群顺着山坡浏览了一遍共和国的缔造者们曾经下榻过的窑洞，也许很多人都和我一样思考着，这方寸之地，可真是风水宝地，智慧汇聚之地。

　　按照"杨氏"考察法的惯例，照例要爬到高处遍览俯瞰脚下的景观。在杨家岭这座神圣的山坳上，竟然意外发现几座新坟。能够在这座风水宝地上安寝的绝对不是一般的主。一看碑文才知道这真不是一般的人物。

陕西窑洞的色彩很喜庆

17.5　延长县，中国陆上打出第一口油井的地方

　　宝塔是延安的标志性建筑，在抗战期间就是图腾般的标志。到了延安照例应该去拜谒的。到宝塔山的街道是如此的狭窄，拥挤的车流里竟然寻不到地方停车。陕北司机的驾驶风格之彪悍令人惊叹，在不到一公里的地段就撞见了两起事故，拜谒的兴致全无，只好直接奔向目的地——延长县。那里有中国陆上第一口油井，又称"延一井"。

　　油井位于延长县石油希望小学操场内，已逾百年历史。据记载，人们发现并利用陕北石油，始于秦汉。最早见于东汉班固《汉书·地理志》："高奴有洧水，可燃"。宋人沈括在《梦溪笔谈》中又说："鄜延境内有石油，旧说高奴县出脂水，即此也"，首命"石油"之名，并预言"此物后必大行于世"。 比1556年德意志人乔治·拜耳对石油的命名早了600年。石油开发的最早记录始于元朝，《元一统志》说："延长县南迎河有凿开石油一井，其油可燃，并治六畜疥癣，岁纳壹佰壹拾斤"。此井挖掘，比美国和前苏联自称的世界上第一口油井早了500年。

　　根据官方提供的资料显示：石油产业成为带动陕北老区经济、社会发展的龙头产业和财政支柱，使得吴起、志丹、安塞等11个国定贫困县提前达到脱贫标准。据介绍，目前石油工业为地方提供的财政收入，已经占到延安、榆林两市财政总收入的81%和28%。"可以说，延安的财政中，每一元中就有8角以上是石油集团提供的。"在这些资料数据的后面也就是呈现在我们面前的是众多的乡镇石油的衍生企业。冒着浓烟的小炼油厂无处不在，成为了延长的一个特色景观，河边，菜地，农田，有的油井甚至就在乡亲们的院子里。沿着延河一直往下，临河而建的住房、工厂正在轰轰烈烈地施工，羸弱变质的延河水已经不堪重负。

　　"延河水啊，流不尽……"这是30多年前某个歌唱家一首脍炙人口的歌词，它给人多少神圣的遐想，但现在涓涓细流般的延河上漂浮着混浊的油花。承担着不属于自己的"排污重任"，延河的水再也不能饮战马了。

延长油田是中国最早的油田之一，在延安到处可见这 再也不能饮战马的延河水
种采油树立在乡亲门前的景观

　　进入山西的一个重要目标是考察汾河。汾河是黄河第二大支流（源于山西宁武管涔山麓，《水经注》载："汾水出太原汾阳之北管涔山"。）贯穿山西省南北，流经静乐县、古交市、太原市……临汾市、侯马市，在河津附近汇入黄河。上游水土流失严重，是洪水、泥沙的主要来源。史记载，汾河流域是中国文化发展较早地区，旧石器时代中期的"丁村人文化"就在这里发现。

　　汾河也曾有着自己美好的青春年华，史记载，公元前113年，汉武帝刘彻率领群臣到河东郡汾阳县祭祀后土，途中传来南征将士的捷报，而将当地改名为闻喜，沿用至今。时值秋风飒爽，鸿雁南飞，汉武帝乘坐楼船泛舟汾河，把酒中流，感慨万千，写下了千古绝调《秋风辞》："秋风起兮白云飞，草木黄落兮雁南归。兰有秀兮菊有芳，怀佳人兮不能忘。泛楼船兮济汾河，横中流兮扬素波。

　　假如汉武帝如今泛舟汾河，面对污水横流，两岸滚滚浓烟，想来他老人家是断然写不出如此佳句。我们的路线一直是沿着汾河的走向而行，经古交市、太原、霍州、洪洞县、临汾市、侯马市，在河津越过黄河大桥进入陕西龙门，折回山西河津再向侯马抵河南小浪底……

　　进入临汾市区前，使人恍然感到进入到了一个硝烟弥漫的战区。烟尘滚滚，灰尘漫天，有时能见度让人感到了白昼的颠倒。鼻腔里堵满了成块的堆积物。在这样的环境下，河流还会有自己清澈的面容吗？

　　临汾遍地粉尘的生态环境，使我们彻底放弃了在野外扎营的念头。下榻的招待所晚上9点关门，喊

汾河之晨

一江污水向临汾

门时听值班的老大爷训斥仿佛又回到了 20 世纪 70 年代。

自古以来，人类逐水而居。无一例外，现代的工业走廊也大多是沿河而建，一边方便抽取河水进行循环，一边又轻而易举地向河水排放垃圾。根据熵增加原理，任何一个有序结构都需要外界不断地输入能量和物质，同时不断地排放废弃物（垃圾）才能实现，放大一步说，一个城市也是这样，它必须从城市非现代化和次现代化地区不断获取能源和物资，同时现代化地区还要接连不断地向外排放垃圾。我们路过的城市，在郊外无一例外的有着围城般的垃圾，大风起兮，垃圾飞扬，随风入水过城乡……

站在太原汾河大桥上，可以看见汾河公园，一个建在干涸河床上的人造景观，资料介绍，这座位于太原市中心的大型城市生态景观公园，是具有中国北方园林风格和太原汾河地域文化的山水园，全长 6 公里，宽 500 米，占地 300 公顷，形成了 130 万平方米水面和 130 万平方米绿地，是太原市目前最大、最集中的公共绿地游乐场所……2001 年 12 月 28 日，国家建设部授予该项目"中国人居环境最佳范例奖"，并推荐联合国申报人居环境有关奖项。

2002 年 5 月 30 日联合国人居署决定授予太原汾河景区为"2002 联合国迪拜国际改善人居环境最佳范例称号奖"。

实事求是地说，它只是一个靠地下水源供给的"假汾河"，一个人造的湿地景观，但却充满着一个城市对水的渴望，诚然，人们意识到水在生存中的地位，哪怕是"人造"的也是一个进步。在干涸河床的另一端，河床改造正在轰轰烈烈地进行，古老的河床正在被巨大的挖掘机填平，不知是否在不远的将来，在这些几千年前舟楫帆影的地方，会耸立起一排排开发商的作品——商品房。

人造的湿地景观，但也充满着一个城市对水的渴望

汾河已经干涸河床上仍被创造"剩余价值"

17.7　安泽县和谐典范——荀子

　　当"和谐典范"——荀子的拱门出现在我们眼前的时候，这个与孔子齐名的，却几乎被遗忘的思想家突然从历史的烟尘里走了出来。安泽是荀子的故里。

　　安泽是沁河河畔的小县，沁河是黄河下游的支流，也是山西省内仅次于汾河的第二大河流。位于山西、河南两省境内。发源于山西沁源县霍山的沁河，古称沁水，也称少水，也许水是从石缝里慢慢沁出来的，才有沁水一说。沁河南经安泽县、沁水县、阳城县后，切穿太行山流入河南省境。再经济源、沁阳，在武陟县西营附近注入黄河。

　　在漂亮华丽的拱门上我们还看到有着"全国连翘生产第一县"的字样，还有国家级生态示范区、山西省省级森林公园和山西省生态示范县等一系列令人肃然起敬的提示。

　　荀子被封为"和谐典范"应该是最近几年的事情，我们常常挂在嘴边的那句经典名句"青出于蓝而胜于蓝"就是取自他老人家《荀子·劝学》中的"青，取之于蓝，而青于蓝"，同时，荀子也是最早提出和谐社会观的人。

　　为了解一下他老人家的生平，我们弃车徒步，爬山登岭拜谒了气势恢弘的荀子文化园，这座文化园

混杂着中国寺庙与西洋图腾建筑的元素，感觉应该更加接近寺庙建筑风格。站在荀子文化园俯瞰着脚下的县城，望着猎猎的旌旗，思绪似乎回到了2000多年以前，这样一位古代伟大的思想家、教育家、文学家、先秦"诸子百家"的集大成者——后圣荀子是如何产生的？

在春秋战国时期，山东、山西、河南、河北正是经济文化发展的中心地带，也正是人文思想鼎沸、学风旺盛的时期，现在所谓发达的沿海一带，恰是不毛之地。山东出了孔子，山西也出来个荀子。现在中国的大作家仍然还是以西北地区为多。

2000多年前，荀子在安泽这个古老的土地上。提出"明于天人之分"和"制天道而用之"的天道观，既否定认为天地自然有意志的天命论，又反对人在自然面前绝对消极无为的宿命论，强调人类应当而且能够积极地作用于自然，让自然造福人类。安泽的植被与环境形成了统一，天空出现整个山西省都少有的蓝天，黄土高坡在生态上也有恢复的趋势，安泽人民对自然良性干预的成果使人振奋。也许这正是安泽人践行老祖宗教诲的结果。

拜谒了荀子大人后，我们顺着弯曲的沁河驶向太行山大峡谷。

恢弘的荀子文化园，但愿它不仅仅承担着旅游的功能

17.8 夜走太行山大峡谷——红旗渠精神犹存，水利工程已成旅游景区

太行山大峡谷位于山西壶关县东部的晋豫两省交界区，2005 年 10 月 23 日，中国最美的地方排行榜在京发布。评选出的中国最美的十大峡谷，除了雅鲁藏布大峡谷、金沙江虎跳峡、长江三峡、怒江大峡谷、澜沧江梅里大峡谷这些外，太行山大峡谷也赫然在列。

从壶关县城出发约 30 公里后，车队就一头钻进了峡谷，月色在峡谷上空时隐时现，前面的车灯在山路上忽远忽近，附近不时出现正在建造的楼台馆所。迷蒙中我们就这样穿越出来，进入到河南林州地界。实话实说，虽然是夜间行车，我凭着感觉，无论如何这个峡谷也不能与雅鲁藏布江大峡谷、长江三峡大峡谷同日而语。

进入到河南林州地界，第一感觉就是人多车多，村庄连绵不断，密集程度令人惊讶。

第二天，我们奔赴曾经名噪华夏的红旗渠。20 世纪 70 年代我在军队服役的时候，恰好是《红旗渠》纪录片隆重上映的时候，在中国那个特殊的年代，除了《地道战》《地雷战》《南征北战》几部电影反复播放之外，就是新闻纪录片厂不时推出的《新闻简报》，《红旗渠》就是新影厂拍的。几乎每次放电影，都要加映《红旗渠》，那个每周一次的观看学习，使人就像吃好东西过量倒了胃口一样，一听说这次电影又是《红旗渠》，大家都心照不宣地抢着站岗，一来躲开视觉疲劳的轰炸，二来还可以弄个积极工作的"美名"。

几十年过去了，但年轻时的记忆仍深深刻在脑海里，很难抹去。一旦掀开记忆的浮尘，那些中国农民以近乎原始的手段开山辟地的画面又出现在眼前。

红旗渠是 20 世纪 60 年代，林县人民在极其艰难的条件下，从太行山腰修建的引漳河入林工程，被世人称之为"人工天河"。红旗渠纪念馆的文字介绍说：红旗渠在国际上被誉为"世界第八大奇迹"。资料同时显示：在这条总长 1525.6 公里的红旗渠上，英雄的林县人民削平山头 1250 个，钻了 211 个隧洞，架设渡槽 152 座，兴建水库 48 座……全县共动用土石方 2229 万立方米，相当于一道从哈尔滨到广州的高 3 米、宽 2 米的"万里长城"！现在的红旗渠被列为全国重点文物保护，分类为：近现代重要史迹及代表性建筑。

现在的红旗渠俨然是一个老道的景区，纪念馆和门楼高耸，门票不菲。在大门口一个卖纪念品的老汉那里，我们攀谈起来。社会调查的窍门是，多向老者发问，他会告诉你他年轻时与现在的比较，可以得到一个很生动直观的对比。老人告诉我们说，现在上游不供水已经 8 年啦！他也许不完全明白，现在的水已经是商品，要流入渠道前，先要进入到货币交换的渠道。

红旗渠的源头是山西境内的漳河，在当年"全国一盘棋"的共产主义精神旗帜下，两省"革委会"的头头写个便条，一个巨大的工程也许就搞定了。那个火红的年代，人们革命的激情一旦点燃，那真是

可以"排山倒海"。那个大讲奉献的时代，宁肯自己没有，也要方便别人。但随之市场经济的进入，一切纳入到市场的轨道，问题就出现了。首先是处于上游的山西工业发展迅猛，随着经济的发展，用水量大增，电站和灌溉截取了漳河大量的来水，导致下游出现缺口，地处晋冀豫三省交界的红旗渠，现在像一个进入暮年的老者，蜿蜒的渠道已经被茂盛的林木所覆盖，它的身上，现代化的缆车、索道和滑道已经遍山延伸，渠道里死水微澜，没有流动的来水，明显水量不足，水质很差。现在红旗渠的旅游意义大于它的水利价值。

纪念馆里有照片也有雕塑，表现手法还是很陈旧。这么大的人工工程，是一个完全凭着简陋的工具和一股超常的革命热情完成的，其间的艰辛与困难是现在的人无法想象的，我遗憾地发现，虽然文字里也提到许多人为此付出了生命，但当我仔细在馆里搜寻这些可敬的英雄名字后，我很失望，这里除了一个牺牲的设计师和一个残疾的"铁姑娘"有文字和照片介绍外，我找不到其他任何可敬的农民兄弟的名字，不得不说，这个纪念馆的策划者缺乏起码的人文情怀。这也是我们民族性格上的一个致命瑕疵。

虽然红旗渠的水利价值已是今不如昔，但红旗渠作为一个时代的符号，已经铭刻在太行山上的岩石上，红旗渠作为劳动人民坚韧的见证将会与太行山共存。

水利价值减弱的红旗渠正在做着"红色旅游"

景区卖纪念品的老人说红旗渠那边（指山西）已经8年没来水了！

17.9　太阳照在桑干河床上

桑干河发源于山西省北部,靠近长城,在宁武县正南,管涔山的东坡。河流同恒山走向平行,流向东北,之后在河北省宣化附近折向东南,进入华北平原的北京地区,再经北京南部流向天津,在那里注入海河,最后流入黄海的一个大海湾——渤海。

在近代中国文学史上,孙犁的《荷花淀》、丁玲的《太阳照在桑干河上》、刘绍棠的《运河的桨声》、阮章竞的《漳河水》……这些当代人耳熟能详的文学名作,无不以"水"为背景而勾勒出时代的变迁。

出朔州不久,在一座桥边,杨勇的车戛然停下,他拎着相机跳下车说,这就是桑干河。哦,桑干河。于是,我开始搜寻记忆中,丁玲笔下的那条桑干河,那个"泥水打在光腿上都热乎乎的"桑干河,眼见的却是另一番景象:弯曲龟裂的河床,中间有一条几近沥青般凝固的线条。在河岸的一侧,农户的庄稼地在慢慢向河中迫近,另一侧是连绵不断的厂房和冒着烟的烟囱。由于桑干河源头是地下水补给,加上十几年来华北地区迅猛发展的工业,导致超采地下水,当年绿水沧沧的桑干河,现如今,常年干涸,而且成为沙丘向北京推进的前锋。其中怀来县小南辛堡乡的沙丘已经推进到距北京市区 70 公里处。

对于干涸的原因,除了自然的因素,当地老乡也还有一个说法,是上游的榆林水库把住了水。这个事实告诉人们,水,它的新属性是商品。

这是丁玲笔下的桑干河,太阳依旧照着河水,但河水已经是沥青般的浓稠

山西吕梁地区干涸的水库

汽车很快将桑干河用在身后，回头望去，太阳正照在桑干河上，客观说，应该是照在河床上，桑干河已经不复是女作家丁玲笔下的桑干河。"……车又在河里颠簸。桑干河流到这里已经是下游，再流下去 15 公里，到合庄就和洋河会合，桑干河从山西流入察南，滋养丰饶了察南，这下游地带是更为富庶……"（选自《太阳照在桑干河上》）。那是一条记忆中的河流，只有在历史中流淌。干涸枯萎的桑干河只是华北大地上众多河流的缩影之一。

在山西我们所走过的地方给人最深刻的印象是，在城镇和工业走廊附近所能看到的地表水很少有洁净的，纯净的地表水只是在太行山深处才能看到。在五寨县小刘家湾我们拍摄到了刘家河被当地土豆作坊污染情况，比污染更令人忧虑的是面对自己的生存状态，仍然安之若素的农民。

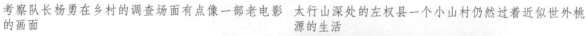

考察队长杨勇在乡村的调查场面有点像一部老电影的画面

太行山深处的左权县一个小山村仍然过着近似世外桃源的生活

比污染更令人忧虑的是面对自己的生
存状态，仍然安之若素的农民

山西五寨县被土豆作坊污染的刘家小
河携带这污染物注入黄河

放羊的农民说，这些羊他们自己都不
吃，喝有毒的水，羊肉也有毒

17.10　大寨，在流逝的岁月中，过着平静的日子

20 世纪 60 年代初期，山西某作家写了昔阳县一个叫大寨的生产队"战天斗地"的事迹，受到了当时毛泽东主席的首肯，钦笔"农业学大寨"。这个叫大寨的乡村，以及村支书陈永贵（后来又成为共和国历史上唯一的一个农民副总理）就出现在全中国人民的眼中，"学习大寨，赶大寨，大寨的精神开不败……"这首叫《学习大寨赶大寨》的歌曲在中国城市和乡镇无数个喇叭里日复一日的播放，随后这个叫"大寨"的村子就以传奇符号的形式，深深地定格在一代人的脑海中。

也许那个年代里生活的元素太少，我们的记忆太深刻，直到现在，我们对传奇里的故事还能如数家珍，如"大战狼窝掌""铁姑娘郭凤莲"等等。当年能到大寨来参观的不是外国元首就是国内的劳动模范之类。据资料，"农业学大寨"以来，老一辈无产阶级革命家周恩来、李先念、叶剑英、邓小平、陈毅等曾相继视察大寨，国外有国家元首、政界要人和友好知名人士，国内有各行各业的人士，共有上千万人次前来参观学习大寨，来自海外地区 134 个国家和地区的达 2.5 万多人。

大寨地处太行山深处，那里的乡村普遍很穷，海拔为 1162.6 米，属太行山土石山区，由于长期风蚀水切，地域形成了七沟八梁一面坡的形貌。

大寨村之所以名闻天下，是因为在新中国成立以后，村里出了个陈永贵。在他的领导下，大寨村民就凭着一双手、两个肩膀头、一把镢头、两个箩筐不分昼夜地苦干，河沟造良田，山坡造梯田，花去了十年的工夫，改造了大寨的七沟八梁一面坡，修成了亩产千斤的高产、稳产的海绵田。不仅解决了大寨人的温饱问题，而且每年上交国家 20 多万斤余粮，从而引起了世人的景仰。而在陈永贵之前，大寨几

昔日"战天斗地"的大寨已经挂起森林公园的牌子

大寨昔日的农民现在景区里做着安逸的小买卖

乎没有在历史上留下什么印记。

早上我们从昔阳县城出发，这座县城和山西其他产煤产水泥的县城一样，被灰色的雾霭笼罩，县城外，是一条干涸的河道，成为一个自然的垃圾场地，恶臭扑鼻。但县城背后山上，一座庙宇却建得好一个宏大。

大寨离县城5公里，柏油马路齐刷刷，抽根烟的功夫就到了。想当年，参观人数最多的时候，那是何等的景象。当然，全中国对在一个山村的参观也意味着多种支援，应该说，大寨到今天的这个高度，也离不开全中国人民的支援。

过去的年代，这里曾经是一个政治上的标杆，一个中国近代农业发展的符号，几十年过去了，大寨从一个默默无闻的山村成为中国农业的一面旗帜，在风光中走完了自己历史，留下了一种大寨精神。

"大寨精神"在那个特殊的年代无疑起到了现在很多人无法想象的作用。那个物质匮乏却精神充实的年代的确令人难以释怀，但凡事物都有自己的两面性。今天，我们对大寨的精神不用去质疑。但是在那个极"左"的年代，在政治利益的左右下，"全国农业学大寨"出现了许多偏颇到匪夷所思的事情，甚至导致生态的破坏，如许多草原改种粮食作物，导致水土流失的生态灾难性后果等。现在这些生态虽然正在逐渐地恢复，但却需要漫长的时间。

在中国历史上，曾经在汉代有过一次大规模的屯田，汉代是西北农业区拓展的重要时期。经两汉以戍军屯田和移民充边为主要方式的经济开发，使西北大片地区从游牧区变为农耕区。除关中以外的

考察队长杨勇在大寨祭奠昔日的副总理陈永贵

大寨昔日的"狼窝掌"如今已经成为森林公园

守望黄河的古老村庄

河套、河湟、河西、南疆等基本农区，都是在汉代开发建成的。汉代对西北农区开拓的历史意义值得肯定，但也应看到大规模土地开垦对地区生态环境所造成的不良影响，那段时期造成的影响到现在仍然没有完全恢复。

现在的大寨已经成为一个半景区的公园山村。层层梯田仍然在，庄稼已经收割，人造森林是四季常青之类的松柏，虽至晚秋，依旧郁郁葱葱；大寨村窑洞依然，当地大多数村民还是住在楼房里，街道干净、清洁。但在村口景区的进口，却是车马稀落。卖纪念品的多与红色年代有关，与大多红色景区一样，伟人像和光盘，雷同而无新意。大寨宾馆的宣传词、广告语很雷，这样写道："中央领导同志和外国政要多次下榻的地方"，你会读出"瘦死的骆驼比马大"的潜台词。

现在的大寨，生态目标很明确，山林郁郁葱葱，起到了很好的固土作用，山腰的农业用地面积在退耕还林后，已经有较大规模的减少。旅游业和乡办企业也正在取代传统的农业。我们希望这个在中国农业史上留下过不可磨灭贡献的村落，走出自己的生态农业和生态旅游业的新路。

走好，大寨！

第 18 章

最后的香格里拉

亿万年前地球一次小小的运动，印度洋板块在隆起的过程中，地楔进到欧亚板块的下面，在随后的演变中它顽强地继续楔入，两个板块在咬合中拔地隆起，造就了高耸入云的喜马拉雅山脉，扯起了千姿百态的横断山脉，擎出了苍茫的高山峡谷，捧出了澎湃的江河湖泊……这里是世界屋脊，神奇的世界第三极，青藏高原。

　　20世纪30年代，喜马拉雅山南麓，巴基斯坦北部有一个美丽、原始、遥远的雪山谷地——罕萨（Hunza），传说中是一个神灵的居所，人们梦想中的天堂。在这个与世隔绝的喜马拉雅山谷里，海拔2400米之上，住着一个罕萨部族，传说是亚历山大东征留下的后裔。他们信仰伊斯兰教，日出而作日

措普秋色

落而息，生活平静而健康。

　　在这个罕萨部族的村落里，一个巫师般的英国人蜷缩在羊皮睡袋里，望着世界上最纯净的天空，用占卜师般的思维和梦幻般的文字，描述了一个虚幻迷离、令世人神往的天堂般的地方——香格里拉，这个名叫詹姆斯·希尔顿的英国人写下了那本《消失的地平线》。1933 年，英国伦敦的麦克米兰出版公司出版了这部著作，令出版商和作者本人始料不及的是，此书立刻在欧洲引起了轰动，并很快畅销世界，从此在全球范围内形成了一股寻找理想王国香格里拉的热潮。"香格里拉"也成了一个梦幻般的世外桃源的代名词。它如此虚幻迷离地在人们的现实生活与精神世界之间的地平线上游荡了整整半个多世纪，

一群藏族妇女穿桥而过，犹如行走仙境

章德草原湿地后面是神山扎金甲博

是一个世人都想到达的地方，是一个伟大的梦想，是一份无尽的追求，至今仍散发着诱人的魅力，让世人向往不已……

一个多世纪过去了，寻找香格里拉成了人们不懈的追求。其中不乏各种目的的追求。近年来，为争夺这个金字招牌，打所谓的"香格里拉牌"，几个省市自治区对"香格里拉"的专利争夺甚嚣尘上，结果是对"香格里拉"地区的旅游开发热浪不断升级，许多地方和一些粗陋建筑物上也挂上了"香格里拉"的牌匾……这些现象，使遥远、神秘、脱尘的"香格里拉"堕入尘世，成为逐利的商业品牌。在这种情况下，2004年第7期的《中国国家地理》在中国西南地图上划了一个很大的圈子，推出了一个大和解、大包容也或说是"和稀泥"的方案——大香格里拉。在商业利润的粉裙下，人们的纷争与和解，顶膜与礼拜，是否亵渎了香格里拉纯净的本意？

措普地热景观   把鸡蛋放进这个温泉口瞬间就可熟

　　《消失的地平线》一书中，主人公康威曾担心雪崩或山崩会使"蓝月山谷"化为乌有，那是一种隐喻，一种对现代社会急功近利、一切商业化将会造成道德价值观和生态坍塌的隐喻。

　　2008年10月下旬某日，我驱车从318国道川藏线的巴塘一侧驶进了措普那条不宽但还算舒适的沙土路。

　　深秋的川西，是一个万花筒般的世界，路边的树林正在进行着自己在越冬前最后的蜕变，这个蜕变的过程是艳丽绝美的，从山下的金黄过渡到山上的紫色，姹紫嫣红，妖娆无比。

　　从措拉乡进去不远，映入眼帘的是路边升腾起的大团蒸汽，这是大自然的杰作——地热。

　　巴曲河两岸，突兀凹陷的山壁上、遍布着可见的、强烈的喷气孔，震耳欲聋的水汽声、弥漫四野的烟雾、炙热的岩浆似乎随时会喷薄欲出，让人强烈地感受到地热的巨大威力。地球搏动的生命在这里可以直观地感受，它恒动在苍穹之间，像一部袒露在大地上的地质百科全书，记录着亿万年来大自然的沧桑变迁。

　　湍急的巴曲河上，一群藏族妇女在温泉的袅袅烟雾中穿过小桥款款而行，烟来雾去，云蒸霞蔚，疑是天仙落人间。当地的藏族同胞认为：在此沐浴能洗掉人以往的罪孽，能洗净人的灵魂，能激发人做出有利于他人的好事情，能给人带来好运。

　　按照大香格里拉的划分，措普的中心地热温泉群恰好是处在香格里拉的中心，蓄积着地球生命的能量，充满着勃勃生机，它圣洁又无暇，缥缈又形象，博大而坦荡，把它定位为"香巴拉之脐"，有着一种图腾般的意义。

　　在川西高原海拔3000米左右的高度上，不是低矮的灌木就是高山草甸，但在措普，海拔4200米以上的地方，却生长着郁郁葱葱的原始森林（而不是次生林）。这一生态奇观足以令人感到大自然对措普的厚爱。

措普海拔 4000 米以上的森林

初冬的措普高原

措普湖

措普扎金甲搏秋色

措普森林中的大树

白塔与神山

第 19 章

走进雨季冲出沼泽

19.1　当曲湿地考察纪实 // 404

19.2　轮飞撞山　高原惊魂 // 407

19.3　沱沱河生态保护站 // 414

19.1　当曲湿地考察纪实

　　2012 年是个多雨的年份，很多人都在揣测，我们这个居住的星球到底怎么了？是否冰川融化，气候逆转，是否是又一个冰期的降临，是否是玛雅人关于 2012 年的预言的前奏……在这个背景下，在中国治理荒漠化基金会专业委员会副主任与横断山研究会会长杨勇的带队下，一台陆风X8、一台东风皮卡、一辆美国福特 6 缸皮卡（俗称"猛禽"，后由于其体重庞大，沼泽地陷车不断，在后期退出考察）组成的考察队就这样启程了。考察主题仍然是：见证地球第三极气候变化，这也是青藏高原冰川河流考察计划的一部分。

　　冰川是中国西部江河径流的重要来源，也是中华民族的固体水塔。研究气候变化对冰川的影响具有非常重要的意义。气候变化的最显著标志是冰川融化，河流是地球的血液，湿地是地球之肾，都是人类的生命线。在这个特殊的年份它的状态如何，不到一线很难想象。

　　再说一下长江源头，长江源区由正源沱沱河，南源当曲，北源楚玛尔河组成，称为长江三源。沱沱河一直被地理学界视为长江正源。鉴于当曲的水量和河床宽度（沱沱河的水量只有当曲河的 1/4 左右），在交汇时尤显壮阔，曾被一些国内外学者认为应取代沱沱河成为长江正源。沱沱河与当曲汇河合在一起以后，叫通天河。通天河在玉树接纳巴塘河后进入西藏自治区与四川省交界处的高山峡谷之间，称为金

沼泽地中的营地

格拉丹东冰川底部被消融的水流掏空，形成冰体垮塌（杨勇拍摄）

沙江。金沙江穿过云贵高原北侧，流到四川省宜宾市。当它和北面流来的岷江在宜宾汇合之后，才称为长江（国外以前称扬子江）。

当曲是长江源区水量和流域面积最大的源流，是科学界曾提出应作为长江正源的河流，这一观点至今仍处于争议中。当曲正源发源于唐古拉山脉东段北翼霞舍日阿巴山，海拔5295米，分水岭以南是澜沧江源和怒江源，是三江源的标志性区域。源区以泉眼和泥岩沼泽发源，泉眼主要分布于霞舍日阿巴山南坡坡翼的冷冻风化石坡，密集的泉眼形成破面水网，水流在山底宽缓盆地汇集形成沼泽地。据初步资料，这里是中国最大、最厚的泥炭沼泽地，泥炭资源丰富。自然环境保存完整，非常独特，鲜为人知。当曲河沿岸湿地水草丰美，源区野生动物丰富，主要为白唇鹿、野驴、野马、斑头雁等，河中重唇鱼丰富。与索加湿地成为长江源区同时也是世界著名的两大湿地。

考察队去当曲及其他的源头，并不是为了求证河源的长短，那是另外一个学科的事，更不是为了满足自己的旅游欲望，那里的气候与恶劣的地理环境，实在不是常人愿意涉足的，考察队的目标是它们的生态环境，是在退化还是在进化，长江源区到底有多少水可以调用。考察队做的是独立的研究项目，为给政府提供一份客观的南水北调西线资料，希望以民间的科学力量影响政府的决策，也是生态地质环境

鹰隼——草原的守护神

草原生态重要的一环、老鼠的天敌——鹰

考察的目标。

美丽的当曲沼泽

2006 年我随考察队用漂流的方式，顶着高原的赤热，全程漂流 300 余公里，完成了对水源沿线的考察，但对河岸两侧的沼泽状况如何，一直惦记着，算是个心病，这次考察队决定进入湿地腹地，完成一次抵近侦察。

这次，我们是以汽车的方式深入湿地。川藏雨季非常厉害，走过川藏线的人都知道它的无情，而雨季中的湿地则是无人敢涉猎，平均海拔在5000 米左右，氧气含量只有内地一半的湿地，其美丽的外表隐藏着无处不在的杀机。在这次考察中，我们在这片沼泽地中陷车无数，最多一次竟然陷车 7 天不得动弹，真是苦不堪言。

其实与后面发生的事情相比，陷车之类已经算不了什么，随后发生的一次汽车轮子飞走的遭遇真是让人不寒而栗。

沼泽中的牧场

19.2　轮飞撞山　高原惊魂

　　2012年7月24日，在当曲沼泽地那片美丽得置人死地的沼泽地里苦苦挣扎了10余天的我们，一身疲惫地终于爬上了干路，在山顶一堆玛尼堆前，我们匍匐在地虔诚地膜拜，为逃离沼泽而庆幸。

　　高原碧空如洗，白云朵朵，令人精神一振。车队终于行驶在一片干爽的土地上，当阳光照射在车身的时候，心情开始从沼泽的阴霾中变得灿烂。对讲机里传来头车队员邓天成的歌声"清新的空气，令人精神爽朗"……真是天籁之音，好似帕瓦罗蒂先生的弟子转世到了高原。

　　对于一个从沼泽地里挣扎了10多天的人来说，行驶在眼下这条土路上，心情就像行走在天路一般。

　　我转动着方向盘，给坐在副驾位置的大志讲着一个久远的故事，车内气氛一片祥和。拐过一个小弯，随即是一个右上坡，越过一个洼地，一个不起眼的小坑横在眼前，用不着迟疑，车身微微一震就过去了，开出百十米后开始爬坡，正要加速，突然车身一个趔趄，大志喊道："徐爷，不对劲！"此时我从倒车镜里瞥见，汽车的左后轮已经蹦蹦跳跳飞离车身向山下奔去。

　　这辆中原某厂出产的日产皮卡，从金沙江峡谷出来时问题就开始出现，首先是车身开始与驾驶室分离，而且每天都有扩大的趋势，停车后观察车身是否会向神九与卫星一样的分离，已成为大志条件反射

走出沼泽后的合影，右起第二人是参加过长江漂流的徐瑞祥先生，现在已经离开我们，远行了！

就这样，唱着歌，讲着故事，轮子掉啦！高原赤热的阳光下，疲惫的兄弟们在寻找下手的地方

司机很郁闷

性的动作。但没有想到的是，车身还在，轮子先没了。好在是在上坡，如果是下坡，如果速度再快点，考察队的历史就要写上悲摧的一章……

此时的境地：最近的公路也在 500 公里以外，手机没有任何信号，即使是有，又有谁可以来救援你呢？

汽车状态：轮毂联同轮子一同私奔，刹车片着地，五颗螺丝飞走了，永远地留在了高原，剩下的一颗螺丝丝扣全无，呈弯曲状留在自己的岗位，尽着最后的职责……

高原赤热的阳光下，我们围着三个轮子的汽车爬上窜下。如同一群围着刺猬无处下口的野兽，面对这辆拖着全队给养的皮卡，我几乎都生出了放弃的念头，良思苦久，杨勇在太阳下山前做出了一个大胆和最后的决定：拆掉刹车，在其他三个轮子上各卸几颗螺丝替补飞走的五颗螺丝。卸掉刹车片意味着手刹彻底没用，余下的刹车油很快将流失，最后一点刹车都没有……未知的前方还有着许多不可测的因素，山路与沼泽都张着大嘴在前面等着。

靠着熟练的驾驶技术，杨勇缓慢地行走在荒漠中，每当他爬坡的时候，紧随其后的我会立即紧跟在

这个方法是古人的创新，叫做拆东墙补西墙

2007 年通天河烟瘴褂峡谷陷车，车与雪的接吻

2007 年冬天我们掉到了通天河里

2007 年大年三十在长江源的陷车

他的车后，防止他一旦溜车，我会强行顶住他的车后……一路行来，一路惊心，这样走走停停行走了几个小时，似乎还算平稳，正当我松了一口气的时候，危险降临，翻过一个经幡飘扬的山口，皮卡失控，别挡刹车无济于事，右侧是陡峭的山崖，皮卡只好悲壮地撞向山的左侧，此措施十分正确又十分无奈，如果不撞山后果不堪设想。

目睹眼前的一幕，看者寒毛直竖，当我跳下车奔向皮卡，看到他们鱼贯走出汽车安然无恙时，才想起后怕的一幕，不由得一屁股坐在地上，大脑一片空白，良久不得起身。

与杨勇在高原跋涉这几年，遭遇过许多匪夷所思的事情，这其中汽车出的故事足可以写上一大篇，如在黄河源区、阿尔金山断钢板，柴达木盆地陷雪沟，格拉丹东冰河坠车，一直到沉车藏北……但雪上加霜的"杯具"故事远没有结束。

高原地广人稀，加油站极为稀少，见到加油站一定要补充燃油。那是一个寒冷的下午，雨刮器费力

2009 年坠车格拉丹东   2009 年阿尔金山遭遇弹簧钢板断裂

地刷着车窗的雨水和冰雹。行走到黄河源区的一个小镇，终于见到了一个藏民开设的加油站，就像饥饿的藏獒见到了骨头一般，杨勇驾驶那辆摇摇欲坠的皮卡径直开了过去，停车打开油箱盖，遂转身找人问路。我驱车随后赶到，停在他的车后，看到加油机欢快的声音一阵愉悦，我们的油箱很快要见底了。当我抬头一看，顿时傻眼，轰轰响的加油机里正在往柴油箱里灌着汽油，我一把按住藏民兄弟的手，加油员一脸茫然，好容易让他明白了，再看加油表上已经加了 20 多公升。

2010 年藏北沉车使我们终于明白小河沟里真的能翻船

2007年3月税晓洁、杨勇、徐晓光冬季在暴风雪中走出　2007年3月走出柴达木盆地
柴达木后合影

　　下面的结果是可想而知，不说寒风加雨的悲怆，就说这个皮卡，油箱设计竟然没有放油螺丝，只得拆卸油箱，这是个谁都没有干过的活计。一切都是摸索，可恨的是，四个螺丝卸下来，有两个滑丝装不上，从粗糙的螺丝断面上我看到的是中国汽车工业的悲哀，都是低成本原材料惹的祸。实在装不上，咱用铁丝捆着。到了玛多县，也没有找到这种车的配件，唯一的修理是堵住一个刹车油管出口，再把刹车油加满，使得三个轮子有了部分刹车，就这样，抱着走到哪里算哪里的心态，我们又开始了前行。

　　事后我对杨勇说，你可以写一本书，叫《一个地质学家如何修炼成汽车自救专家》。

　　多年的高原考察，艰难的路程，层出不穷的事故，逼使我们不断地超越自己，有时干的事就如同揪着自己头发离开地球一般，但我们往往绝处逢生般的干成或逃脱了，按杨勇说的，一半是经验，一半是运气，再有就是天意，这个天意也许就是告诉你，留你一条命，就是要你继续为这个社会多做点事罢了。

　　所以，故事还在继续。

沼泽陷车

美丽却可以置人死地的当曲沼泽

19.3　沱沱河生态保护站

　　在转向黄河源区之前，我们抵达青藏线上的重镇——沱沱河镇。这个不大的镇子既不整洁也不繁华。但由于有万里长江第一镇的名气，使得它蜚声海内外。我们到此一来休整疲惫的队伍，二来收拾一下伤痕累累的汽车。杨勇请他的朋友杨欣从格尔木带来的汽车配件也应该在这个时候抵达。

　　沱沱河镇——这个由公路的发展加上兵站的驻扎而带动商业兴起的小镇，如今已经成为青藏线上一个重要的补给站。镇上开百货店、开蔬菜店、开餐馆的多是内地的人，他们克服高原缺氧的痛苦，操着五湖四海的口音，为了一个共同的赚钱目标而走到一起来了。在镇上的商店里你可以见识到在内地闻所未闻的东西，五花八门的食品，莫名其妙的饮料，名字怪异的香烟，还有不知是那个朝代出产的点心，吃到嘴里一股化肥味道的蛋糕……这里简直像个法外之地，当然军人在这里似乎有着至高无

美丽的沱沱河夕照

沱沱河镇上有很多这样的"超市"

2007年大年初三的沱沱镇

上的威望和权利。

2002年我们"三峡问候珠峰"摩托车万里行在一个大雪纷飞的日子进镇。2007年大年初三，我们驾驶汽车沿着结冰的长江溯上抵达，从沱沱河大桥爬上公路，引得哨兵一阵紧张，结果这个前无古人的"冰上越野"感动了兵站惊讶不已的站长，请我们吃了大餐，又免费招待我们住进了有暖气的兵站，

坐落在青藏公路上的索南达杰保护站曾经是民间环保的一个旗帜

那个晚上感到天堂也不过如此。

　　杨勇在沱沱河的朋友叫杨欣，从名字上看似乎是兄弟。他和杨勇在 1986 年参加过后来被认为是一次"伟大的爱国主义"的长江漂流。随后不约而同地变成了长江的忠实"粉丝"，以后半生的精力开始了对长江的保护工作。与杨勇地质环境工作者身份不同的是，财务出身的杨欣更善于策划。他在青藏公路上做的索南达杰保护站早已名声显赫（该保护站现已被政府接手）。索南达杰保护站的建立对可可西里藏羚羊的保护起到了极大的促进作用，功不可没。

　　现在他在沱沱河化缘集资。正在施工建设的沱沱河生态保护站，体现出他的一贯风格。一笔笔募集来的资金使这座尚未完工的保护站，已经成为沱沱河镇上一座醒目的标志性建筑。杨欣利用自己的人格魅力和一流的策划能力，使这座朱红色的平房用上来自上海的防寒材料、天津的隔热玻璃……这里似乎成为了一系列免费高科技产品的试验场。

　　杨欣告诉我们，每年有大量的斑头雁在这里过冬，牧民都有捡拾斑头雁蛋食用的习惯，保护站目前

杨欣的沱沱河生态保护站在这个杂乱的小镇上显得鹤立鸡群

下榻过的"长江源宾馆"有股浓烈的羊肉味道

镇上的垃圾属于纯"天然"处理

沱沱河镇上的这家网吧应该是长江源头的
"第一座网吧"

保护站制作的小礼品——斑头雁纪念章

主要的工作之一是对牧民进行环保教育，劝说他们逐步改变目前的生活习惯。另外还劝说牧民对垃圾进行处理，在茫茫高原长期自由自在的游牧生活，使得牧民对垃圾处理没有任何概念，喝完酒瓶子随手一扔完事，也没有上厕所的概念，拉屎随地一蹲就解决，一切随遇而安。2009 年在阿尔金山，摄像师周宇就是不留神踩在一个碎酒瓶上，脚板差点被扎穿。

杨欣的方法很聪明，他让牧民把垃圾带到保护站，回赠小礼品，然后再打包，请路过的司机带到格尔木，也有小礼品相赠。如此下来良性循环，双方皆大欢喜。这个经验告诉人们，环保其实是可以变个方法做的。

谈到将来，杨欣告诉我们，他现在正在募集资金，准备在长江源头的格拉丹东和长江入海口的上海

左起：邓天成、徐晓光、杨欣、杨勇、王众志在沱沱河前留影

许多在索南达杰保护站工作过的志愿者用这种方式留下了美好的祝福

崇明岛各立一个大型的电子显示屏，长江源头的屏幕显示长江水汇入大海的镜头；崇明岛上的电子显示屏上是冰川的涓涓细水缓缓而出的镜头……想象一下就非常美妙，期待杨欣的梦想成真。

他指着保护站后面的一块地方说："那是将来为内地学校准备的，让孩子们了解长江，在那里他们可以放置带有自己校名的石头，寄托一份情感，一个高原的行为艺术，目的还是让更多的人热爱和保护好自己的母亲河……"他的想法很多，根据他以往成功的经验，他的理想应该可以实现。

这个保护站的志愿者多是冲着杨欣的名气和高原的诱惑来的，这里不乏很多知识分子和有一技之长的人，也有一个出家当过几天和尚的人，这里似乎集合着中国各个行业里的理想主义者。

为了给保护站做点贡献，我们到了工地，一条正在掘进的电缆沟正在施工。我们轮番上阵，挥镐使锹，十分卖力。在海拔近 5000 米缺氧的地方干这种活，挥动几下就上气不接下气，肺部感到严重透支，真要对这些志愿者点个大赞！

保护站的伙食应该是清贫的，一来经费有限，二是油盐酱醋柴都要从格尔木拉，一切都很珍贵，看他们的厨房就知道近期伙食多么简单。我们随行的侯先生，是一个来自重庆的企业家。由于酷爱越野驾

大志在沱沱河保护站的一曲吉他余音绕梁，感动了众多志愿者　　　　摆摊设点不收费的"鉴赏师"杨勇

驶，成了杨勇的莫逆之交。此行他开着带绞盘的美国福特皮卡支援，给我们冲出沼泽提供了极大的帮助，由于他的同行，经费也变得宽裕，使得我们有了土豪般出行的牛气。

　　这顿饭的食材全部由侯先生提供，他那台身躯庞大的福特车里似乎还存着不少的食物。来自重庆的队员张鹤操刀，这个当过特种兵的小伙子真做的一手好川菜，他搬出福特车上的存货，做了一个巨大的火锅，香味冲天，弥漫在沱沱河镇上空，把志愿者们弄得口水上下直咽。知道这些志愿者真的很苦，我们队员都很自觉地排到最后才吃，那顿饭真的太香太美，令我回味至今。

等候吃饭的保护站志愿者　　　　　　　　　　　　　　　　　　　　很有成就感的厨师张鹤

为建设沱沱河保护站，我们忍着缺氧带来的痛苦，咬着牙尽点力

　　饭后没有谁发起，也没有人号召，大志抄起一把吉他弹起了一首曲子，名字没有记得，调子有点忧伤，小曲徘徊，一缕淡淡的忧伤笼罩在这座高原小屋。一屋子黑黝黝的脸盘，四壁漏风的房子，那场面真是有点令人动容。

　　屋外，一群现实主义的奇石爱好者得知杨勇是搞地质的，纷纷拿出自己在江源捡到的石头请他鉴定，杨勇一本正经煞有介事地端详评鉴，从年代到地质成因到矿物成分……在一片崇拜的目光里，那模样还真透着点仙风道骨。

黄河源九曲十八弯

壮丽的雅鲁藏布江大峡谷

第 20 章

墨脱——走过四季

壮丽的雅鲁藏布江大峡谷

　　结束了 2014 年 6 月的格拉丹东冰川考察，我和来自北京越野 E 族的猴哥驾驶着那辆有 14 年越野史的老切诺基又驶向了墨脱。那辆没有把我们抛弃在格拉丹东荒野中的切诺基虽然浑身都是伤，但还是神奇地逃出了各种似乎无法逃脱的险境。

　　墨脱，传说中开满莲花的胜地，是西藏最具神秘性的地方之一。西藏著名的宗教经典称其："佛之净土白马岗，圣地之中最殊胜。"其以中国最后一个通公路的县城闻名，也因为其险要的地理位置以及传奇的宗教色彩，被户外徒步者尊为"圣殿级"的徒步之地。在徒步圈子里，似乎谁如果没有去墨脱徒步一次，那简直算是没有入门。

　　这个中国最后一个通公路、离印度最近的县城，被称为雅鲁藏布江腹地神秘地带的墨脱，有着垂直的气候带，风光旖旎，气象万千，从冬天到夏天一目了然，一直被誉为摄影家的天堂。

　　墨脱的道路原先是有的，只是被一座大山阻隔，一个隧道穿过来，连接上墨脱原有的公路，就这样天堑变通途。剩下的只是徒步一族的叹息，中国再没有徒步者的圣殿了。

贯通墨脱公路的关键——嘎隆拉隧道

墨脱小镇一瞥

如仙境般的墨脱

墨脱的孩子

现在的墨脱公路仍然处于一个初级阶段，我们行驶的原始森林中的公路，严格说就是一个景观大道，从海拔 4000 多米的雪山到海拔 700 米的雅鲁藏布江大桥，落差数千米，景观带从冬季到夏季，从针叶林穿越到芭蕉树下，一路走来，妙不可言。虽然遇到雨季，塌方泥石流是家常便饭，但公路的基本行车要素还是具备的。

我们开着那辆修补好大梁，断了减震器，车里还漏着小雨的老爷车"小切"，进入到这个神秘王国，

城镇化的步伐似乎已经走近

有幸一睹难见真容的神山南迦巴瓦主峰

近距离地掀开她神秘的面纱，力图看到墨脱的真实面容。

　　壮丽的雅鲁藏布江大峡谷，尤其是那里的原始森林，令人感到一种莫名的震撼。我去过内地很多"原始森林"，那些侥幸躲过人类刀砍斧锯的树木，已经没有了自己的灵气，透着一种劫后余生、战战兢兢的木然，那是一种虎口余生之后的苟且。墨脱的森林则不然，由于大山的阻隔和交通的不便，使得原始的植被避免了人类的刀斧之殇，从而得到了保护。在这里我看到没有被人类糟蹋前的原始状态，那种天

波密小景

然中，透着地球原本的生命张力，整个森林中搏动着一颗自由的心脏，每棵树每片叶子都洋溢着快乐的光泽，有一种无辜的美丽，让你感到心醉，足以涤荡自己心灵深处的尘埃。

使人感到不安的是，在去墨脱的路上，那个被徒步者称为 80K 的地方，那个曾经是驴友们集结和转运物资的小村落，现正在大兴土木，沿途到处是钢筋水泥，搅拌机、挖掘机正在这块不大的土地纵横捭阖。横幅标语上写着："发展城镇化……"呜呼！

在原来需要边防证才能通过的墨脱，从 2014 年 6 月 1 日起，只要交 160 元钱，你便可以出入。墨脱需要钱，一个封闭了几十年的县城，一个财政收入曾经才几千块钱的小县城，急需金钱给予的复苏。如果需要，160、260、360 都无可厚非。来这里的人们其实都很愿意帮助这个小县城，但如果墨脱也要重复内地的模式，一个以房地产为主，急功近利的模式，等于抛弃了自己的特点，就像一个纯朴的村姑，以清秀靓丽的形象于众，突然穿上蹩脚的高跟鞋，涂脂抹粉，招摇过市，一旦失去了自己，其结果将会非常凄惨。

现在的墨脱县城现代元素比比皆是，高楼正不断地耸立在这个莲花般的盆地之间。这里最牛的两大酒店都是水电大佬的作品，完全是星级标准，服务员也很牛气，一问话，她就鼻子朝天，一个"我们集团云云……"住进去真有"错把杭州做汴梁"的感觉。

墨脱的生命是奔腾不羁的江河和森林；墨脱的灵魂是没有被金钱玷污的生态和那里朴实的山民。

如果失去了这些……

我为墨脱祈祷，希望她能够保存着自己最后的风韵！

我也知道，在经济大潮的冲击下，墨脱难以幸免！

离开墨脱的公路之外，马帮仍然是大山里的主要运输力量！

墨脱马帮掠影

大山里的村落

千回百转之雅鲁藏布江

飞舞的经幡

第 21 章

青藏高原呼唤着什么

21.1　一个礼佛的民族 // 434

21.2　一个环保的民族 // 435

21.3　一个艺术的民族 // 436

21.4　荒漠文化的诱惑 // 437

常听朋友讲，明年要去西藏如何如何，口气里多带着朝圣和探险的感觉，似乎这辈子不去趟西藏算是白活了。人们去西藏理由还有很多很多：充满商业竞争的大都市、越来越组织化的生产秩序、高速的发展、激烈竞争、狭小的家庭空间、夫妻之间熟悉到厌恶的面孔、找回正在埋葬的个人主义梦幻和想象……

追其原因，也许是大都市钢筋水泥的丛林扼杀了人们的想象空间，个人主义的成长所提供的精神"氧气"，似乎越来越稀薄了，氧气稀薄的青藏高原，反倒成了人们心目中的天然氧吧。人们哭着喊着奔向

川西甘孜白玉般的白塔寺

修行人的小木屋

措普寺院庙宇

高原更像一次集体吸氧运动。一夜间我们似乎成了一个集体缺氧的民族。

那么，人们哭着喊着要去的西藏到底有着一个什么样的民族，有哪些东西值得我们去丈量去咀嚼呢？在许多人的眼里，那是一个远离现代文明秩序、一个有信仰而非依靠理性的世界。香格里拉的梦幻笼罩着前行的路上，旖旎的风光，未知的风险，还有期待中的艳遇和浪漫，为个人的冒险欲望提供着一切的可能，压抑的梦幻在那里得到尽情地宣泄和释放。

我去过藏区许多地方，有名的和没有名的，驾车，徒步，住过油腻腻的帐篷，与藏族兄弟用一个碗喝过漂着牛粪渣滓的奶茶，甚至和庙里的喇嘛足抵足地睡过一个被子……我一直试图勾勒一个自己眼中的西藏，但充其量也只能是一个粗线条的白描。藏族到底是一个什么样的民族呢？

刻着六字箴言的巨石

21.1 一个礼佛的民族

　　岩石一般坚韧的宗教信仰是一个生活在环境恶劣的民族的精神支柱，能提供一股生生不息生存的力量。他们相信因果报应，相信来世和轮回，对自然充满了敬畏、感激和崇敬（如苯教的自然教义）。他们从不作挑战自然的事，他们的笑容展现出自己灵魂的进化，一种纯净和自然。宗教和信仰给人一个做人的底线，在这个底线上他们铸造着自己的精神家园。

朝圣，是藏民用最虔诚的心声，涤荡出自己最纯净的灵魂　　寺院的色彩点缀着单调的高原

转经的藏民

21.2 一个环保的民族

　　藏族对生养自己的大自然心存敬畏和感恩的心，这种敬畏和感恩融化在自己的血液和信仰中，成为一种与生俱来的本能。他们认为山是神山，湖是神湖，一草一木皆有生命，他们用最简单的方式维持着自己的生活。喝着牦牛奶、吃着牦牛肉、用牦牛的毛编制帐篷和服装、用牦牛的粪做燃料，用泥土盖房子。一旦迁徙，将房屋推倒，泥土又和大地融为一体。野生动物与自家的家畜放养在一起，有福同享，有难同当。他们用自己的信仰与生存之道维护了高原生态的和谐与平衡。如果假设，假如这个地方不是藏族在此生息繁衍，而是与中国南方某个什么都敢吃的省份做个交换，后果可想而知。

　　雅砻江畔中扎柯乡热巴村，泥土做的房子酷似古堡，老啦，倒了，还是泥土。

　　但近年来，靠近汉区的藏区，也开始大量使用木材建房，这是一个不好的信号，我们要检讨自己对藏文化负面的侵蚀效应。

桑格尼玛城有全球最大的尼玛堆

中扎柯乡热巴村的泥土房子

21.3 一个艺术的民族

　　藏族历史悠久且独特的唐卡艺术、恢宏的寺庙建筑和精美的雕塑，都是辉煌又可见的实体，一个文化没有被割裂的民族，传承着自己先祖的智慧遗产，给我们留下了美学欣赏的视觉范本。

　　蓝天白云，炫丽的服装，草原上无垠的格桑花，奔驰的骏马，锅庄，旋子（一种舞蹈）……荒芜空旷之美，恰似一幅幅灵动而优雅的水墨画，日光照射下的皑皑白雪，在光影变幻之中，千姿百态、色彩万千，这一切都成为艺术灵动的源泉。藏族女人随口一唱便能亮入云霄，这是一个生下来会走路就会跳舞的民族，诸多元素的汇集，西藏的天空里充满了音乐的因子。

藏族民居很有特色，但却是耗费了大量木材的作品

源区主要的燃料——牛粪

野生岩羊就在寺庙周围讨生活

21.4 荒漠文化的诱惑

我有几个外地朋友，每年都要进藏不是转山就是转湖，要不就是在阿里和可可西里游荡。很难说是什么在吸引他们，也许是自然风光，也许是藏族的风情，也许什么都不是，就是牵肠挂肚地要去。

站在海拔五六千米的高原，环顾四周，天空碧蓝如洗，白云伸手可及，那种美超过人们的想象。离天空那么近，你会有一种对造物主感恩的冲动，会有种种领悟，这一刻，你也许会变得纯净起来。

在可可西里荒漠的地方，平心静气你甚至可以聆听到原野律动的脉搏，敲动着洪荒的鼓点。

2002 年我骑摩托车穿越高原，在沱沱河看到修建中的青藏铁路，心情很复杂。那些勇敢的筑路工人，在缺氧的高原喘着粗气挥动工具，在冻土层上开掘。他们也许不知道自己的脚下就是脆弱的高原地壳。青藏高原保留着地球上许多最原始的生态状态，但又是最脆弱的地质状态。在印度板块和欧亚两大板块的挤压下，隆起了雄伟的喜马拉雅山脉，青藏高原的下面是脆弱又变幻莫测的地质形态。一个科学家形象地把青藏高原比喻成"一个漂浮的鸡蛋壳"。我们希望青藏高原得到一定的发展，但又难以割舍对它原始状态和原生态的留恋，这种发展与生态纠结的矛盾心情谁都会有。希

巴底乡杜可河畔奇异的寺庙有丹巴建筑的风格

笔者在德格

磕等身长头的藏民

望人类能够珍惜这个世界上最为昂贵的"漂浮的鸡蛋壳"。

滇藏线上，我遇到一个磕长头的汉子，他来自四川甘孜，三步一叩首，用身体丈量着通向天国的路，他已经磕了7个月，额头上是铜钱大的老茧，脸上却是无怨无悔的笑容，他给人一种难以名状的震撼，也许我们永远也不能达到他内心的世界，但我对他充满了尊敬。

在茶马古道，一个北京的朋友曾经问过一个磕长头的老者。这是一个年迈的老人，头上铮亮的疤证明了他在朝圣路上的虔诚，破烂的衣衫和花白的胡须在寒风中瑟瑟发抖，朋友在老人休歇的片刻，问他为什么如此虔诚的磕头？老者看了记者一眼，淡淡说了一句：为了世界没有战争！朋友当时的震撼我至今仍然能够感受到。至今想起那句话，仍然会使自己的心房受到一种冲击。这是没有信仰的人无法理喻的修行，不得不承认信仰是人类生存的支柱，有了信仰，有了精神，有了境界，即使地球毁灭了，人类仍然可以重生！

藏族，一个世界屋脊的守望者，一个值得我们深深膜拜的民族。

那雪山，那青草，美丽的喇嘛庙。

西藏不是一个梦想，只是一个朴素的信仰。

格萨尔王的诞生地阿须寺

格萨尔王幻化成这般模样仍然风雨无阻的守护着草原

藏族同胞一家

第 22 章

与你同行——给支持和帮助
过民间科考的朋友

22.1 中国治理荒漠化基金会——一个民间科考的后盾 // 442

22.2 旅游卫视 // 444

22.3 广州极地户外公司 // 446

22.4 《华夏地理》杂志社 // 447

22.5 北山超市——一个让我们有底气继续走下去的企业 // 448

22.6 查利——同一个相机 不一样的视角 // 449

22.7 陆风故事 // 452

22.8 融德人的一把火 // 454

22.9 车贴与致谢 // 456

22.10 结语 // 458

22.11 高原湖泊摄影作品欣赏 // 460

22.1 中国治理荒漠化基金会——一个民间科考的后盾

　　按照《联合国防治荒漠化公约》，荒漠化的涵义是指包括气候变异和人类不合理活动在内的种种因素造成的干旱、半干旱和亚湿润干旱地区的土地退化。治理荒漠化包括干旱、半干旱和亚湿润干旱地区为可持续发展而进行的土地综合开发的部分活动，目的是防止或减少土地退化，恢复部分退化土地及垦复已荒漠的土地，治理和缓解这方面的影响，并减轻社会和自然系统易受干旱的活动，使生物多样性得到最好的保护。治理范围包括荒漠化、沙化、盐碱化、石漠化。这是一项涉及改善全人类生存环境的宏伟事业。

　　中国是世界上荒漠化严重的国家之一。根据全国沙漠、戈壁和沙化土地普查及荒漠化调研结果表明，中国荒漠化土地面积为 262.2 万平方公里，占国土面积的 27.4%，近 4 亿人口受到荒漠化的影响。据中、美、加国际合作项目研究，中国因荒漠化造成的直接经济损失约为 541 亿人民币。据统计，20 世纪 70 年代以来仅土地沙化面积扩大速度，每年就有 2460 平方公里。在全球沙漠化日益严重的背景下应运而生的中国治理荒漠化基金会，是全国性公益事业单位。其宗旨是坚持科学发展观，致力于中国荒漠化土地的治理、恢复和建设良好的生态环境，为全球生态平衡作出贡献。面对中国急剧变化的生态局面，该基金会一直在行动。

　　基金会那句浅显抓眼的口号是：伸出你的手，荒漠变绿洲。

2010 年 9 月 28 日在北京《水问》发布会现场，作者与中国治理荒漠化基金会副理事长张世君先生合影

中国治理荒漠化基金会与媒体为考察队在《南方周末》开的版面

小贴士

中国治理荒漠化基金会的业务范围是：募集资金、专项资助、学术研讨、业务培训、书刊编辑、国际合作；满足捐赠者的意愿，为中国治理荒漠化事业增加筹资渠道，扩大资金来源。

帮助和支持民间科考力量是基金会没有写在字面上的工作。基金会就像考察队在北京的家，张世君先生就像考察队的"驻京办事处"主任，大生态专家型的副理事长，简直就是考察队在北京工作的秘书，从科考项目的拟定到考察报告的上送，从安排各类发布会、讲座，到接待及生活安排，甚至为考察队购买商业意外保险（没有基金会出面，没有任何一个保险机构愿意卖保险给这支没有任何"保险"的考察队），事无巨细，张世君先生领导的基金会给了考察队阳光般的关怀与温暖。没有基金会这个平台，民间科考的报告很难抵达相关部门，更无从引起高层的重视，也无以企及以民间科学力量为政府提供参考决策意见的目的。这个"国字号"基金会是民间科考与政府相关部门之间的桥梁。

张世君先生多次身体力行随队出征，从青藏高原到三峡库区脚踏实地地深入一线开展调研，倾力扶持着中国民间科考这颗幼小的树苗，寄望它将来能长成参天大树！

22.2　旅游卫视

　　互联网和电视使得这个世界变得如此紧密，高原的生态状况需要、考察队的一举一动也需要外界知道，随队拍摄是个有时比其他工作更艰辛的差事，需要一个强力的摄影班子。

　　高原瞬息万变的气候条件和不可预测的风险，不是随便一个摄影爱好者就敢于涉足的未知的世界，我们也不敢贸然携带那些我们不知底细的"勇敢者"，就像2006年那个拖着行李坐在车前一副如果不带他走大有"以死相拼"的博士。我们的摄影师班子，是两个没有毕业的大学生，两个真正的"志愿者"，他们拍摄的片子最后被旅游卫视剪辑成16集《为中国找水》的专题片，这些浸透着冰雪和烈日的拍摄素材实际上足可以剪辑40集或者更多集。也正是这些视频和文字让世界认识了这支高原民间科考"加里森敢死队"！几年后，两个小伙都先后成为了旅游卫视年轻的担纲人。

　　在这里真诚地感谢具有社会责任感的旅游卫视，在考察队经费十分拮据的情况下赠送我们一台陆风汽车，让我们完成了近20万公里的野外考察，随后推出了16集《为中国找水》专题片引起了社会各界的关注和反响。

旅游卫视16集专题片《为中国找水》（视频截图）

2007年冬季考察队的出发静悄悄，两个时任摄像师的大学生杨帆（左二）和刘砚（左五）
（左一税晓洁，左三徐晓光，左四李国平，左六杨勇）

22.3 广州极地户外公司

　　2005 年，我带着考察队的赞助单在广州王玮玲老师的引荐下来到了广州极地户外用品公司，接待我的是公司创始人之一温建全，一个言语不多，被大家称为"阿全"的年轻人。在广州夜色朦胧的茶馆里，我反复准备的陈述，需要赞助的种种理由，几乎没有用上一句。阿全只是说，需要什么给我一个单子，仓库里有的你自己去挑！这是我迄今在商业赞助活动中唯一听到最让人记忆深刻的一句话。随后近 10 年的数次考察，我们需要的物资装备只要发去一个清单就 OK 了。

极地设备跟随考察队

那次收到《华夏地理》杂志社汇来的稿费，稿费之高，略感灼手，遂打电话问去是不是搞错了，那边说，总编说了，这稿子值这么多钱！那一瞬间，真有种难言的感动！这是给你尊严之下默默的支持！还有《华夏地理》在版面就是金钱的当下，仍然拿出大幅版面登载考察队在三江源的图文，支持方式各异，境界都是一样的！

《华夏地理》杂志创刊于 2001 年 2 月，涉及地理、生物、科技、考古等各方面内容，从多种角度深度报道不同主题。《华夏地理》作为美国《国家地理》杂志在中国内地的唯一合作伙伴，延续美国《国家地理》120 年来探索世界、关爱地球的理念，以震撼的摄影图片和独到的深入报道，为中国的社会中坚阶层每月带来反映世界变迁的精彩内容。

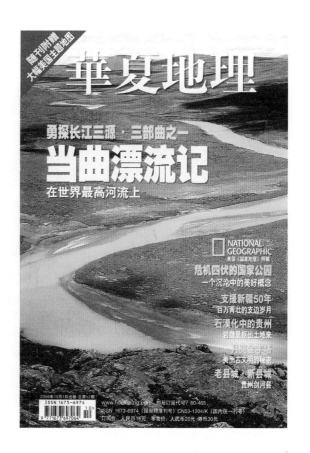

22.5　北山超市——一个让我们有底气继续走下去的企业

　　姚华，一个数学老师，开办宜昌北山超市连锁公司也不过是 10 多年前的事。靠着勤奋和智慧，短短的 10 年间成为三峡地区的行业翘首。

　　因为户外运动和汽车越野，我们成了朋友，他是一个汽车发烧友，也是一个民俗摄影家，早年间曾经独自驾车行走阿里。当他开始资助考察队随同考察队走进沼泽和冰川，一起风餐露宿目睹了中国生态的现状后，便开始了他的生态赞助之旅。

　　2009 年的那次格拉丹东冰川考察，突发高原反应，下撤途中又被冰河阻隔，随后翻车冰河，险些将自己的生命留在高原。

　　他说过的那暖三九寒冬的话——"需要钱的时候给我一个卡号"，至今仍然是我们重要的底气之一。

2009 年姚华与笔者翻车，格拉丹东死里逃生（左一为姚华，左二为笔者）

22.6 查利——同一个相机 不一样的视角

　　2006 年在成都举行了西线考察出发仪式，说是"仪式"，其实就是在杨勇朋友柳薇的餐馆吃了一顿便饭，出发前汽车倒车还把餐馆的大门玻璃撞了个"碎碎平安"。出发前一干人马在大门口合影，站在我旁边的一位留着小胡子的男人，杨勇介绍说他叫查利，一个有着英格兰味道的名字，是一个在深圳做相机的朋友。

　　见到查利那个硕大的盒子是在高原，杨勇当时很是虔诚的模样取出来摆弄着，我们几个像乡下人一样凑到跟前观看，杨勇一副孔乙己般小心翼翼的神情，生怕别人给摸坏了。后来知道那个大盒子的家伙叫 612 大画幅相机，装的是超级大的胶片。查利自己取名叫："POTOMAN"，取英文"摄影者"之意。它能兼容所有的后背，不管是数码的还是胶片的，能接所有的镜头，而且层次分明，画面无限清晰。 知道了相机也知道了这个做相机叫查利的原来是山东人，学的专业是英语（估计查利这个名字就是来自他的专业），后来他到青海拍片后开始钻研相机，随后跨界研制大画幅相机。当然这个跨界付出的艰辛和代价一定是部可以催泪励志的故事，在这里不再赘述。回放历史，发现了众多的跨界大神：麦哲伦原来

右一为查利

是一个宫廷的杂役，就是这个当年的杂役，跨界完成了人类第一次环球旅行；马云也是个教国际贸易的老师，跨界成为中国互联网商务的大佬……

2006年夏季经过10多天的漂流，我们考察队终于完成了对当曲这条长江源头最大水量的河流考察。当抵达终点莫曲河的那一刻，桨手们无比用力，靠岸时橡皮艇猛地撞上河岸，艇首的杨勇一个趔趄，大画幅相机的取景器噗通一声坠入滚滚莫曲河，那一刻杨勇恐怕跳江的心思都有了。

后来查利的POTOMAN大画幅相机越做越大，他的产品已经受到众多摄影发烧友和专业人士的高度认可，也得到了英国国际科学中心大画幅相机的最高奖"金皇冠"奖，后来在央视10套上还看到关于他制造相机的介绍。

在这里祝福查利先生在事业上越走越远！

通天河烟瘴挂彩色沙化带

楚玛尔河源的血管状源流和正在退缩的湖泊群

612 大画幅相机拍摄的长江正源沱沱河姜古迪如冰川

楚玛尔河源在向沙漠过渡

22.7 陆风故事

　　陪伴我们跋涉高原近 20 万公里的是一款不起眼的国产汽车——陆风 X9，当我们在冰川沼泽地开过多款汽车后，它卓越的通过性和自救能力，令许多"高大上"的车型相形见绌。我们选定了这款既经济又泼辣的国产车。我曾经专门对陆风在高原极端气候下的表现写过一篇文章，也在这里赘述一下。

　　我们考察队从 2006 年夏季进入长江源区和可可西里地区，就经历了平均海拔 4500 米以上、气候寒冷缺氧、空气稀薄、含氧量只有内地的 50%~60% 的环境的严峻考验。这里一年只有冬夏两季，年平均气温为零下 4.4℃，极端低温为零下 45.2℃。常年大风，平均 3.5 米/秒，大时 40 米/秒，大风天每年达 130 天。

　　从 2006 年的夏季考察到 2007 年的冬季穿越可可西里和长江源区的考察，以及 2009 年青藏、新疆、西北河流和旱区的考察，陆风车经历了 2006 年的奇热高温，在暴风雪中穿越柴达木盆地的诺木洪冰河，2009 年穿越雨季中的索加湿地，越过格拉丹冬的沼泽、湿地，沿曾松曲河流攀援而上，抵达 5400 米的格拉丹冬冰川内外流水系分水岭。这是人类第一次把汽车开到这个险峻的禁区。也许 X9 在众多的越野车中难以显山露水，它的外表朴实却过于简单，没有炫目的线条和华丽的装饰，但它在高原雪山冰川河流以及沼泽地中的上乘表现，现在还难以找到与它在同等地域条件下的驾驶经历。它创造了汽车在高

无论沼泽、雪地、乱石滩还是江源，陆风不"娇"不燥真诚相伴！

原越野史上的新纪录。陆风X9和考察队一起经历了4年来高原无数次暴风雪的洗礼。也许对于很多人来说，汽车只是一个代步的工具，或者是一个大男孩的玩具，但在我们眼里，它是一个承载着生命的伙伴！

2010年4月23日北京国际汽车展开幕，北京车展可以说是全球规模最大的车展会，但评论员说：我们注意到，中国的汽车市场有如此迅速的发展，但是中国的汽车文化实际上还远远落后在中国的汽车发展后面。如果这些方面不能够追上世界的先进水平，中国目前已经是汽车大国，但不是汽车强国，我们希望陆风系列这个民族品牌能够不断进取，以其卓越的性能，走向国际顶级越野车的大舞台。弘扬中华民族真正的汽车文化和探险文化，善莫大焉！

22.8　融德人的一把火

　　这本书的问世出版最终得益于山东融德天翔生物科技有限公司的最后"一把火"。"我们关注青藏高原，不是为了探险和猎奇，我们关注那里的冰川和河流的过去、现在以及将来对我们人类的影响……"这是 2006 融德天翔健康文化研讨会上特邀嘉宾，中国著名探险家、地质环境学家杨勇先生的开场白。

　　2016 年 4 月 5 日，山东烟台，容纳 1000 多人的南山国际会议中心座无虚席。融德天翔健康文化研讨会上特邀嘉宾——中国著名探险家、地质环境专家杨勇和探险作家徐晓光先生做了三江源科考报告和未来人类的文明必然是生态文明的报告分享。

董事长朱影娣女士

会后在董事长朱影娣女士的倡导下，开展了一场"为了我们共同的蓝天绿水——为三江源科考活动添一把火"的募集活动。正是这场以公司领导带头的活动，让这本记录三江源考察过程，虽早已完稿却因经费而一直搁置的书得以问世。

　　在此诚挚鸣谢融德人几年来对考察队一直地默默支持！

22.9　车贴与致谢

更多的朋友是在考察队出发的时候，默默地地上一个红包、一个信封，在这里我没有也不会按照红包里的钱多钱少给予一个先后鸣谢，他们的发愿都是一样的崇高无比，都是我们仍然能够继续前行的底气，我们代表考察队向这些机构、企业和朋友深深地鞠躬！

没有你们，就没有眼前的一切！

我们聊以回报的只有车身上的车贴，一个车贴其实就是一个祝福。曾经见诸和没有出现在我们浑身泥泞车身上的车贴在此一并谢过。

单位：四川恒鼎实业、北京弘帆物流、湖北省北山超市、广州极地户外、北京领升集团、CEPF 关键生态系统合作基金、云南大众流域管理研究及推广中心、可可西里国家级自然保护区保护局、宜昌国际大酒店……日本日经新闻社"亚洲奖评选委员会"、阿拉善生态协会、旅游卫视、《华夏地理》杂志、《中国国家地理》杂志、《人与生物圈》杂志、《南方周末》报社、可可西里保护区管理局、五粮液资本酒业有限责任公司、旬氏（北京）文化传媒有限公司、农业部克劳沃集团、鼎力（北京）保险经纪有限公司，九康生物科技发展有限责任公司、大地基业护坡工程有限公司。

一个车贴就是一个祝福

个人：安成信、张世君、曾坚、姚华、温建全、鲜阳、赵顺从、兰本军、欧亚东、陈高俊、韩联勇、陈显新、秦波、李玉俭、成昶马莉、马兰、缪明益、腾国平、谢忠旭、侯卫东、才旦周、阿夏永红、李建军、谷树忠、卢永同、刘安堂、阿伟嘉、麦文雄、曾鹰、高铁汉、周卫兵、刘自学、韩庆军、宴波、荀绰娟等。

2009年《南方周末》和百威啤酒为考察队提供了历史上最为雄厚的一笔资助，也做了一次令人难忘的壮行

22.10 结语

生态安全是世界性的课题，大家共用一个地球，大众开始逐渐关注我们自己的"屋顶"——三江源这个世界最高的生态屏障。这是令人高兴的事情，也是考察队的初衷之一。

美国生态作家伊丽莎白·科尔伯特在《大灭绝时代》一书中写道："虽然逃脱了演化的束缚，但人类仍要依赖地球的生物系统和地理化学系统，我们扰乱这些系统的行为，比如热带雨林砍伐、大气组成改变、海洋酸化，也令我们处于生存的危机之中。"

在美国的自然历史博物馆的生物多样性大厅中的一块牌子上，写着斯坦福大学生态学家保罗·埃尔利希的一段话："在把其他物种推向灭绝的过程中，人类也在忙着锯断自己栖息的那根树枝。"

已故的原理事长安成信先生，生前对考察队充满关注和厚望，在这里把他为先期出版的《水问——中国西部大河巡礼》一书写的序发上，以资纪念！

《水问——中国西部大河巡礼》序

仅看这本书的目录，就可以产生想象的空间，跟随作者深入陌生的地方，获得新颖的见闻和丰富的知识。

这本书的作者是中国治理荒漠化基金会组织的民间科学考察的队员。这支队伍的领头人是杨勇先生。这群铁胆奇侠组成的科考队，曾选择不同季节深入三江源进行考察，获得了大量的珍贵资料，提供给国务院有关部门。

去年，这支民间科学考察队围绕一个"水"字，花 4 个多月时间，行程 5 万多公里，对我国西部地区进行了系统的考察。他们是一群勇敢的人。艰险二字，不足以形容他们的考察经历。出发之前，他们人人都留下了遗嘱，大有"壮士一去兮不复还"的气概。还好，苍天保佑，他们平安地归来了。

作者在本书中记录了考察队的所见所闻所思，真实而又生动，读罢深感振聋发聩。

水的宝贵远远超过地球上任何其他的资源。没有水，就没有绿色，就没有人类，就没有一切生命。

然而，我国却是人均水资源十分匮乏的国家。北方，特别是大西北，常年严重缺水。南方，如果老天爷长时间不下雨，也会无水可用。土地的荒漠化，说到底，就是因为缺水。

既然水如此宝贵、如此奇缺，人们该爱护水、节约水吧？不，许多地方的许多人在污染水、浪费水。我们号称母亲河的黄河，沿岸每年排入的污水达 4 亿吨之多。其他江河及湖泊的情况也大多如此。过去的许多河流如今已经消失，每年有上千个湖泊干涸。长此下去，锦绣中华还能锦绣吗？中华民族还能在祖宗传下来的这块土地上生存繁衍吗？

考察队员们的勇气值得赞美。在他们勇气的背后是对大自然的责任，对人类的责任，对中华民族的责任！以民间的科学力量影响政府决策，给政府提供决策的依据，是一个国家和民族成熟的标志之一，充分体现了当代社会是提倡科学民主的新时代。由此，我们有理由对他们肃然起敬。

　　《水问——中国西部大河巡礼》再次提醒我们：救救我们赖以生存的水，珍惜我们赖以生存的水！

中国治理荒漠化基金会理事长　安成信

2010 年 5 月 5 日于北京

22.11　高原湖泊摄影作品欣赏

扎陵湖边营地

鄂陵湖

阿尔金山阿尔克库姆湖上的佛光

冬给措纳湖

扎陵湖

白湖

葫芦湖

圣湖

托索湖好像复活岛

艾丁湖萎缩的盐湖荡

阿尔金山的阿雅克木湖边的宿营地

炉霍卡萨湖

附录 1　历年参加考察队人物谱

队长杨勇

中国著名探险家、地质生态学家；
中国科学院成都山地灾害环境研究客座研究员；
中国治理荒漠化基金会专家组组长 / 科考队队长；
环境地质高级工程师。

杨勇穿行青藏高原，奔走江河考察 20 余年。参加过长江漂流探险，组织过雅鲁藏布江科学探险漂流考察等。著作包括《长江上游科学论文集》《江河诉说》《天堂隔壁是西藏》《自驾云南牛皮书》等。曾参与青藏高原和三江流域的多个生态建设和地质灾害防治项目的地质调查及论证。发表了大量科考论文及科普探险记录。同时在野外活动中任司机兼任大厨。

杨勇在国际哥本哈根气候大会的汇报

王方辰

多年致力于青藏高原冰川生态考察，尤其在神农架人形动物和东喜马拉雅山人形动物考察方面，有着极高的造诣和建树，是国内屈指可数的专家之一。在推动湖北神农架加入联合国教科文组织"人与生物圈计划"的工作中，起到了关键作用。发表过大量的专业论文和科普文章。

北京生态文明工程研究院生态人类学研究室主任；
中国科学探险协会常务理事；
联合国教科文组织"人与生物圈计划"科学顾问；
中国科学探险协会奇异珍稀动物专业委员会秘书长；
中国探险协会常务理事；
神农架保护区管理局生态科学顾问；
中央电视台《走进科学》栏目科学顾问；
北京 UFO 研究会监事长；
中国著名人形动物研究专家、生态环境专家；
2011—2012 年度中国十大徒步人物。

杨西虎

《中国环境报》记者、资深探险家。
曾穿越雅鲁藏布江大峡谷，并著有《穿越雅鲁藏布江大峡谷》等书，多年参加神农架野人考察。
因长相酷似湘西土匪八爷，遂获"八爷"雅称，然心地善良，喜助人为乐，驾驶技术卓越，且一手弹弓技巧好生精准。尤其擅长用简易器材搭建简易窝棚。

李国平

通讯兼驾驶。

丰富的户外工作经验，擅长大画幅摄影，酷爱美声唱法，有安德烈·勃切尼之称，故途中常有嘹亮之美声歌曲伴随，曾有在冬季可可西里引吭高歌造成喉咙冻伤的纪录。

左为耿栋

耿栋

物种调查、摄影。

西南山地影像工作室首席摄影师、野生动物摄影家。多项国际生态项目成员。对高原的物种十分精通。擅长高原驾驶。

志愿者　刘砚

摄像兼桨手、大厨师。

2006 年参加三江源流考察时，还是一个大二的学生，虽年少却是个极有思想的摄影师，画面干净，剪辑流畅，作品总能超越人们的期待，全程记录了考察队艰难的行程，在严重缺氧的高原，一台摄像机意味着超负荷的付出。除此以外，考察队一干杂物事项都揽在自己身上。

当年刘砚和杨帆随队考察的影像后被剪辑成为 16 集专题片《为中国找水》已在旅游卫视首播。二人毕业后分别在北京和成都继续从事影像工作，足迹踏遍地球的南北两极，南美的亚马孙丛林……现为旅游卫视"行者"栏目制片人。

王众志

青年作家、记者。

参与中国治理荒漠化基金会、横断山研究会科学考察队 5 年，担任随队记者、摄像，兼职救援、民工等。现在供职《德国国家地理》，任杂志记者。

李京燕

北京四中地理教研组长；

北京市地理特级教师；

北京市首批正高级地理教师。

志愿者　杨帆

著名山地自行车高手、摄影师兼大厨帮手。

语言少，喜欢用画面说话，心理素质超越自己的年龄，有忍辱负重而成大器的风范。两个大学生都是后生可畏。当年刘砚和杨帆随队考察的影像编成 16 集专题片《为中国找水》已经在旅游卫视首播。二人毕业后分别在北京和成都继续从事影像工作。

2014 年杨帆组织率领自行车队从哈巴雪山飞跃而下，从而刷新自行车山地历史。

周宇

随队摄影师，独立纪录片导演，北京外国语大学新闻与传播学院高级顾问。

独立或与他人合作纪录片《挺进汶川》《美的中国江河水》《敖鲁古雅 敖鲁古雅》《雨果的假期》等作品。曾荣获 2010 年上海国际电视节自然类纪录片白玉兰金奖；2010 年法国新卡里多尼亚国际纪录片电影节组委会大奖；2010 年、2011 年中国纪录片协会十佳纪录片；2011 年日本山形国际纪录片电影节最高奖小川申介奖，提案作品为《冰川日记》。

周宇名言："这是一个影像泛滥的时代，但是总会有这样一群人，他们默默地扛着摄影机，向着人流相反的方向，坚定地走着。"

张鹤

重庆贝德曼户外运动策划有限公司总经理。

虽无鹤的轻盈，却有熊的力量，一个特种兵的材料，一个 CS 运动的高手。在历次高原考察中历任多种身份：司机、救援、大厨。有翻车 360 度却又毫发无损的经历。一个秉性优秀的大男孩！

侯卫东

企业家，重庆万电开发有限公司董事长。

一个汽车越野爱好者，一个热心西藏边远教育的慈善企业家，与考察队结缘后，又成为一个环保生态保护志愿者，从资金到设备身体力行，全身心投入而义无反顾，多次遇险而不改初衷！

姚华

企业家和探险家，宜昌北山超市连锁公司董事长。

姚华先生从 2006 年开始资助考察队，后多次随考察队进入三江源，2009 年翻车三江源冰川，险些命断高原，中国的民间科学力量之所以能够存在，得益于如姚华和侯卫东先生这些致力于关注中国生态的企业家！

王玮玲

地理教授，中国独一无二的女探险家。

有着丰富的野外生存经验，考察队中的大厨助理，事无巨细的多面手。

袁小锦

2009 年参与三江源考察，时任某汽车杂志编辑，汽车越野高手，救援经验丰富，像猴子一般机敏灵活，且又吃苦耐劳，属一代青年中之佼佼者。

2014 年三江源及南水北调西线规划引水线路考察数据

第一部分：格拉丹冬岗加曲巴冰川谷地

一、格拉丹冬岗加曲巴冰川谷地地物有关气温、地表温度数据

（一）晴天状况下，岗加曲巴右侧冰川在升温迅速时段的气温及冰川表面、下垫面表面温度

1. 海拔 5378 米，北京时间 11：00 左右（当地时间 9：00 左右，天气晴朗，气温开始升高）不同下垫面的表面温度。

2014.06.18（10：54）岗加曲巴冰碛面积雪表面温度 -1.7℃　　2014.06.18（10：54）岗加曲巴冰碛融水表面温度 5℃

2. 北京时间 12：20 左右（当地时间 10：10 左右），海拔 5390 米，气温 20℃左右。

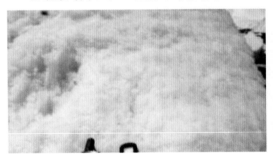 

上面是王玮玲记录的考察数据首页的截图，她在考察中做了大量的数据采集工作。

对参与并为考察活动提供支持的张一蓝调、王兵和陈华民先生表示诚挚的谢意！

考察队员、著名摄影师张一蓝调

考察队员王兵（爵士冰）集登山、漂流技术于一身，新生代杰出的户外运动领军人物

考察队员、越野高手陈华民（猴哥）

附录2 邓天成考察日记（摘选）

7月3日 四川省甘孜藏族自治州泸定县烹坝乡沙湾

今晚在大渡河右岸泸定电站库区高处宿营，刚搭起来帐篷不久就下起雨。现在笔记本上打字，屏幕都还有雨点儿呢。

旁听杨师和何珊的对话，解答她关于电站蓄水等地质灾害的问题。06年来还是非常深的峡谷，现在水库蓄水上来几十米。现在水量很大，我们从成都过来一路穿过岷江金马河，沿青衣江、天全河、大渡河上溯，水都基本涨满、流速很快。估计到江源，冰川融水也会很多吧！在天全河支流喇叭河，据杨老师介绍，有位河北老板开了个煤矿，该处煤质量很高，加工成活性炭销路遍及大小自来水厂和污水处理厂，可以卖到一万一吨，但这个厂常常夜里排放洗煤水，让河道显得很脏。

最后在烹坝乡驾车到宿营地的那段路，团队中最高级的福特车因为车体最宽，开得很险。其实上高原，我们的陆风X8很中用，虽然车价只有八九万，但是加满70升柴油能跑800公里，而福特车四五十万，加满130升汽油油箱只能跑400来公里，是名副其实的"油老虎"。

今天我们住的地方海拔仅1500米左右，离我们预计的过新都桥的海拔四千二三米的高尔寺山口相去甚远，算是一次野营练兵吧。大家在大志的组织下，先卸车，搭好炊事帐篷，然后是六顶个人帐篷，两人一帐。用止痛膏药贴上各自睡袋写上名字后，这边的忙着洗菜，那边的忙着讨论地质灾害。洗菜用的溪水浑浊，不知为什么。晚饭烧得巨香，回锅肉和肥肉片蘸水，还有萝卜丝土豆汤，大家饱餐一顿。现在正趁开会，杨老师先放一部我看过的《西南水电开发和南水北调西线工程冬季考察》片子时间，潜回车里，完成日记的写作。

今天做的最大体力活是把一麻袋53斤的土豆，肩扛背了一百来米哦！

7月4日晚10时 四川省甘孜藏族自治州雅江县河口镇（雅江兵站）

高尔寺山上的格桑花，让我们的心情格外好。从高尔寺山口望到了贡嘎山所在的大雪山脉，可惜云雾缭绕，无法看到主峰。

早上起来收拾帐篷，大家基本都反映夜里雨水进来，非常难受。原来是外帐没有和内帐分开，使得雨水也浸润了内帐。煮得汤饭过多了，最后只好倒掉。

出发之后，很快就到了泸定电站的尾水末端，距离电站也就 20 公里左右，而电站利用落差 74 米，可见此段比降之大。有趣的是，随着泸定库区的结束，峡谷又渐渐恢复了干旱峡谷阳光明媚的特征，而不是像我们宿营这段烟雨蒙蒙的样子。后人还能常常看到穿过二郎山隧道两边不同天的景象吗？谁也不知道这个问题的答案。

沿瓦斯沟上溯到康定，连续几级引水式发电站，都是首尾相接。只是现在水实在太大了，所以河道都充满了水，要知道平常瓦斯沟是可怜地完全干涸的，只因发电引用流量太大，没有照顾到生态基流，也即鱼儿的活路。

过康定上折多山口，沿路有很多年轻人在骑车，不由得畅想起和女友未来在这段路上骑行的情景。不过路很不错，而且让人大松一口气得是干妈到了 4000 米还都没有任何不适的感觉。我陪她爬上了 4350 米的经幡寺。风吹幡动，父母恩情难忘啊。这不正是 6 个月前在峨眉山金顶留下的字句吗？

折多山口是分水岭，也是天气的分界线。康定这边云雾蒸腾，往新都桥方向望去，天气晴朗，蓝天渐现。下到新都桥，我们遭遇了堵车阻路。泥泞的道路上我们亲眼看见两个警察下陷到膝盖处，徐晓光老师赶忙跑过去帮助把他们"拔"出来。

在当地藏族村民的指导下，我们翻高尔寺山垭口又回到了 318 国道上。这一段着实是美好的回忆。村落房屋密度不大，屋舍树木俨然，水草丰美，山坡平缓、树木零星或聚集着分布。少了很多矿、工厂、引水电站的管子，顿觉简单质朴自然。最感心的是，所有的村落上都有飘逸的藏语六字真言，让人感受到信仰的力量。

回国道上就清爽多了，但是路况也确实差。我基本不是睡着就是给杨老师递白瓜子吃。

7 月 5 日　午夜过 四川省甘孜藏族自治州巴塘县夏邛镇（即县城）

住在县城巴塘小学里，是我们这次跟的重庆的商人资助的学校。晚上孩子们给我们表演了锅庄舞，但是没表演巴塘最特色的弦子（据说是类似二胡的一种乐器）。晚会上给大家唱了一首"摘菜调"，然后让大家猜里边有几种蔬菜，一个孩子答出来 8 种，送给他一袋大凉山产的"苦荞茶"。我们每个人掏了 100 块钱，凑了 1000 元给活佛，捐助给孩子们。之后活佛请了一个村里最有文化的人讲话，竟然是英文，让我们大为诧异。活佛叫洛松英巴，管理着波戈溪乡贡日隆村。本地有铅锌矿、铜矿，很多人都去看过想去开采，但是村民不同意。在活佛的治理下，这个村子非常单纯——活佛定了九条寨律。大小事由，基本都是活佛处理，政府甚至都管不到。

活佛 20 岁时被认定始开始坐床，他同周围的人讲了他的困惑。他觉得这些外界世俗功利的事情影响了他的修行。他是蛮善良的一个人，玉树地震后，还向村民宣示"共产党在救我们"……

活佛是通过一个比较复杂的方式选出来的，全县目前共有 14 个活佛。

以贡嘎山为代表的大雪山冰川和更长大的沙鲁里山脉（北雀儿山、中海子山、南格聂雪山）是川西甘孜地区两大冰川中心，角峰、刀脊充分发育。两大山系的山体主要由火成岩构成的变质体，所以形成了大规模山谷冰川，还有一些断层坎是原来悬冰川所在的位置。连通两个冰川发育群是规模庞大的高原夷平面，冰缘地貌充分发育，以砂页岩为代表的沉积岩为主要岩层。经过一些冻土冻融作用，砂页岩已经变得比较破碎，在这种情况下，地表植被的保护就显得尤其重要。

巴塘河（巴曲）源区是两个冰川湖，原来可能是粒雪盆或古冰斗，下来是过往山谷冰川形成的 U 型谷。这一带冰盖区冰湖很多。

早上从雅江兵站出发，路况还是很差，到理塘，突然发现天空极其的蓝，感觉这辈子没见过这样的蓝天。盘山路上，一路见到很多骑行的驴友，大声地为他们加油，道句辛苦。

刚离开海子山口，就下起了冰雹，让我们不由得担心刚刚在山口碰到的一个独自骑行的江苏女孩儿。经过几个隧道，一路沿巴曲而下，晚上到了小学的时候，还看到了双重彩虹，徐晓光老师讲这是非常吉祥的预兆。

7月6日　四川省甘孜藏族自治州巴塘县拉哇乡

早上接受了活佛献给我们的哈达，先是驱车 30 多公里到金沙江边的竹巴笼，我们用大瓶酒祭洒了长漂烈士纪念碑。大家各燃了几柱香。

接下来驱车 60 多公里经过苏哇龙乡来到王大龙滑坡体，据杨老师的估算，体量约为 2 公里、2 公里、500 米见方，约 20 亿立方米。由于此处岩性较为松脆，故滑坡堵江后堰塞湖形成不久即溃决，在两岸形成齐刷刷的冲刷面。同时，江左岸王大龙村侧又有巨石崩塌，成分为轻度变质的灰岩，观察一块崩塌物，有片麻岩、千枚岩、方解石、石英成分。在滑坡体上我们也看到了裂缝，据村民描述这里往江里崩塌还是比较频繁的。其中流水将滑坡体切开的一条深沟堆满了垃圾。

苏哇龙和王大龙两个坝址的岩性分别是花岗岩芝麻白和变质灰岩。现在看来，2003 年水力资源复查中规划的王大龙地质条件不太好，所以迁移到上游五六公里的苏哇龙。但是为了利用上剩余落差、又不能让日冕电站增加太多坝高，所以增加了昌波一级。

回来在 318 国道桥头，发现芒康方向的路通了，一队军车把我们夹在中间。回到巴塘，重庆商人的车子和我们分开了，我们独行上拉哇滩。在盘山路上，回望巴塘县城，由巴曲南面大山出来的一条支沟形成了巨大的冲积扇，然后被改道到下游，人们把冲积扇翻整踏平，修建了农田。

到了山尖可以望见巴曲入金沙江的地方，有个寺庙叫康宁寺。继续往前走，几公里之后就到了分岔口，走左边是三十五拐下山路，到了拉哇滩——这里是由西藏侧的一条冲沟南边的大山崩塌下来的巨石形成的。在中南院的拉哇水电前期工程工地上，回眺拉哇滩，巨浪翻滚，江水浑浊，轰轰隆隆，难以想象走到近前涛声将会多大。

昨天还经过了王大龙滩，杨老师介绍当年漂流时，他在船头瞭望、结巴地大喊"有……有……"队友焦急问"有啥子哦"然后大家一起"啊！"冲过了急滩。

回来的路上，我们的陆风 X8 还有皮卡都需要时时用四驱才爬上了三十五拐陡坡——不过明年的时候，进入水电站工地可以直接从 318 国道巴塘县下边走一条七八百米的隧道到江边，然后沿江而上。

住宿地是一个暂且没有使用的羊圈，我们拆开了栅栏上的一部分木头，造了一个小门儿。大家纷纷把睡袋、防潮垫往里边大扔，然后徐爷破拆了门口左上角的铁丝突起物、大志砍除了门里的带刺植物。

7月7日　四川省甘孜藏族自治州白玉县盖玉乡

5 年前的今天，和爸妈全家驾车一起去了密云白河大峡谷。4 年前的今天，貌似差两天就去长沙，还参与给李樾祺写些啥子东西。3 年前的今天，在香港停留，去电子工程学系实验室演示我做的收音机，住在元平那里，准备经旧金山飞往丹佛去参加"Up with People"的环球旅行。2 年前的今天，去了上海世博会。而 1 年前的今天，是在摩根斯坦利实习的普通一天。今天，是在四川省甘孜藏族自治州白玉县盖玉乡，青藏高原冰川河流科考第 5 天。

现在看来，滩险有两种，一种是断层滩，表现为大跌水等，一种是重力滩，主要是地质灾害如崩塌、泥石流和滑坡等让江面变窄、礁石崩入江中形成滩险。

今天最幸福的一段是在康宁寺，蓝天白云，巴曲在远处汇入金沙江，海拔 3300 米的高山坝子上，草场悠然，康藏孩子们在欢快地踢着足球。那是一幅绝美的画卷，我把小熊拿出来放在大家系好的哈达树上、还有贴着"横断山研究会"和"记录江河"标识的车上，一通猛拍。

今天还被华电集团的笃定所折服了，建设巴白滩（巴塘、白玉、叶巴滩电站）专用公路，下了很大力气。但若干营地处在比较危险的地方，妨碍行洪，降曲河一旦发大洪水，后果不堪设想。

另外从拉哇滩下来后，我们发现巴塘县城的垃圾处理设施（卫生填埋场）建设在巴曲县城上游的右岸山上，地势很高，并且在318国道上肉眼可见，想来真不是一个好位置。

进入白玉、德格段，金沙江上游进入干温河谷，森林更加密集，深山峡谷中，村落高悬在山上。政府在这个地方下大力气开发水电，但影响这里人与自然和谐共生的环境，想来不禁潸然。

明早将驱车继续沿降曲往下，到河口山上的叶巴村，眺望这个86年长漂的悲情之地——叶巴滩。

7月10日　青海省玉树藏族自治州玉树县巴塘乡

今天走的地方，在江达县北部一些澜沧江的支流末梢，辫状水系非常发育，河心洲上有大量灌木群落。这是和很多地方如支流下游和干流上的沙洲明显不同之处。

横断山区西北部、冰缘地貌较不明显。斑涂状的有沙化迹象的裸露的草场，还有石渠等地的黑土滩，都是草原鼠害的反映（石渠最重鼠灾地区每平方公里密度是100万只以上）。草原上的食草小动物有鼠兔、草鼠和旱獭。但是灭鼠真的对生态环境就有利吗？

草原鼠害的天敌有狼、鹰和猞猁等。但它们受到的威胁是过度打猎、食用毒鼠后中毒等。

澜沧江流域开矿活动近年逐渐频繁。玉龙铜矿在妥坝乡，主要进行洗选，然后送到内地冶炼。小苏莽铁矿在达拉山口以南广泛开采。

下午开车经过结古镇来到通天河干流，27公里所走河段至少数到了17处淘沙淘金点。采砂活动无序开展导致了生态环境的破坏、加剧了河岸边坡的不稳定、也让原有的峡谷景观饱受创伤。

本次经过的新都桥、高尔寺山周边以本地山区的石材、鲜水河流域主要以木材、四川稻城和西藏左贡等以本地的土为建筑材料。这些都体现了藏族文化中因地制宜、本地取材建设房屋的特点。但是玉树在震后重建时，或许为了追求速度、或许有内中深层次利益链条的关系，建筑都是水泥钢筋等。杨师曾建议利用巴塘河上源的优质岩石拿来作为板材和骨料，但是没有被州政府所采纳。在通天河考察采砂状况时，杨师复又提到采砂应进行设计、按层次有步骤开采，并且从生态上恢复采后的场地。

通天河的峡湾即使在全中国也是比较少见的，九曲八拐的深切峡谷，具有很强的景观价值。可惜今天考察采砂只走到了仲达乡，因为即将天黑和油量不够的缘故，没有继续往上游安冲乡走。

通天河的阶地是连续的，并且从其剖面能还原了解到青藏高原地质年代中隆起、停滞稳定、再隆起抬升的状况。就像黄土一样，深入研究阶地剖面，对该地区的生态、气候环境变迁也能有较深入的认识。阶地剖面上部是长期沉积的河砂，下层是卵石、具有较好的磨圆度和一定的竖直方向的分选性（细沙在上、粗石在下）。

开完会后，大家就地开始热烈地吃烤肉串。我捧着《长江流域地图集》坐到一旁的大圆桌上。觥筹交错、歌舞升平之时，风声异起，5秒钟内已经把帐篷吹得吱吱发抖，再3秒，徐爷抓住了帐篷的支柱、奈何风实在太大，把布幔整个掀起，还差点落在烧烤架上燎着了火。只见外边雷光电闪，众人赶紧各搬家什，撤回帐篷。

7月13日　青海省玉树藏族自治州杂多县阿多乡

大雨中安稳坐在车里写就今天的日记。周围雷鸣电闪，我们刚刚搭好帐篷就来了瓢泼大雨。3个帐篷互联，这边是3台车子，旁边是安稳憨厚的蓝色炊事帐篷。

夜里听到动物嚼骨头的声音，早上起来，大狗——藏獒趴在我们营地不远的地方，安详睡着。我们过去，他就摇摇尾巴站起来向我们致意。为我们守护营地，成为他自领的使命。忠诚而敦厚，要求不高，正是狗类的特质。我默默地捧着小熊看着他，为他们合影，想，狗是一种多高尚的动物，而人呢？

吃些亏就算了，做一个有骨气的做实事儿的顶天立地的人，是我的愿望。天成加油！

早上一起去了阿依能铜矿，这曾是一个探矿权，2006年、2007年以后就废止探采了。和孙姗、老外与杨师聊到该怎样改善流域的"综合质量"。有以下几点所得：

（1）公民社会和体制内携手前行。

（2）在草原管理与保护，各种生态系统服务与供应价值评估上，要学习外国，我们落后不少，有空应找来课本学习。

（3）应对草场状况和河流开发进行情景分析，这样可以了解到要素的变化对全局的影响。

听雅尼的音乐，又在心里回想10年、5年前的今天这样的问题，11年前的今天，北京申办奥运会成功；7年前的今天，准备去夏威夷了；5年前的今天，拿到了赴美留学的签证，老爸带我去吃炸酱面；4年前的今天，在张家界玩儿，和朱岩等猛洞河漂流；3年前的今天，加入UWP还没几天，忐忑地尝试各种角色在丹佛；两年前的今天，在安庆大外公家；1年前的今天，在摩根斯坦利实习，写邮件给人力资源的同事周末不能去"彩蛋活动"了，憧憬去郑州。而今天，身边有了心爱的人，雨过天晴，在笃定努力、为了自己的梦想。

7月22日午时　青海省海西蒙古族藏族自治州格尔木市沱沱河镇

20号上午，这3天都在沱沱河镇修我们的皮卡。期间杨老师得到好消息，丰田已经决定赞助我们3辆车——正好我们出门就看到了一辆5.7L排量的丰田皮卡，虽然我们的江铃陆风X8和东风皮卡表现出色，我们还是憧憬丰田的赞助。

昨天上午我们去了沱沱河北沿的长江源纪念碑。不过刚在碑处站定，前方青藏铁路桥沿的军事管理区一个班长和一个兵就走过来，连我们的介绍信也不看，就不准我们照相。直到徐爷发了火说我们不照了，准备开车走时，那个来自山东青岛的小伙子才突然软下来，连云："看在你们过来没有先照相而是先请示我们的份儿上，把车开下去，随便照吧"。一会儿徐爷和小伙子聊熟了，又让我们把车再开上来随便照。不禁让人感叹中国真是一个"人情社会"。

从纪念碑处回到桥边，是长江第一水文测站——沱沱河站。杨师和站长还相互认得，我们还尝试用他能上网的计算机找 2010 年拍摄的《为中国找水》系列纪录片中采访他的镜头，但是未遂。站门口养着四只大藏獒，或兴奋或愤怒地挠墙抓笼子向我们大呼小叫。

沱沱河站要一天 4 次（早 8 时、午后 2 时、晚 8 时和午夜 2 时）去测试水的含沙量，在到河岸不同距离 20 多个点取水，用滤纸滤出的沙用天平称重记录。另外还要进行不同断面流速的测定、以计算出径流量。站里的为我进行介绍的工作人员来自山东新泰，他说，沱沱河站一年只有 5 月到 10 月开展测量记录。

我们还来到了杨欣"绿色江河"新建的长江源水资源生态保护站，位于沱沱河南沿，和长江源碑隔河相望。20 号那天下午，大家一起在保护站外帮助挖了两米水管槽，铲惯了桀骜不驯的烂泥和草垛子，铲松散的砂土感觉顺手多了。

晚上志愿者们请我们在酒吧蹦迪，我和大志前往。先是很惊讶这个高原小镇上竟然有了我们视作西方文明象征的迪厅，又惊讶竟然有 13 岁的藏族小姑娘在里边尽兴跳舞。除了志愿者和我们两人外，都是喝酒、呼口哨、随韵律摇摆跳舞的藏人，不禁觉得相较于我们勤力起床上班、下班煮饭的汉人，他们的身心还是更放得开。

昨天（21 号）下午六七点，杨欣开车从索南达吉保护站归来，顺便给我们带来了在格尔木买的离合器盘片。我们拿着盘片找到修车师傅，师傅说太晚了，干一个小时等于什么也没干，明天再做。说着拿起煤块，开始生火烧饭去了。

美丽的夕阳照耀着沱沱河河面，杨欣给我们介绍他的保护站——索站已经交给可可西里保护区管理局，因为这里已经基本完成了它向外界宣传保护藏羚羊的使命。现在这个长江源保护站花费已经超过 300 万，不过还好他们有上海赞助的清水和污水处理设备，以及以公益价购买的三层真空保温窗子，等等。

除了介绍保护站例行的收 10 个酒瓶换 3 瓶啤酒、收 10 节电池换 4 节新的、委托自驾车转运垃圾到格尔木并给他们贴宣传车贴、为当地妇女的手工艺品提供一个售卖平台等任务外，杨欣还讲了他的几个创意，包括和邮局谈好在这里设置一个三江源邮点，更为他的保护站招来人气，以及发动大家从各个流域搬来石头——以学校为单位，把祝福江河的话语和石头采集的坐标刻在其上，然后在保护站外墙处码起来。

　　刚到沱沱河那晚和长江源保护站志愿者一起吃火锅，杨师宣布了更改的行程计划——本期不再进入长江源，而由青藏线往北到不冻泉，沿楚玛尔河下到曲麻莱县，沿秋智乡上黄河源约古宗列曲，沿扎陵湖、鄂陵湖北岸下玛曲县，经阿尼玛卿山北麓观察玛卿岗日的北坡冰川，然后北上拉加峡，经果洛州府玛沁县下到久治县，远眺年保玉则雪山，经阿坝、黑水，岷江河谷的茂县、汶川返回成都。

附录3　高原冰雪行车、陷车自救宝典

　　我们在高原经历了无数次的陷车、拽车，在此一起分享陷车和自救的苦乐。

一、警惕暗冰和松软的路面

　　（1）在高原行车，即使在阳光灿烂的日子里，也要警惕在弯道的背阴处，也会有着暗冰。

　　（2）在驾驶中，对每一个背阴的弯道都不可掉以轻心，对不明的冰雪路况和弯道陡坡，一定要下车观察，确认路面的倾斜度和承受能力。

　　（3）夏季漫过公路的溪流，在冬季就成为了漫坡冰，漫坡冰的特点是呈向公路的另一侧倾斜。

　　（4）遇到超过一定角度的暗冰，特别是那些光洁如玉，且表面仍有水流过的冰面，不能贸然通过，尤其不要以为挂上四驱就可以万无一失。

　　（5）对策：

　　刨冰；用镐、锹等工具破坏冰面的角度，撒上细土或者细砂，或者是粗糙的树枝。

　　用低速挡匀速前进，忌大角度打方向，忌急刹车。

　　如在行进途中发生停车，不可突然起步，要下车观察，并根据路况继续铺洒固状物，加大车轮附着力。

　　小油门起步，当感觉车尾摆动过大有侧滑的预兆时，要果断停车。

　　高原上有许多风化的岩石铺就的路面，尤其在大渡河、雅砻江、通天河一线傍山的乡村小路，雨后和化雪后的季节，路面松软，通过时要仔细观察后在通过，速度要慢，小油门，忌换挡，忌急刹车，最好有人引导通过。

二、弯道和下坡

　　（1）当你以恒定的速度行驶在干燥的路面时，动力会集中在前轮上，在转弯时，车的力矩有一个从前轮传导到后轮的过程，所以在弯道急刹车的时候容易发生侧滑，失去控制。

　　（2）在接近弯道时，应该有充分的时间减速，在接近弯道时，应尽量使车与弯道外侧保持足够的安全距离，这样可以使车转弯不至太急。在弯道的前半段转弯角度要切大些，这样在过弯时就可以逐渐回正方向出弯。就是大角度进，小角度出。提前减速，匀速通过，是最明智的选择。

　　（3）在冰雪地下坡，要低速匀速行驶，保证轮胎的最大抓地性能，忌猛踩刹车或者踩着刹车前进，那样轮胎失去了抓地力，会失去控制。

　　（4）每遇弯道，时刻保持预见性会车和停车的意识，不论在熙熙攘攘的公路还是在人迹罕至的高原，万不可在弯道、窄下坡、倾斜度较大的偏坡停车。

（5）下坡时一定要利用发动机的牵制作用，控制车速，尽量避免急踩刹车和急打方向，千万不能脱挡滑行。

三、冰雪路行驶

（1）选择路是关键，尤其是在没有路和车辙参考的地段。在雪地中，如何驾驶要取决于雪有多厚、是否紧密及雪下的路面情况。如果在 10 厘米左右深的疏松雪层的表面下，是坚硬的路面或密度高的雪，可以较顺利地驾车通过，坚实的表面可以获得较好的附着力。虽然有的地方疏松的雪层下也有一层硬壳，但却没有足够的硬度以支撑车的重量，遇到类似的地段要小心。下面往往是大小深浅不一的沟壑。

（2）在清晨和夜间是雪地行驶的最佳时间，低温度使路面变得坚硬。能承受车辆的雪壳在白天的温度下可能会融化。

（3）在雪非常深且有密度时，相对较轻的车辆在给轮胎放气后可以在表面通过。在泥泞中驾驶也与此相似。在轮胎放掉些气后，千万不要使用防滑链，气压不足时轮胎难以承受。在泥水状雪地上，可以使用的手段如降低胎压、装防滑链或使用绞盘等。

（4）雪天或光滑的路面行车时，要保持车辆的速度均匀，加减油门和加减挡位，动作要柔和平稳。

（5）在地形不熟悉的雪地上行驶，较慢的速度有利于当前轮发生下陷的时候，使你在短暂的时间内有机会采取措施。

（6）忌猛打方向盘，即使在宽阔地段也是如此，有时一个角度的偏差，可能会造成车辆的失控。笔者曾经在通天河的冰原上由于大意，就发生过转向过度的侧滑，后轮滑向弯道外侧，造成汽车连续旋转 360 度，这种"冰上芭蕾"使后轮失去抓地力，有极大的倾覆翻滚的危险。

（7）行驶中刹车时禁踩离合，最忌讳脱档行驶。

（8）如果速度较高或需要尽快刹车时，可以直接选择跃级减挡并刹车，但刹车时不要一下踩死，如果感觉车轮抱死，立即松开刹车踏板再踩，力度依旧是逐渐增加。

（9）遇到紧急情况下的间断制动法——踩下刹车踏板，达到踏板行程 1/2~3/4，再松回 1/4 行程，利用这种迅速踏下和松起制动踏板多次的方法，使车辆减速停车。这种方式有着 ABS 的做功形式，也就是我们常说的"点刹"——既不让车轮抱死，又达到迅速降低车速的目的。

（10）在冬季的高原，汽车的雨刮器通常会被冻住而失去作用，强行启用会造成电机的烧毁，这时驾驶员要不断地下车擦去冰雪，确保行车安全。

四、侧滑

1. 原因

（1）在弯道中方向盘打得太急会发生侧滑。特别是在车驶向下坡弯道时，因为后轮的负荷相对变小了。

（2）你可能会将方向盘更多地转向弯道，强行使车转弯，这会使车进入大角度的旋转甚至翻滚，所以，如果车开始后轮侧滑，千万不要向弯道内侧更多地转动方向盘。

（3）猛踩刹车会使后轮的负荷向前移而使附着力更小，会让侧滑更加严重和剧烈，在发生后轮侧滑的时候，千万不要碰刹车。

（4）向后轮侧滑方向转向过多，那会使车头猛甩向弯道外侧，同时后轮又向弯道内侧侧滑，发生反向侧滑。在你向反方向转向过多时，车又会甩回来，可能最终在失去控制时发生旋转。当感觉到车发生侧滑时就应迅速小幅度的纠正方向。

2. 改正

（1）当遇到车辆侧滑时，应顺着侧滑方向轻打方向盘，可有效避免甩尾或原地掉头。待车身回正后，再轻踩刹车减速直到完全控制住车辆。跑偏时应轻踩油门将车带出。

（2）发生侧滑，要保持冷静，若是因制动引起的应立即停止制动，车辆向左侧滑就向左打方向盘，反之亦然，但动作不能过大，否则又会向相反方向侧滑。

（3）不能使用手刹制动，因为大部分车辆的手刹都是制动后轮的，加大发生侧滑的可能；

（4）行车时，遇到小角度的转弯或路面结冰的情况，急刹车会使车发生侧滑。一般的做法是：立即向后轮侧滑的方向打动方向盘。这样做可以有效减弱后轮侧滑，重新控制车的前进方向，不能踩刹车，甚至还要加一点油，使后轮获得更大的抓地力，将打滑的情况纠正过来。打方向盘的速度和幅度也要适度，避免回轮不及时造成新的侧滑。

（5）有动力驱动的前轮会较容易地将车拉出侧滑状态，你可以在朝侧滑方向转向的同时大胆地踩油门加速，即使后轮已侧滑摆动 90° 也同样可以使车回正。

（6）四轮驱动同样有助于使车从转向过度的侧滑中解出。可以加速用有动力驱动的前轮将车拉出侧滑状态。

3. 防止

（1）降挡会使后轮转动受阻而发生剧烈的转向从而过度侧滑。无论是四驱还是两驱，都应该在降挡之前轻点刹车减速。

（2）最好的方法不是在于侧滑后纠正的方法如何有效，而是尽可能地避免侧滑的发生，如上诉述：在弯道情况不明的时候提前减速通过不失为明智之举。

五、涉过湍急的河流

（1）河床下，一般多为沙地和鹅卵石，柔软的沙地易陷车，鹅卵石易卡住车轮顶住车底架。

（2）在涉过河流前，一定要寻找最佳的地段，较浅和狭窄的河段。

（3）缓慢地驶下河坡，当后轮接触到河床，开始匀速加油，忌随意回油门，前轮在行进中要小角度地不断调整，防止被卡在石头的缝隙中。

（4）要时刻感觉四个轮子在河床的受力状况。当感觉到有下陷和卡住的时候，切忌猛加油门，因为突然的加油，可能会使轮胎在加速过程中，加深下陷。

（5）试着倒车，倒车功后，重新调整角度前进。

（6）如果驾驶的手段未能奏效，发生陷车，请参照拖拽与自救。

六、冰河行车

选择坚硬的冰面，是安全的前提，这取决驾驶员要对自己所处冰河的环境了解多少。

（1）在冰河上行驶陷车是正常的。

（2）在冰河上行驶，你的每一根弦都要随时绷紧，因为你对车轮下的冰层是无法完全了解的。

（3）始终保持对预设的情况有准备的状态，任何时候都能经受住陷车的考验。事先考虑到了预防方法和发生的可能性，做好心理和行动准备。

（4）当车陷到河床时，要立即减速，刹车动作切忌过猛，更不要惊慌失措，迅速判断，是否停车或者继续前进。

（5）试着倒车，倒车成功后，调整角度前进。

（6）如果感到车的动力依然澎湃，车轮抓地无阻碍，可继续稳住油门向对岸目标前进。

（7）如果冰层塌陷，车身搁浅，车轮无负着力，不要关掉发动机，停止无用和徒劳的挣扎，这样只会使车辆越陷越深。

（8）如果驾驶的手段未能奏效，车陷冰河，请参照拖拽与自救。

七、拖拽与自救

（1）在有救援车的前提下，拖拽是简单和省时的办法。

（2）拖拽陷在雪地和冰河中的车辆，要观察车辆下陷的深度和角度，寻找最佳的拖拽角度。

（3）对有倾覆可能的车辆，如果条件许可，首先要对有可能倾覆的一侧予以加固或者支撑。

（4）在高原穿越，车辆配备的拖拽绳索应该长短各一根，对冰河的陷车拖拽一般要使用较长的拖拽绳索（30米以上）。

（5）救援车在拖拽时，要和陷车驾驶员保持一致的动作，保证车辆拖拽力度的一致和协调。

（6）救援车起步要柔和，尽量不要使用半脚离合器，在拖拽不顺利的情况下，不要连续反复地拖拽，防止烧坏救援车的离合器。

（7）在正常拖拽无法成功的情况下，要对被陷车辆进行千斤顶抬高和对轮胎下端进行固体材料填充（如沙石）等辅助救助。

八、工具

1. 千斤顶

一般要携带大型立式升举（举升高度一般在60厘米以上为宜）和手动油压千斤顶各一个，视情况配合使用。

对陷入水下较深的轮胎要在下方垫放木板，垂直用力于大梁底部和轮胎外轴顶端。

抬升到一定位置后，要及时填充辅料，沙石等，如未能在此位置驶出，在填充后的位置再继续抬升加高直至驶出为止。

2. 沙土、石块

沙土石块是随处可见的最顺手的辅助材料。

3. 木板

在高原许多地方，如可可西里的荒漠区，那里没有任何石块，一旦陷车，小型木板是千斤顶不可缺的固定物。

一块长约2米的木板是高原藏族司机随车携带的必备装备，对于一般的单边陷车，只要把木板放在轮下，就可自救。

九、车辆寒冷状态下的准备与保养

（1）出发前换装专用雪地大花纹轮胎，加换防冻液。如是柴油车要寻找相对应的负号冬季柴油。

（2）在寒冷地带，当温度达到 −20℃左右的时候，发动时要踩下离合器配合油门。

（3）夜间在野外宿营，要对汽车的发动机加以保护，可用大衣或者棉被对发动机加以保温，以防温度过低，发生冻裂和启动的困难。

（4）对车在行驶状态下进行不间断检查，重点是轮胎和螺丝，气压和平衡。

（5）不间断地敲掉附着在挡雨板和轮胎上的冰雪，它的附着力会增加车的能耗。

后记

日本作家江本胜在《水知道答案》一书中写道："英国的生物物理学家詹姆斯·拉伯劳克博士，曾经提出了'物之母'的理论……地球的确是一个生命，那么赋予地球生命的是什么呢？当然就是水，水产生了植物，产生了氧气，创造了生物。但是，正如大家所知道的，地球最近正在失去这种平衡，人们甚至在改变大气的平衡……"

人体接近70%为水分。液态水是人类生存的基本条件，液态水给予了地球上所有生物生命，使得人类与其他生物得以繁衍。在土壤、空气和水三要素之间，我们无从选择，任何的改变都是对自己生存的挑战。我们只有顺应和尊重。我们伟大的先哲荀子提出的"明于天人之分"和"制天道而用之"的和谐天道观，也许才是对我们醍醐灌顶的启示，如人类能现在顿悟也许还来得及。

日本已故的著名生态摄影家星野道夫在北极拍摄多年，在他的著作《与时间的河流约定》中写道：地衣类植物生长速度相当缓慢，一旦遭到破坏，就必须花50~100年才能重新长出数公分大小，这就是北美驯鹿需要辽阔的土地维持生命的一大理由。他不无忧虑地写道：正因为地衣类植物是北美驯鹿度过严冬的关键，即将在北极圈展开的大规模油田开发，会给地衣类植物造成严重影响，当地衣类植物遭到破坏，将会衍生出多少后遗症，北极圈的生态系统会产生什么样的变化？……同样，地处世界屋脊的青藏高原的生态系统也面临着同样的问题。我站在青藏高原辽阔的大地，眺望远方的地平线的时候，曾经祈祷，希望眼前美好的一切不要成为下一代只能凭吊的记忆。

12月1日中央电视台同时播出两则新闻：一是澳大利亚悉尼遭受沙尘暴袭击；二是日本近海水母泛滥成灾，攻击渔场，渔业损失50%。结论是全球气候变暖云云。此类的报道将会更多，这些灾害现在还是作为一个单独的"点"来报道。也许将来气候灾难的消息，会是滚动式的报道。

12月7日哥本哈根气候环境大会召开，中国政府先期承诺，到2020年，全国单位国内生产总值二氧化碳排放比2005年下降40%~45%，作为约束性指标纳入国民经济和社会发展中长期规划。

12月4日中国治理荒漠化基金会科考队杨勇启程，代表中国民间NGO成员前往哥本哈根参加气候大会。

著名科学家竺可桢在《天道与人文》论述中多次提到地球是有自己的生命周期和搏动的，对我国近5000年来的气候史的初步研究，得出下列初步结论：①在近5000年中的最初2000年，即从仰韶文化到安阳殷墟文化，大部分时间的年平均温度高于现在2℃左右。1月温度大约比现在高3~5℃，其间上下波动，目前限于材料，无法探讨。②在那以后，有一系列的上下摆动，其最低温度在公元前1000年、公元400年、1200年和1700年，摆动范围为1~2℃。③在每一个400~800年的期间里，可以分出50~100年为周期的小循环，温度范围是0.5~1℃。

汉代的气候也比现在高几度，也是中国历史上农业发展的鼎盛时期。古代作家如《梦溪笔谈》的作者沈括、《农丹》的作者张标和《广阳杂记》的作者刘献廷，均怀疑历史时代气候的恒定性，且提出各朝代气候变异的事例。

由此看来地球的气候是有其自身的规律与变化，我们只有顺应这个变化来调整自己，既不要杞人忧天也不能无所作为。哥本哈根气候大会就是一个全球携手的开始和延续。

人类要在这个星球上继续生存下去，就要不断发展，任何一面的发展，都会不可避免地带来另外一面的破坏，比如修路就要采石，采石就会破坏山体，如何把山体的损失减小到最低程度，修复得更加生态，是一个矛盾和统一的问题，统一了就是和谐。在发展中我们每天都会遇到诸如此类的问题。极端的以大自然为本，以环境为本，以生态为本，就忽略了以人为本的科学发展观。环保发展、资源节省、资源可再生利用和循环利用的绿色经济应该是我们所推崇和实践的。

这支由地质环境科学家和生态学者以及记者、探险家、作家组成的民间科学考察队历经数年，行程20多万公里，奔走西部江河之间。本书揉进科普和生态元素，力图奉献给读者一个客观的地理地貌展现和一个丰富的生态科普作品。但挂一漏万，偏颇之处在所难免，敬请读者海涵为感。

在此感谢为本书出版做出贡献的张琬笛女士以及孙凯先生等一干义工朋友！

2014 年 3 月 6 日于三峡

内 容 提 要

从2006年开始，由科学家、新闻工作者、作家、志愿者组成的中国西部江河民间科考队陆续开展了长达10多年、行程约20多万公里的西部大江大河水资源状况独立考察，他们通过民间环保组织的捐助、队员个人资金以及媒体有限的资助，以驾车、漂流、徒步的方式，足迹遍及三江源、雅砻江、怒江、雅鲁藏布江、可可西里，跨越了青海、西藏、新疆、甘肃、宁夏、内蒙、陕西、山西等地，用最真实的文字和镜头客观记录描述了生态的现状和演变。全书分为四大篇章，包括三江源、沉默的冰川、新疆问水、长河厚土，不仅客观记录了西部江河状况，见证了山川河流的变化与人们生态意识的觉醒，表达了民间科考人员希望参与政府决策的诉求，而且展示了西部独特的人文风情，记述了扣人心弦的探险故事，介绍了科考应注意的各项生存技巧。

图书在版编目（CIP）数据

向水而行：中国西部江河民间科考之旅 / 徐晓光，
税晓洁著. -- 北京：中国水利水电出版社，2017.8
ISBN 978-7-5170-5814-4

Ⅰ. ①向… Ⅱ. ①徐… ②税… Ⅲ. ①河流—科学考察—中国 Ⅳ. ①P942.077

中国版本图书馆CIP数据核字(2017)第217889号

书　　名	**向水而行**——中国西部江河民间科考之旅 XIANG SHUI ER XING—ZHONGGUO XIBU JIANGHE MINJIAN KEKAO ZHILÜ
作　　者	徐晓光　税晓洁　著
出版发行	中国水利水电出版社 （北京市海淀区玉渊潭南路1号D座　100038） 网址：www.waterpub.com.cn E-mail：sales@waterpub.com.cn 电话：（010）68367658（营销中心）
经　　售	北京科水图书销售中心（零售） 电话：（010）88383994、63202643、68545874 全国各地新华书店和相关出版物销售网点
排　　版	北京嘉泰利德科技发展有限公司
印　　刷	北京科信印刷有限公司
规　　格	210mm×245mm　16开本　32.25印张　627千字
版　　次	2017年8月第1版　2017年8月第1次印刷
印　　数	0001—3000册
定　　价	160.00元